住房和城乡建设领域专业人员岗位培训考核系列用书

质量员专业管理实务
（装饰装修）

江苏省建设教育协会　组织编写

中国建筑工业出版社

图书在版编目（CIP）数据

质量员专业管理实务（装饰装修）/江苏省建设教育协会组织编写．—北京：中国建筑工业出版社，2016.11

住房和城乡建设领域专业人员岗位培训考核系列用书

ISBN 978-7-112-19940-2

Ⅰ．①质…　Ⅱ．①江…　Ⅲ．①建筑工程-质量管理-岗位培训-教材②建筑装饰-工程质量-质量管理-岗位培训-教材　Ⅳ．①TU712

中国版本图书馆CIP数据核字（2016）第236532号

本书作为《住房和城乡建设领域专业人员岗位培训考核系列用书》中的一本，依据《建筑与市政工程施工现场专业人员职业标准》JGJ/T 250—2011、《建筑与市政工程施工现场专业人员考核评价大纲》及全国住房和城乡建设领域专业人员岗位统一考核评价题库编写。全书共17章，内容包括：装饰装修相关的管理规定和标准，施工项目的质量管理，工程质量管理的基本知识，工程质量的控制方法，施工质量计划的内容和编制方法，装饰工程质量问题的分析、预防及处理方法，参与编制施工项目质量计划，建筑装饰材料的评价，施工试验结果的判断，施工图识读、绘制的基本知识，建筑装饰施工质量控制点的确定，编写质量控制措施等质量控制文件、实施质量交底，装饰装修工程质量检查、验收与评定，工程质量缺陷的识别、分析与处理，参与调查、分析质量事故、提出处理意见，编制、收集、整理质量资料，建筑装饰精品工程的衡量标准。本书既可作为装饰装修质量员岗位培训考核的指导用书，又可作为施工现场相关专业人员的实用工具书，也可供职业院校师生和相关专业人员参考使用。

责任编辑：王砾瑶　刘　江　岳建光　范业庶

责任校对：陈晶晶　姜小莲

住房和城乡建设领域专业人员岗位培训考核系列用书

质量员专业管理实务（装饰装修）

江苏省建设教育协会　组织编写

*

中国建筑工业出版社出版、发行（北京西郊百万庄）

各地新华书店、建筑书店经销

霸州市顺浩图文科技发展有限公司制版

北京市安泰印刷厂印刷

*

开本：787×1092毫米　1/16　印张：21　字数：506千字

2016年11月第一版　2016年11月第一次印刷

定价：**54.00**元

ISBN 978-7-112-19940-2

（28775）

住房和城乡建设领域专业人员岗位培训考核系列用书

编审委员会

主　任：宋如亚

副主任：章小刚　戴登军　陈　曦　曹达双

漆贯学　金少军　高　枫

委　员：王宇旻　成　宁　金孝权　张克纯

胡本国　陈从建　金广谦　郭清平

刘清泉　王建玉　汪　莹　马　记

魏僡燕　惠文荣　李如斌　杨建华

陈年和　金　强　王　飞

出版说明

为加强住房和城乡建设领域人才队伍建设，住房和城乡建设部组织编制并颁布实施了《建筑与市政工程施工现场专业人员职业标准》JGJ/T 250—2011（以下简称《职业标准》），随后组织编写了《建筑与市政工程施工现场专业人员考核评价大纲》（以下简称《考核评价大纲》），要求各地参照执行。为贯彻落实《职业标准》和《考核评价大纲》，受江苏省住房和城乡建设厅委托，江苏省建设教育协会组织了具有较高理论水平和丰富实践经验的专家和学者，编写了《住房和城乡建设领域专业人员岗位培训考核系列用书》（以下简称《考核系列用书》），并于2014年9月出版。《考核系列用书》以《职业标准》为指导，紧密结合一线专业人员岗位工作实际，出版后多次重印，受到业内专家和广大工程管理人员的好评，同时也收到了广大读者反馈的意见和建议。

根据住房和城乡建设部要求，2016年起将逐步启用全国住房和城乡建设领域专业人员岗位统一考核评价题库，为保证《考核系列用书》更加贴近部颁《职业标准》和《考核评价大纲》的要求，受江苏省住房和城乡建设厅委托，江苏省建设教育协会组织业内专家和培训老师，在第一版的基础上对《考核系列用书》进行了全面修订，编写了这套《住房和城乡建设领域专业人员岗位培训考核系列用书（第二版）》（以下简称《考核系列用书（第二版）》）。

《考核系列用书（第二版）》全面覆盖了施工员、质量员、资料员、机械员、材料员、劳务员、安全员、标准员等《职业标准》和《考核评价大纲》涉及的岗位（其中，施工员、质量员分为土建施工、装饰装修、设备安装和市政工程四个子专业）。每个岗位结合其职业特点以及培训考核的要求，包括《专业基础知识》、《专业管理实务》和《考试大纲·习题集》三个分册。

《考核系列用书（第二版）》汲取了第一版的优点，并综合考虑第一版使用中发现的问题及反馈的意见、建议，使其更适合培训教学和考生备考的需要。《考核系列用书（第二版）》系统性、针对性较强，通俗易懂，图文并茂，深入浅出，配以考试大纲和习题集，力求做到易学、易懂、易记、易操作。既是相关岗位培训考核的指导用书，又是一线专业岗位人员的实用工具书；既可供建设单位、施工单位及相关高职高专、中职中专学校教学培训使用，又可供相关专业人员自学参考使用。

《考核系列用书（第二版）》在编写过程中，虽然经多次推敲修改，但由于时间仓促，加之编著水平有限，如有疏漏之处，恳请广大读者批评指正（相关意见和建议请发送至JYXH05@163.com），以便我们认真加以修改，不断完善。

本书编写委员会

主　　编：刘清泉

副 主 编：高　枫　杲晓东

编写人员：张云晓　袁高松　包建军　顾正华

　　　　　刘　勤

主　　审：胡本国

前　言

根据住房和城乡建设部的要求，2016年起将逐步启用全国住房和城乡建设领域专业人员岗位统一考核评价题库，为更好贯彻落实《建筑与市政工程施工现场专业人员职业标准》JGJ/T 250—2011，保证培训教材更加贴近部颁《建筑与市政工程施工现场专业人员考核评价大纲》的要求，受江苏省住房和城乡建设厅委托，江苏省建设教育协会组织业内专家和培训老师，在《住房和城乡建设领域专业人员岗位培训考核系列用书》第一版的基础上进行了全面修订，编写了这套《住房和城乡建设领域专业人员岗位培训考核系列用书（第二版）》（以下简称《考核系列用书（第二版）》），本书为其中的一本。

质量员（装饰装修）培训考核用书包括《质量员专业基础知识（装饰装修）》、《质量员专业管理实务（装饰装修）》、《质量员考试大纲·习题集（装饰装修）》三本，反映了国家现行规范、规程、标准，并以国家质量检查和验收规范为主线，不仅涵盖了现场质量检查人员应掌握的通用知识、基础知识、岗位知识和专业技能，还涉及新技术、新设备、新工艺、新材料等方面的知识。

本书为《质量员专业管理实务（装饰装修）》分册，全书共17章，内容包括：装饰装修相关的管理规定和标准，施工项目的质量管理，工程质量管理的基本知识，工程质量的控制方法，施工质量计划的内容和编制方法，装饰工程质量问题的分析、预防及处理方法，参与编制施工项目质量计划，建筑装饰材料的评价，施工试验结果的判断，施工图识读、绘制的基本知识，建筑装饰施工质量控制点的确定，编写质量控制措施等质量控制文件、实施质量交底，装饰装修工程质量检查、验收与评定，工程质量缺陷的识别、分析与处理，参与调查、分析质量事故、提出处理意见，编制、收集、整理质量资料，建筑装饰精品工程的衡量标准。

本书既可作为装饰装修质量员岗位培训考核的指导用书，又可作为施工现场相关专业人员的实用工具书，也可供职业院校师生和相关专业人员参考使用。

目　录

第1章　装饰装修相关的管理规定和标准

建筑装饰装修法规是指调整建筑装饰装修活动中所产生的各种社会关系的法律规范的总称。目前，我国建筑装饰装修方面的立法层次较低，专门的法规主要由住房城乡建设部颁布的规章和省市颁布的地方性规章组成。但是装饰装修从属于建筑业，相关的法律法规很多。建筑装饰装修质量管理方面相关的法规主要有：2000年8月25日建设部颁发的《实施工程建设强制性标准监督规定》；2000年6月30日建设部颁发的《房屋建筑工程质量保修办法》；2005年9月28日建设部颁发的《建设工程质量检测管理办法》；2013年12月2日住房城乡建设部颁发的《房屋建筑和市政基础设施工程竣工验收规定》。

建筑装饰装修质量管理方面相关的标准规范主要有：《建筑装饰装修工程质量验收规范》GB 50210、《屋面工程质量验收规范》GB 50207、《建筑地面工程施工质量验收规范》GB 50209、《建筑内部装修设计防火规范》GB 50222、《民用建筑工程室内环境污染控制规范》GB 50325、《建筑节能工程施工质量验收规范》GB 50411等。

1.1　建筑工程质量管理法规、规定

1.1.1　实施工程建设强制性标准监督检查的内容、方式及违规处罚的规定

为加强工程建设强制性标准实施的监督工作，保证建设工程质量，保障人民的生命、财产安全，维护社会公共利益，根据《中华人民共和国标准化法》、《中华人民共和国标准化法实施条例》和《建设工程质量管理条例》，建设部于2000年8月25日颁发《实施工程建设强制性标准监督规定》（建设部令第81号），自发布之日起施行。

工程建设强制性标准是指直接涉及工程质量、安全、卫生及环境保护等方面的工程建设标准强制性条文。

1. 实施工程建设强制性标准监督检查的内容

强制性标准监督检查的内容包括：

（1）有关工程技术人员是否熟悉、掌握强制性标准；

（2）工程项目的规划、勘察、设计、施工、验收等是否符合强制性标准的规定；

（3）工程项目采用的材料、设备是否符合强制性标准的规定；

（4）工程项目的安全、质量是否符合强制性标准的规定；

（5）工程中采用的导则、指南、手册、计算机软件的内容是否符合强制性标准的规定。

2. 实施工程建设强制性标准监督检查的方式

（1）建设项目规划审查机构应当对工程建设规划阶段执行强制性标准的情况实施监督。

（2）施工图设计文件审查单位应当对工程建设勘察、设计阶段执行强制性标准的情况

实施监督。

（3）建筑安全监督管理机构应当对工程建设施工阶段执行施工安全强制性标准的情况实施监督。

（4）工程质量监督机构应当对工程建设施工、监理、验收等阶段执行强制性标准的情况实施监督。

（5）工程建设标准批准部门应当对工程项目执行强制性标准情况进行监督检查。监督检查可以采取重点检查、抽查和专项检查的方式。

（6）任何单位和个人对违反工程建设强制性标准的行为有权向建设行政主管部门或者有关部门检举、控告、投诉。

3. 实施工程建设强制性标准监督检查违规处罚的规定

（1）建设单位有下列行为之一的，责令改正，并处以 20 万元以上 50 万元以下的罚款：

1）明示或者暗示施工单位使用不合格的建筑材料、建筑构配件和设备的；

2）明示或者暗示设计单位或者施工单位违反工程建设强制性标准，降低工程质量的。

（2）勘察、设计单位违反工程建设强制性标准进行勘察、设计的，责令改正，并处以10 万元以上 30 万元以下的罚款。有前款行为，造成工程质量事故的，责令停业整顿，降低资质等级；情节严重的，吊销资质证书；造成损失的，依法承担赔偿责任。

（3）施工单位违反工程建设强制性标准的，责令改正，处工程合同价款 2%以上 4%以下的罚款；造成建设工程质量不符合规定的质量标准的，负责返工、修理，并赔偿因此造成的损失；情节严重的，责令停业整顿，降低资质等级或者吊销资质证书。

（4）工程监理单位违反强制性标准规定，将不合格的建设工程以及建筑材料、建筑构配件和设备按照合格签字的，责令改正，处 50 万元以 100 万元以下的罚款，降低资质等级或者吊销资质证书；有违法所得的，予以没收；造成损失的，承担连带赔偿责任。

（5）违反工程建设强制性标准造成工程质量、安全隐患或者工程事故的，按照《建设工程质量管理条例》有关规定，对事故责任单位和责任人进行处罚。

（6）有关责令停业整顿、降低资质等级和吊销资质证书的行政处罚，由颁发资质证书的机关决定；其他行政处罚，由建设行政主管部门或者有关部门依照法定职权决定。

（7）建设行政主管部门和有关行政部门工作人员，玩忽职守、滥用职权、徇私舞弊的，给予行政处分；构成犯罪的，依法追究刑事责任。

1.1.2 房屋建筑工程和市政基础设施工程竣工验收备案管理的规定

1. 房屋建筑工程和市政基础设施工程竣工验收的有关规定

（1）竣工验收的管理规定及监督管理

为规范房屋建筑和市政基础设施工程的竣工验收，保证工程质量，根据《中华人民共和国建筑法》和《建设工程质量管理条例》，住房城乡建设部于 2013 年 12 月 2 日颁发了《房屋建筑和市政基础设施工程竣工验收规定》。

国务院住房城乡建设主管部门负责全国工程竣工验收的监督管理。县级以上地方人民政府建设主管部门负责本行政区域内工程竣工验收的监督管理，具体工作可以委托所属的工程质量监督机构实施。

负责监督该工程的工程质量监督机构应当对工程竣工验收的组织形式、验收程序、执行验收标准等情况进行现场监督，发现有违反建设工程质量管理规定行为的，责令改正，并将对工程竣工验收的监督情况作为工程质量监督报告的重要内容。

工程竣工验收由建设单位负责组织实施。

(2) 工程竣工验收的条件

工程符合下列要求方可进行竣工验收：

1) 完成工程设计和合同约定的各项内容。

2) 施工单位在工程完工后对工程质量进行了检查，确认工程质量符合有关法律、法规和工程建设强制性标准，符合设计文件及合同要求，并提出工程竣工报告。工程竣工报告应经项目经理和施工单位有关负责人审核签字。

3) 对于委托监理的工程项目，监理单位对工程进行了质量评估，具有完整的监理资料，并提出工程质量评估报告。工程质量评估报告应经总监理工程师和监理单位有关负责人审核签字。

4) 勘察、设计单位对勘察、设计文件及施工过程中由设计单位签署的设计变更通知书进行了检查，并提出质量检查报告。质量检查报告应经该项目勘察、设计负责人和勘察、设计单位有关负责人审核签字。

5) 有完整的技术档案和施工管理资料。

6) 有工程使用的主要建筑材料、建筑构配件和设备的进场试验报告，以及工程质量检测和功能性试验资料。

7) 建设单位已按合同约定支付工程款。

8) 有施工单位签署的工程质量保修书。

9) 对于住宅工程，进行分户验收并验收合格，建设单位按户出具《住宅工程质量分户验收表》。

10) 建设主管部门及工程质量监督机构责令整改的问题全部整改完毕。

11) 法律、法规规定的其他条件。

(3) 工程竣工验收的程序

工程竣工验收应当按以下程序进行：

1) 工程完工后，施工单位向建设单位提交工程竣工报告，申请工程竣工验收。实行监理的工程，工程竣工报告须经总监理工程师签署意见。

2) 建设单位收到工程竣工报告后，对符合竣工验收要求的工程，组织勘察、设计、施工、监理等单位组成验收组，制定验收方案。对于重大工程和技术复杂工程，根据需要可邀请有关专家参加验收组。

3) 建设单位应当在工程竣工验收7个工作日前将验收的时间、地点及验收组名单书面通知负责监督该工程的工程质量监督机构。

4) 建设单位组织工程竣工验收。

① 建设、勘察、设计、施工、监理单位分别汇报工程合同履约情况和在工程建设各个环节执行法律、法规和工程建设强制性标准的情况；

② 审阅建设、勘察、设计、施工、监理单位的工程档案资料；

③ 实地查验工程质量；

④ 对工程勘察、设计、施工、设备安装质量和各管理环节等方面作出全面评价，形成经验收组人员签署的工程竣工验收意见。

参与工程竣工验收的建设、勘察、设计、施工、监理等各方不能形成一致意见时，应当协商提出解决的方法，待意见一致后，重新组织工程竣工验收。

建设单位应当自工程竣工验收合格之日起 15 日内，依照《房屋建筑和市政基础设施工程竣工验收备案管理办法》（中华人民共和国住房和城乡建设部令第 2 号）的规定，向工程所在地的县级以上地方人民政府建设主管部门备案。

（4）工程竣工验收报告

工程竣工验收合格后，建设单位应当及时提出工程竣工验收报告。工程竣工验收报告主要包括工程概况，建设单位执行基本建设程序情况，对工程勘察、设计、施工、监理等方面的评价，工程竣工验收时间、程序、内容和组织形式，工程竣工验收意见等内容。

工程竣工验收报告还应附有下列文件：

1）施工许可证。

2）施工图设计文件审查意见。

3）工程竣工验收条件中第 2）、3）、4）、8）项规定的文件。

4）验收组人员签署的工程竣工验收意见。

5）法规、规章规定的其他有关文件。

（5）适用范围

凡在中华人民共和国境内新建、扩建、改建的各类房屋建筑和市政基础设施工程的竣工验收（以下简称“工程竣工验收”）适用本规定。

抢险救灾工程、临时性房屋建筑工程和农民自建低层住宅工程，不适用本规定。

军事建设工程的管理，按照中央军事委员会的有关规定执行。

2. 竣工验收备案管理的有关规定

2000 年 4 月 7 日，建设部以部令 78 号的形式颁发了《房屋建筑工程和市政基础设施工程竣工验收备案管理暂行办法》，对房屋建筑工程和市政基础设施工程的竣工验收备案管理作出了具体规定。2009 年住房和城乡建设部令第 2 号对该“办法”进行了修改。

（1）监督管理

国务院建设行政主管部门负责全国房屋建筑工程和市政基础设施工程（以下统称工程）的竣工验收备案管理工作。

县级以上地方人民政府建设行政主管部门负责本行政区域内工程的竣工验收备案管理工作。

（2）备案时间

建设单位应当自工程竣工验收合格之日起 15 日内，依照本办法规定，向工程所在地的县级以上地方人民政府建设行政主管部门（以下简称备案机关）备案。

（3）建设单位办理工程竣工验收备案应当提交下列文件：

1）工程竣工验收备案表；

2）工程竣工验收报告。竣工验收报告应当包括工程报建日期，施工许可证号，施工图设计文件审查意见，勘察、设计、施工、工程监理等单位分别签署的质量合格文件及验收人员签署的竣工验收原始文件，市政基础设施的有关质量检测和功能性试验资料以及备案机关认为需要提供的有关资料；

3）法律、行政法规规定应当由规划、公安消防、环保等部门出具的认可文件或者准许使用文件；

4）施工单位签署的工程质量保修书；

5）法规、规章规定必须提供的其他文件。

商品住宅还应当提交《住宅质量保证书》和《住宅使用说明书》。

备案机关收到建设单位报送的竣工验收备案文件，验证文件齐全后，应当在工程竣工验收备案表上签署文件收讫。

工程竣工验收备案表一式两份，一份由建设单位保存，一份留备案机关存档。

（4）工程质量监督机构应当在工程竣工验收之日起 5 日内，向备案机关提交工程质量监督报告。

3. 房屋建筑工程质量保修范围、保修期限和违规处罚的规定

为保护建设单位、施工单位、房屋建筑所有人和使用人的合法权益，维护公共安全和公众利益，根据《中华人民共和国建筑法》和《建设工程质量管理条例》，建设部于 2000 年 6 月 30 日颁发了《房屋建筑工程质量保修办法》，自发布之日起施行。

（1）适用范围

在中华人民共和国境内新建、扩建、改建各类房屋建筑工程（包括装修工程）的质量保修，适用本办法。

国务院建设行政主管部门负责全国房屋建筑工程质量保修的监督管理。县级以上地方人民政府建设行政主管部门负责本行政区域内房屋建筑工程质量保修的监督管理。

（2）保修范围

房屋建筑工程质量保修，是指对房屋建筑工程竣工验收后在保修期限内出现的质量缺陷，予以修复。

所称质量缺陷，是指房屋建筑工程的质量不符合工程建设强制性标准以及合同的约定。

房屋建筑工程在保修范围和保修期限内出现质量缺陷，施工单位应当履行保修义务。

下列情况不属于本办法规定的保修范围：

1）因使用不当或者第三方造成的质量缺陷；

2）不可抗力造成的质量缺陷。

建设单位和施工单位应当在工程质量保修书中约定保修范围、保修期限和保修责任等，双方约定的保修范围、保修期限必须符合国家有关规定。

（3）保修期限

在正常使用下，房屋建筑工程的最低保修期限为：

1）地基基础和主体结构工程，为设计文件规定的该工程的合理使用年限；

2）屋面防水工程、有防水要求的卫生间、房间和外墙面的防渗漏，为 5 年；

3）供热与供冷系统，为 2 个采暖期、供冷期；

4）电气系统、给水排水管道、设备安装为 2 年；

5）装修工程为 2 年。

其他项目的保修期限由建设单位和施工单位约定。

房屋建筑工程保修期从工程竣工验收合格之日起计算。

(4) 保修响应

1) 房屋建筑工程在保修期限内出现质量缺陷，建设单位或者房屋建筑所有人应当向施工单位发出保修通知。

2) 施工单位接到保修通知后，应当到现场核查情况，在保修书约定的时间内予以保修。发生涉及结构安全或者严重影响使用功能的紧急抢修事故，施工单位接到保修通知后，应当立即到达现场抢修。

3) 发生涉及结构安全的质量缺陷，建设单位或者房屋建筑所有人应当立即向当地建设行政主管部门报告，由原设计单位或者具有相应资质等级的设计单位提出保修方案，施工单位实施保修，原工程质量监督机构负责监督。

4) 保修完成后，由建设单位或者房屋建筑所有人组织验收。涉及结构安全的，应当报当地建设行政主管部门备案。

(5) 责任

1) 施工单位不按工程质量保修书约定保修的，建设单位可以另行委托其他单位保修，由原施工单位承担相应责任。

2) 保修费用由质量缺陷的责任方承担。

3) 在保修期内，因房屋建筑工程质量缺陷造成房屋所有人、使用人或者第三方人身、财产损害的，房屋所有人、使用人或者第三方可以向建设单位提出赔偿要求。建设单位向造成房屋建筑工程质量缺陷的责任方追偿。

4) 因保修不及时造成新的人身、财产损害，由造成拖延的责任方承担赔偿责任。

房地产开发企业售出的商品房保修，还应当执行《城市房地产开发经营管理条例》和其他有关规定。

(6) 违规处罚

施工单位有下列行为之一的，由建设行政主管部门责令改正，并处1万元以上3万元以下的罚款。

1) 工程竣工验收后，不向建设单位出具质量保修书的；

2) 质量保修的内容、期限违反本办法规定的。

施工单位不履行保修义务或者拖延履行保修义务的，由建设行政主管部门责令改正，处10万元以上20万元以下的罚款。

1.1.3 建筑工程专项质量检测、见证取样检测的业务内容的规定

根据《建设工程质量检测管理办法》(建设部令第141号) 和《房屋建筑工程和市政基础设施工程实行见证取样和送检的规定》(建建［2000］211号)，建筑工程专项质量检测、见证取样检测的有关规定如下。

1. 建筑工程专项质量检测的业务内容

建设工程质量检测，是指工程质量检测机构接受委托，依据国家有关法律、法规和工程建设强制性标准，对涉及结构安全项目的抽样检测和对进入施工现场的建筑材料、构配件的见证取样检测。

建筑工程专项质量检测的业务内容：

（1）地基基础工程检测

① 地基及复合地基承载力静载检测；

② 桩的承载力检测；

③ 桩身完整性检测；

④ 锚杆锁定力检测。

（2）主体结构工程现场检测

① 混凝土、砂浆、砌体强度现场检测；

② 钢筋保护层厚度检测；

③ 混凝土预制构件结构性能检测；

④ 后置埋件的力学性能检测。

（3）建筑幕墙工程检测

① 建筑幕墙的气密性、水密性、风压变形性能、层间变位性能检测；

② 硅酮结构胶相容性检测。

（4）钢结构工程检测

① 钢结构焊接质量无损检测；

② 钢结构防腐及防火涂装检测；

③ 钢结构节点、机械连接用紧固标准件及高强度螺栓力学性能检测；

④ 钢网架结构的变形检测。

2. 见证抽样检测的业务内容

（1）见证取样的程序

见证人员应由建设单位或该工程的监理单位具备建筑施工实验知识专业技术人员担任，并应由建设单位或该工程的监理单位书面通知施工单位、检测单位和负责该项工程的质量监督机构。

质量检测试样的取样应当严格执行有关工程建设标准和国家有关规定，在建设单位或者工程监理单位监督下现场取样。提供质量检测试样的单位和个人，应当对试样的真实性负责。

在施工过程中，见证人员应按照见证取样和送检计划，对施工现场的取样和送检进行见证，取样人员应在式样或其包装上作出标识、封志。标识和封志应标明工程名称、取样部位、取样日期、样品名称和样品数量，并由见证人员和取样人员签字。见证人员应制作见证记录，并将见证记录归入施工技术档案。

见证取样的试块、试件和材料送检时，应由送检单位填写委托单，委托单位有见证人员和送检人员签字。检测单位应检查委托单及试样上的标识和封志，确认无误后方可进行检测。

检测单位应严格按照有关管理规定和技术标准进行检测，出具公正、真实、准确的检测报告。见证取样和送检的检测报告必须加盖见证取样检测的专用章。检测机构完成检测业务后，应当及时出具检测报告。检测报告经检测人员签字、检测机构法定代表人或者其授权的签字人签署，并加盖检测机构公章或者检测专用章后方可生效。检测报告经建设单位或者工程监理单位确认后，由施工单位归档。见证取样检测的检测报告中应当注明见证人单位及姓名。

(2) 见证取样检测的业务内容

涉及结构安全的试块、试件和材料见证取样和送检的比例不得低于有关技术标准中规定应取样数量的30%。

下列试块、试件和材料必须实施见证取样和送检：

1) 用于承重结构的混凝土试块；

2) 用于承重墙体的砌筑砂浆试块；

3) 用于承重结构的钢筋及连接接头试件；

4) 用于承重墙的砖和混凝土小型砌块；

5) 用于拌制混凝土和砌筑砂浆的水泥；

6) 用于承重结构的混凝土中使用的掺加剂；

7) 地下、屋面、厕浴间使用的防水材料；

8) 国家规定必须实行见证取样和送检的其他试块、试件和材料。

见证取样的检测内容：

1) 水泥物理力学性能检验；

2) 钢筋（含焊接与机械连接）力学性能检验；

3) 砂、石常规检验；

4) 混凝土、砂浆强度检验；

5) 简易土工试验；

6) 混凝土掺加剂检验；

7) 预应力钢绞线、锚夹具检验；

8) 沥青、沥青混合料检验。

1.2 建筑工程施工质量验收标准和规范

1.2.1 建筑工程质量验收的划分、合格判定以及质量验收的程序和组织的要求

1. 建筑工程质量验收的划分

建筑工程质量验收应划分为单位工程、分部工程、分项工程和检验批。

(1) 单位工程的划分应按下列原则确定：

1) 具备独立施工条件并能形成独立使用功能的建筑物或构筑物为一个单位工程。

2) 建筑规模较大的单位工程，可将其能形成独立使用功能的部分为一个子单位工程。

(2) 分部工程的划分应按下列原则确定：

1) 分部工程的划分应按专业性质、工程部位确定。

2) 当分部工程较大或较复杂时，可按材料种类、施工特点、施工程序、专业系统及类别等划分若干子分部工程。

(3) 分项工程应按主要工程、材料、施工工艺、设备类别等进行划分。

(4) 检验批可根据施工、质量控制和专业验收的需要，按工程量、楼层、施工段、变形缝等进行划分。

室外工程可根据专业类别和工程规模划分单位工程、分部工程。

2. 建筑工程质量验收合格的规定

(1) 检验批质量验收合格的规定

检验批是构成建筑工程质量验收的最小单位，是判定单位工程质量合格的基础。检验批质量合格应符合下列规定。

1) 主控项目经抽样检验均为合格。

2) 一般项目的质量经抽样检验均为合格。

3) 具有完整的施工操作依据和质量检查记录。

(2) 分项工程质量验收合格的规定

1) 分项工程是由所含性质、内容一样的检验批汇集而成，是在检验批的基础上进行验收的，实际上是一个汇总统计的过程，并无新的内容和要求，但验收时应注意：

① 应核对检验批的部位是否全部覆盖分项工程的全部范围，有无缺漏部位未被验收。

② 检验批验收记录的内容及签字人是否正确、齐全。

③ 验收合格填写“分项工程质量验收记录”。

2) 分项工程质量合格应符合下列规定：

① 分项工程所含的检验批均应符合合格质量的规定。

② 分项工程所含的检验批的质量验收记录应完整。

(3) 分部（子分部）工程质量验收合格的规定

1) 分部工程的验收。分部工程仅含一个子分部时，应在分项工程质量验收基础上，直接对分部工程进行验收；当分部工程含两个及两个以上子分部工程时，则应在分项工程质量验收的基础上，先对子分部工程分别进行验收，再将子分部工程汇总成分部工程。

2) 分部（子分部）工程质量验收规定。

① 分部（子分部）工程所含分项工程质量均应验收合格。

a. 分部（子分部）工程所含各分项工程施工均已完成。

b. 所含各分项工程划分正确。

c. 所含各分项工程均按规定通过了合格质量验收。

d. 所含各分项工程验收记录表内容完整，填写正确，收集齐全。

② 质量控制资料应完整。质量控制资料完善是工程质量合格的重要条件，在分部工程质量验收时，应根据各专业工程质量验收规范中对分部或子分部工程质量控制资料所作的具体规定进行系统检查，着重检查资料的齐全，项目的完整，内容的准确和签署的规范。另外在资料检查时，尚应注意以下几点。

a. 有些龄期要求较长的检测资料，在分项工程验收时，尚不能及时提供，应在分部（子分部）工程验收时进行补查，如基础混凝土（有时按 60d 龄期强度设计）或主体结构后浇带混凝土施工等。

b. 对在施工中质量不符合要求的检验批、分项工程按有关规定进行处理后的资料归档审核。

c. 对于建筑材料的复验范围，各专业验收规范都做了具体规定，检验时按产品标准规定的组批规则、抽样数量、检验项目进行，但有的规范另有不同要求，这一点在质量控制资料核查时需引起注意。

③ 地基与基础、主体结构和设备安装等分部工程有关安全及功能的检验和抽样，检

测结果应符合有关规定。有关对涉及结构安全及使用功能检验（检测）的要求，应按设计文件及专业工程质量验收规范中所作的具体规定执行。如对工程桩应进行承载力检测和桩身质量检测的规定，混凝土验收规范对结构实体所作的混凝土强度及钢筋保护层厚度检验规定等，都应严格执行。在验收时还应注意以下几点。

a. 检查各专业验收规范所规定的各项检验（检测）项目是否都进行了试验。

b. 查阅各项检验报告（记录），核查有关抽样方案、测试内容、检测结果等是否符合有关标准规定。

c. 核查有关检测机构的资质，取样与送样见证人员资格，报告出具单位责任人的签署情况是否符合要求。

④ 观感质量验收应符合要求。观感质量验收系指在分部所含的分项工程完成后，在前三项检查的基础上，对已完工部分工程的质量，采用目测、触摸和简单量测等方法，所进行的一种宏观检查方式。由于其检查的内容和质量指实际已包含在各个分项工程内，所以对分部工程进行观感质量检查和验收，并不增加新的项目，只不过是转换一下视角，采用一种更直观、便捷、快速的方法，对工程质量从外观上作一次重复的、扩大的、全面的检查，这是由建筑施工特点所决定的，也是十分必要的。

a. 尽管其所包含的分项工程原来都经过检查与验收，但随着时间的推移，气候的变化，荷载的递增等，可能会出现质量变异情况，如材料裂缝、建筑物的渗漏、变形等。

b. 弥补受抽样方案局限造成的检查数量不足和后续施工部位（如施工洞、井架洞、脚手架洞等）原先检查不到的缺憾，扩大了检查面。

c. 通过对专业分包工程的质量验收和评价，分清了质量责任，可减少质量纠纷，既促进了专业分包队伍技术素质的提高，又增强了后续施工对产品的保护意识。

观感质量验收并不给出“合格”或“不合格”的结论，而是给出“好、一般或差”的总体评价，所谓“一般”是指经观感质量检查能符合验收规范的要求；所谓“好”是指在质量符合验收规范的基础上，能达到精致、流畅、匀净的要求，精度控制好；所谓“差”是指勉强达到验收规范的要求，但质量不够稳定，离散性较大，给人以粗疏的印象。观感质量验收若发现有影响安全、功能的缺陷，有超过偏差限值，或明显影响观感效果的缺陷，则应处理后再进行验收。

3）分部（子分部）工程质量验收。分部（子分部）工程质量验收应在施工单位检查评定的基础上进行，勘察、设计单位应在有关的分部工程验收表上签署验收意见，监理单位总监理工程师应填写验收意见，并给出“合格”或“不合格”的结论。

验收合格填写“分部（子分部）工程质量验收记录表”。

（4）单位（子单位）工程质量验收合格的规定

单位工程未划分子单位工程时，应在分部工程质量验收的基础上，直接对单位工程进行验收；当单位工程划分为若干子单位工程时，则应在分部工程质量验收的基础上，先对子单位工程进行验收，再将子单位工程汇总成单位工程。

单位（子单位）工程质量验收合格应符合下列规定。

1）单位（子单位）工程所含分部（子分部）工程的质量均应验收合格。

① 设计文件和承包合同所规定的工程已全部完成。

② 各分部（子分部）工程划分正确。

③ 各分部（子分部）工程均按规定通过了合格质量验收。

④ 各分部（子分部）工程验收记录表内容完整，填写正确，收集齐全。

2）质量控制资料应完整。质量控制资料完整是指所收集的资料，能反映工程所采用的建筑材料、构配件和建筑设备的质量技术性能，施工质量控制和技术管理状况，涉及结构安全和使用功能的施工试验和抽样检测结果，及建设参与各方参加质量验收的原始依据、客观记录、真实数据和执行见证等资料，能确保工程结构安全和使用功能，满足设计要求，让人放心。它是评价工程质量的主要依据，是印证各方各级质量责任的证明，也是工程竣工交付使用的“合格证”与“出厂检验报告”。

尽管质量控制资料在分部工程质量验收时已检查过，但某些资料由于受试验龄期的影响，或受系统测试的需要等，难以在分部验收时到位。单位工程验收时，对所有分部工程资料的系统性和完整性，进行一次全面的核查，是十分必要的，只不过不再像以前那样进行微观检查，而是在全面梳理的基础上，重点检查有否需要拾遗补阙的，从而达到完整无缺的要求。

质量控制资料核查的具体内容按表1-1的要求进行。

单位（子单位）工程质量控制资料核查记录　　表1-1

工程名称			施工单位			
序号	项目	资料名称		份数	核查意见	核查人
1	建筑与结构	图纸会审、设计变更、洽商记录				
2		工程定位测量、放线记录				
3		原材料出厂合格证书及进场检（试）验报告				
4		施工试验报告及见证检测报告				
5		隐蔽工程验收表				
6		施工记录				
7		预制构件、预拌混凝土合格证				
8		地基、基础、主体结构检验及抽样检测资料				
9		分项、分部工程质量验收记录				
10		工程质量事故及事故调查处理资料				
11		新材料、新工艺施工记录				
1	给水排水与采暖	图纸会审、设计变更、洽商记录				
2		材料、配件出厂合格证书及进场检（试）验报告				
3		管道、设备强度试验、严密性试验记录				
4		隐蔽工程验收表				
5		系统清洗、灌水、通水、通球试验记录				
6		施工记录				
7		分项、分部工程质量验收记录				
1	建筑电气	图纸会审、设计变更、洽商记录				
2		材料、配件出厂合格证书及进场检（试）验报告				
3		设备调试记录				
4		接地、绝缘电阻测试记录				
5		隐蔽工程验收表				
6		施工记录				
7		分项、分部工程质量验收记录				

续表

工程名称			施工单位		
序号	项目	资料名称	份数	核查意见	核查人
1	通风与空调	图纸会审、设计变更、洽商记录			
2		材料、设备、出厂合格证书及进场检(试)验报告			
3		制冷、空调、水管道强度试验、严密性试验记录			
4		隐蔽工程验收表			
5		制冷设备运行调试记录			
6		通风、空调系统调试记录			
7		施工记录			
8		分项、分部工程质量验收记录			
1	电梯	土建布置图纸会审、设计变更、洽商记录			
2		设备出厂合格证书及开箱检验记录			
3		隐蔽工程验收表			
4		施工记录			
5		接地、绝缘电阻测试记录			
6		负荷试验、安全装置检查记录			
7		分项、分部工程质量验收记录			
1	建筑智能化	图纸会审、设计变更、洽商记录、竣工图及设计说明			
2		材料、设备出厂合格证及技术文件及进场检(试)验报告			
3		隐蔽工程验收表			
4		系统功能测定及设备调试记录			
5		系统技术、操作和维护手册			
6		系统管理、操作人员培训记录			
7		系统检测报告			
8		分项、分部工程质量验收报告			

结论：

施工单位项目经理　　　年　月　日　　　总监理工程师(建设单位项目负责人)　　　年　月　日

从该表及各专业验收规范的要求来看，与原验评标准相比有两个明显变化：其一，对建筑材料、构配件及建筑设备合格证书的要求，几乎涉及所有建筑材料、成品和半成品，不管是用于结构还是非结构工程中。其二，对于涉及结构安全和影响使用安全、使用功能的建材的进场复验，也从原来的几种增到几十种，几乎囊括了主要的建筑材料、建筑构配件和设备，既有结构和建筑设备，又有装饰工程的。涉及结构安全的试块、试件及有关材料，还应按规定进行见证取样送样检测。具体哪些建筑材料需进行，由于专业验收规范涉及的分项工程在单位工程中所处地位的重要性不一样，故对需作复验的材料种类、组批量、抽样的频率、试验的项目等规定是不统一的，检查时应注意以下几点。

① 不同规范或同一规范对同一种材料的不同要求。

a. 用于混凝土结构工程的砂应进行复验，用于砌筑砂浆、抹灰工程的砂未作规定。

b. 砌体规范对用于承重砌体的块材要求进行复验，对填充墙未作规定。

c. 钢结构规范中对用于建筑结构安全等级为一级，大跨度钢结构中主要受力构件以及板厚 40mm 及以上且设计有 z 向性能要求的钢材，或进口（无商检报告）、混批、质量有疑义的钢材及设计有复验要求的，应进行复验，其他当设计无要求时可不复验等。

② 材料的取样批量要求。材料取样单位一般按照相关产品标准中检验规则规定的批量抽取，但个别验收规范有突破。如水泥应根据水泥厂的年生产能力进行编号后，按每一编号为一取样单位。但混凝土验收规范却规定：1 袋装水泥以不超过 200t 为一取样单位，散装水泥以不超过 500t 为一取样单位。

③ 材料的抽样频率要求。材料的抽样频率，一般按照相关产品标准的规定抽样试验 1 组，但砌体验收规范对用于多层以上建筑基础和底层的小砌块抽样数量，规定不应少于 2 组。

④ 材料的检验项目要求。材料进场复验时究竟要对哪些项目进行检验，就全国范围来讲没有一个权威而又统一的标准，有的地区以产品标准中的厂检验项目为依据；也有以产品标准中的主要技术要求为依据，成为普遍的规矩。但一些地区对某些材料的检验项目因意见不统一而引起纠纷，为此验收规范对部分材料作了明确。但鉴于同一种材料用途不一，导致专业验收规范对检验项目做出了不同的规定，如水泥的检验项目：混凝土、砌体规范规定为“强度”和“安定性”两项；装饰规范对饰面板（砖）粘贴工程还增加“凝结时间”项目，而对抹灰工程仅规定为“凝结时间”、“安定性”两项等。

⑤ 特殊规定。对无粘结预应力筋的涂包质量，一般情况应作复验，但当有工程经验，并经观察认为质量有保证，可不作复验。又如对预应力张拉孔道灌浆水泥和外加剂，当用量较少，且有近期该产品的检验报告，可不进行复验等。

单位（子单位）工程质量控制资料的检查应在施工单位自查的基础上进行，施工单位应在表 1-1 填上资料的份数，监理单位应填上核查意见，总监理工程师应给出质量控制资料“完整”或“不完整”的结论。

3）单位（子单位）工程所含分部工程有关安全和功能的检测资料应完整。

前项检查是对所有涉及单位工程验收的全部质量控制资料进行的普查，本项检查则是在其基础上对其中涉及结构安全和建筑功能的检测资料所作的一次重点抽查，体现了新的验收规范对涉及结构安全和使用功能方面的强化作用，这些检测资料直接反映了房屋建筑物、附属构筑物及其建筑设备的技术性能，其他规定的试验、检测资料共同构成建筑产品一份“形式”检验报告。检查的内容按表 1-2 的要求进行。其中大部分项目在施工过程中或分部工程验收时已作了测试，但也有部分要待单位工程全部完工后才能做，如建筑物的节能、保温测试、室内环境检测、照明全负荷试验、空调系统的温度测试等；有的项目即使原来在分部工程验收时已做了测试，但随着荷载的增加引起的变化，这些检测项目需循序渐进，连续进行，如建筑物沉降及垂直测量，电梯运行记录等。所以在单位工程验收时对这些检测资料进行核查，并不是简单的重复检查，而是对原有检测资料所作的一次延续性的补充、修正和完善，是整个“形式”检验的一个组成部分。单位（子单位）工程安全和功能检测资料核查表 1-2 中的份数应由施工单位填写，总监理工程师应逐一进行核查，尤其对检测的依据、结论、方法和签署情况应认真审核，并在表上填写核查意见，给出“完整”或“不完整”的结论。

单位（子单位）工程安全和功能检验资料核查及主要功能抽查记录　　表 1-2

序号	项目	资料名称	份数	核查意见	抽查结果	核(抽)查人
1	建筑与结构	屋面淋水试验记录				
2		地下室防水效果检查记录				
3		有防水要求的地面蓄水试验记录				
4		建筑物垂直度、标高、全高测量记录				
5		抽气(风)道检查记录				
6		幕墙及外窗气密性、水密性、耐风压检测报告				
7		建筑物沉降观测测量记录				
8		节能、保温测试记录				
9		室内环境检测报告				
1	给水排水与采暖	给水管道通水试验记录				
2		暖气管道、散热器压力试验记录				
3		卫生器具满水试验记录				
4		消防管道、燃气管道压力试验记录				
5		排水干管通球试验记录				
1	电气	照明全负荷试验记录				
2		大型灯具牢固性试验记录				
3		避雷接地电阻测试记录				
4		线路、插座、开关接地检验记录				
1	通风与空调	通风、空调系统运行记录				
2		风量、温度测试记录				
3		洁净室洁净度测试记录				
4		制冷机组试运行调试记录				
1	电梯	电梯运行记录				
2		电梯安全装置检测报告				
1	智能建筑	系统试运行记录				
2		系统电源及接地检测报告				

结论：

施工单位项目经理　　年　月　日　　总监理工程师（建设单位项目负责人）　　年　月　日

注：抽查项目由验收组协商确定。

4）主要功能项目的抽查结果应符合相关专业质量验收规范的规定。上述第 3 项中的检测资料与第 2 项质量控制资料中的检测资料共同构成了一份完整的建筑产品“形式”检验报告，本项对主要建筑功能项目进行抽样检查，则是建筑产品在竣工交付使用以前所作的最后一次质量检验，即相当于产品的“出厂”检验。这项检查是在施工单位自查全部合格基础上，由参加验收的各方人员商定，由监理单位实施抽查。可选择其中在当地容易发生质量问题或施工单位质量控制比较薄弱的项目和部位进行抽查。其中涉及应由有资质检测单位查的项目，监理单位应委托检测，其余项目可由自己进行实体检查，施工单位应予配合。至于抽样方案，可根据现场施工质量控制等级，施工质量总体水平和监理监控的效果进行选择。房屋建筑功能质量由于关系到用户切身利益，是用户最为关心的，检查时应从严把握。对于查出的影响使用功能的质量问题，必须全数整改，达到各专业验收规范的要求。对于检查中发现的倾向性质量问题，则应调整抽样方案，或扩大抽样样本数量，甚至采用全数检查方案。

功能抽查的项目，不应超出表 1-2 规定的范围，合同另有约定的不受其限制。主要功能抽查完成后，总监理工程师应在表 1-2 上填写抽查意见，并给出“符合”或“不符合”验收规范的结论。

5）观感质量验收应符合要求。单位（子单位）工程观感质量验收与主要功能项目的抽查一样，相当于商品的“出厂”检验，故其重要性是显而易见的。其检查的要求、方法与分部工程相同，其检查内容在表 1-3 中具体列出。凡在工程上出现的项目，均应进行检查，并逐项填写“好”、“一般”或“差”的质量评价。为了减少受检查人员个人主观因素的影响，观感检查应至少 3 人共同参加，共同确定。

单位（子单位）工程观感质量检查记录 **表 1-3**

工程名称										施工单位					
序号	项目		抽查质量状况										质量评价		
													好	一般	差
1	建筑与结构	室外墙面													
2		变形缝													
3		水落管、屋面													
4		室内墙面													
5		室内顶棚													
6		室内地面													
7		楼梯、踏步、护栏													
8		门窗													
1	给水排水与采暖	管道接口、坡度、支架													
2		卫生器具、支架、支架													
3		检查口、扫除口、地漏													
4		散热器、支架													
1	建筑电气	配电箱、盘二板、接线盒													
2		设备器具、开关、插座													
3		防雷、接地													
1	通风与空调	风管、支架													
2		风口、风阀													
3		风机、空调设备													
4		阀门、支架													
5		水泵、冷却塔													
6		绝热													
1	电梯	运行、平层、开关门													
2		层门、信号系统													
3		机房													
1	智能建筑	机房设备安装及布局													
2		现场设备安装													
		观感质量综合评价													
检查结论		施工单位项目经理 年 月 日 总监理工程师（建设单位项目负责人） 年 月 日													

注：质量评价为差的项目应进行返修。

观感质量验收不单纯是对工程外表质量进行检查，同时也是对部分使用功能和使用安全所作的一次宏观检查。如门窗启闭是否灵活，关闭是否严密，即属于使用功能。又如室内顶棚抹灰层的空鼓、楼梯踏步高差过大等，涉及使用的安全，在检查时应加以关注。检查中发现有影响使用功能和使用安全的缺陷，或不符合验收规范要求的缺陷，应进行处理后再进行验收。

观感质量检查应在施工单位自查的基础上进行，总监理工程师在表1-3中，填写观感质量综合评价后，并给出“符合”与“不符合”要求的检查结论。

单位（子单位）工程质量验收完成后，按表1-4要求填写工程质量验收记录，其中验收记录由施工单位填写；验收结论由监理单位填写；综合验收结论由参加验收各方共同商定，建设单位填写，并应对工程质量是否符合设计和规范要求及总体质量水平作出评价。

单位（子单位）工程质量竣工验收记录 **表1-4**

<table>
<tr><td colspan="2">工程名称</td><td></td><td>结构类型</td><td></td><td>层数/建筑面积</td><td></td></tr>
<tr><td colspan="2">施工单位</td><td></td><td>技术负责人</td><td></td><td>开工日期</td><td></td></tr>
<tr><td colspan="2">项目经理</td><td></td><td>项目技术负责人</td><td></td><td>竣工日期</td><td></td></tr>
<tr><td>序号</td><td>项　　目</td><td colspan="3">验 收 记 录</td><td colspan="2">验 收 结 论</td></tr>
<tr><td>1</td><td>分部工程</td><td colspan="3">共____分部，经查____分部，符合标准及设计要求____分部</td><td colspan="2"></td></tr>
<tr><td>2</td><td>质量控制
资料核查</td><td colspan="3">共____项，经审查符合要求____项，经核定符合规范要求____项</td><td colspan="2"></td></tr>
<tr><td>3</td><td>安全和主要
使用功能核查
及抽查结果</td><td colspan="3">共核查____项，符合要求____项，共抽查____项，符合要求____项，经返工处理的符合要求____项</td><td colspan="2"></td></tr>
<tr><td>4</td><td>观感质量验收</td><td colspan="3">共抽查____项，符合要求____项，不符合要求____项</td><td colspan="2"></td></tr>
<tr><td>5</td><td>综合验收结论</td><td colspan="5"></td></tr>
<tr><td rowspan="2">参加
验收
单位</td><td colspan="2">建设单位</td><td>监理单位</td><td colspan="2">施工单位</td><td>设计单位</td></tr>
<tr><td colspan="2">（公章）
单位（项目）负责人
年　月　日</td><td>（公章）
总监理工程师
年　月　日</td><td colspan="2">（公章）
单位负责人
年　月　日</td><td>（公章）
单位（项目）负责人
年　月　日</td></tr>
</table>

（5）质量不符合要求时的处理规定

1）经返工重做或更换器具、设备的检验批，应重新进行验收。返工重做是指对该检验批的全部或局部推倒重来，或更换设备、器具等的处理，处理或更换后，应重新按程序进行验收。如某住宅楼一层砌砖，验收时发现砖的强度等级为MU5，达不到设计要求的MU10，推倒后重新使用MU10砖砌筑，其砖砌体工程的质量应重新按程序进行验收。

重新验收质量时，要对该检验批重新抽样、检查和验收，并重新填写检批质量验收记录表。

2）经有资质的检测单位检测鉴定能够达到设计要求的检验批，应予以验收。这种情况多数是指留置的试块失去代表性，或因故缺少试块的情况，以5试块试验报告缺少某项有关主要内容，也包括对试块或试验结果有怀疑时，受有资质的检测机构对工程进行检测测试。其测试结果证明，该检验批的工程用量能够达到设计图纸要求，这种情况应按正常情况予以验收。

3）经有资质的检测单位检测鉴定达不到设计要求，但经原设计单位核定认可能够满足结构安全和使用功能的检验批，可予以验收。这种情况是指质量指标达不到设计图纸的要求，如留置的试块失去代表性，或是因故缺少试块以及试验报告有缺陷，不能有效证明该项工程的质量情况，或是对该试验告有怀疑时，要求对工程实体质量进行检测。经有资质的检测单位检测鉴定达不到设计图纸要求，但差距不是太大。同时经原设计单位进行验算，认为仍满足结构安全和使用功能，可不进行加固补强。如原设计计算混凝土强度：27MPa，选用了C30混凝土。同一验收批中共有8组试块，8组试块混凝土立方体抗压强度的埋论均值达到混凝土强度评定要求，其中1组强度不满足最低值要求，经检测结果为28MPa，设计单位认可能满足结构安全，并出具认可证明，有注册结构工程师签字，加盖单位公章，由设计单位承担责任。因为设计责任就是设计单位负责，出具认可证明，也在其质量责任范围内，故可予以验收。

以上三种情况都应视为符合验收规范规定的质量合格的工程。只是管理出现了一些不正常的情况，使资料证明不了工程实体质量，经过检测或设计验收，满足了设计要求，给予通过验收是符合验收规范规定的。

4）经返修或加固处理的分项、分部工程，虽改变外形尺寸但仍能满足安全使用要求，可按技术处理方案和协商文件进行验收。这种情况是指某项质量指标达不到设计图纸的要求，经有资质的检测单位检测鉴定也未达到设计图纸要求，设计单位经过验算，的确达不到原设计要求。经分析，找出了事故，分清了质量责任，同时经过建设单位、施工单位、设计单位、监理单位协商，同意进行加固补强，协商好加固费用的处理、加固后的验收等事宜。原设计单位出具加固技术方案，虽然改变了建筑构件的外形尺寸，或留下永久性缺陷，包括改变工程的用途在内，按协商文件进行验收，这是有条件的验收，由责任方承担经济损失或赔偿等。这种情况实际是工程质量达不到验收规范的合格规定，应属不合格工程的范畴。但根据《建设工程质量管理条例》第24条、第32条等对不合格工程的处理规定，经过技术处理（包括加固补强），最后能达到保证安全和使用功能，也是可以通过验收的。这是为了社会财富不必要的损失，出了质量事故的工程不能都推倒报废，只要能保证结构安全和使用功能，仍作为特殊情况进行验收，是属于让步接收的做法，不属于违反《建筑工程质量管理条例》的范围，但其有关技术处理和协商文件应在质量控制资料核查记录表和单位（子单位）工程质量竣工验收记录表中载明。

5）通过返修或加固处理仍不能满足安全使用要求的分部（子分部）工程、单位（子单位）工程，严禁验收。这种情况通常是指不可修复，或采取加固后仍不能满足设计要求。这种情况应坚决返工重做，严禁验收。

3. 质量验收的程序和组织的要求

质量验收的程序如表 1-5 所示，要注意的是单位工程完工后，施工单位应自行组织有关人员进行检查评定，并向建设单位提交工程验收报告。建设单位收到工程验收报告后，再组织相关单位进行验收。单位工程质量验收合格后，建设单位应在规定时间内将工程竣工验收报告和有关文件，报建设行政管理部门备案。

质量验收的程序和组织 **表 1-5**

<table>
<tr><th>序号</th><th>验收内容</th><th>组 织 者</th><th>参 加 者</th></tr>
<tr><td>1</td><td>检 验 批</td><td>监理工程师</td><td>施工单位项目专业质量(技术)负责人等</td></tr>
<tr><td rowspan="2">2</td><td>分部工程</td><td>总监理工程师(建设单位项目负责人)</td><td>施工单位项目负责人和技术、质量负责人等</td></tr>
<tr><td>地基与基础、主体结构分部工程</td><td>总监理工程师(建设单位项目负责人)</td><td>勘察、设计单位工程项目负责人和施工单位技术、质量部门负责人</td></tr>
<tr><td>3</td><td>单位工程</td><td>建设单位(项目)负责人</td><td>施工(含分包单位)、设计、监理等单位(项目)负责人</td></tr>
</table>

1.2.2 一般装饰工程（含门窗工程）质量验收的要求

1. 抹灰工程施工质量验收要求

(1) 一般抹灰工程质量验收要求

1) 主控项目

一般抹灰工程主控项目质量指标控制，见表 1-6。

一般抹灰工程主控项目质量验收 **表 1-6**

<table>
<tr><th>项次</th><th>主控项目</th><th>质量要求内容</th><th>检验方法</th><th>检验批划分及检查数量</th></tr>
<tr><td>1</td><td>基层表面</td><td>抹灰前基层表面的尘土、污垢、油渍等应清除干净,并应洒水润湿</td><td>检查施工记录</td><td rowspan="4">1. 各分项工程的检验批应按下列规定划分：
(1)相同材料、工艺和施工条件的室外抹灰工程每 500～1000m²;应划分一个检验批,不足 500m² 也应划分为一个检验批；
(2)相同材料、工艺和施工条件的室内抹灰工程每 50 个自然间(大面积房间和走廊按抹灰面积 30 m² 为一间)应划分为一个检验批,不足 50 间也应划分为一个检验批。
2. 检查数量符合下列定：
室内每个检验批至少抽查 10%,并不得少于 3 间;不足 3 间时应全数检查。室外每个检验批每 100m² 应至少抽查一处,每处不少于 10m²</td></tr>
<tr><td>2</td><td>材料品种和性能</td><td>一般抹灰所用材料的品种和性能应符合设计要求。水泥的凝结时间和安定性复验应合格。砂浆的配合比应符合设计要求</td><td>检查产品合格证书、进场验收记录、复验报告和施工记录。检查隐蔽工程验收记录和施工记录</td></tr>
<tr><td>3</td><td>操作要求</td><td>抹灰工程应分层进行。当抹灰总厚度大于或等于 35mm 时,应采取加强措施。不同材料基体交接处表面的抹灰,应采取防止开裂的加强措施,当采用加强网时,加强网与各基体的搭接宽度不应小于 100mm</td><td>检查隐蔽工程验收记录和施工记录</td></tr>
<tr><td>4</td><td>层粘结及面层质量</td><td>抹灰层与基层之间及各抹灰层之间必须粘结牢固,抹灰层应无脱层空鼓,面层应无爆灰和裂缝</td><td>观察;用小锤轻击检查;检查施工记录</td></tr>
</table>

2) 一般项目

一般抹灰工程一般项目质量指标控制，见表 1-7。

一般抹灰工程一般项目质量验收 **表 1-7**

项次	一般项目	质量要求内容	检验方法	检验批划分及检查数量
1	表面质量	一般抹灰工程的表面质量应符合下列规定：(1)普通抹灰表面应光滑、洁净、接槎平整，分格缝应清晰；(2)高级抹灰表面应光滑、洁净、颜色均匀、无抹纹，分格缝和灰线应清晰美观	观察；手摸检查	同表 1-6 相关内容
2	细部质量	护角、孔洞、槽、盒周围的抹灰表面应整齐、光滑；管道后面的抹灰表面应平整	观察	
3	层与层间材料要求，层总厚度	抹灰层的总厚度应符合设计要求；水泥砂浆不得抹在石灰砂浆层上；罩面石膏灰不得抹在水泥砂浆层上	检查施工记录	
4	分格条(缝)	抹灰分格缝的设置应符合设计要求，宽度和深度应均匀，表面应光滑，棱角应整齐	尺量检查	
5	滴水线(槽)	有排水要求的部位应做滴水线(槽)，滴水线(槽)应整齐顺直，滴水线应内高外低，滴水槽的宽度和深度均不应小于 10mm	尺量检查	
6	允许偏差	一般抹灰工程质量的允许偏差和检验方法应符合表 1-8 规定		

一般抹灰的允许偏差和检验方法 **表 1-8**

项次	项　目	允许偏差(mm)		检 验 方 法
		普通抹灰	高级抹灰	
1	立面垂直度	4	3	用 2m 垂直检测尺检查
2	表面平整度	4	3	用 2m 靠尺和塞尺检查
3	阴阳角方正	4	3	用直角检测尺检查
4	分格条(缝)直线度	4	3	拉 5m 线，不足 5m 拉通线，用钢直尺检查
5	墙裙、勒脚上口直线度	4	3	拉 5m 线，不足 5m 拉通线，用钢直尺检查

(2) 装饰抹灰工程质量验收要求

1) 主控项目

装饰抹灰工程主控项目质量指标控制，见表 1-9。

装饰抹灰工程主控项目质量验收 **表 1-9**

项次	主控项目	质量要求内容	检验方法	检验批划分及检查数量
1	基层表面	抹灰前基层表面的尘土、污垢、油渍等应清除干净，并应洒水润湿	检查施工记录	1. 各分项工程的检验批应按下列规定划分：(1)相同材料、工艺和施工条件的室外抹灰工程每 500～1000m²；应划分一个检验批，不足 500m² 也应划分为一个检验批；(2)相同材料、工艺和施工条件的室内抹灰工程每 50 个自然间(大面积房间和走廊按抹灰面积 30 m² 为一间)应划分为一个检验批，不足 50 间也应划分为一个检验批。2. 检查数量符合下列定：室内每个检验批至少抽查 10%，并不得少于 3 间；不足 3 间时应全数检查。室外每个检验批每 100m² 应至少抽查一处，每处不少于 10m²
2	材料品种和性能	装饰抹灰所用材料的品种和性能应符合设计要求。水泥的凝结时间和安定性复验应合格。砂浆的配合比应符合设计要求	检查产品合格证书、进场验收记录、复验报告和施工记录。检查隐蔽工程验收记录和施工记录	
3	操作要求	抹灰工程应分层进行。当抹灰总厚度大于或等于 35mm 时，应采取加强措施。不同材料基体交接处表面的抹灰，应采取防止开裂的加强措施，当采用加强网时，加强网与各基体的搭接宽度不应小于 100mm	检查隐蔽工程验收记录和施工记录	
4	层粘结及面层质量	各抹灰层之间及抹灰层与基层之间必须粘结牢固，抹灰层应无脱层、空鼓和裂缝	观察；用小锤轻击检查；检查施工记录	

2）一般项目

装饰抹灰工程一般项目质量指标控制，见表1-10。

装饰抹灰工程一般项目质量验收 **表1-10**

项次	一般项目	质量要求内容	检验方法	检验批划分及检查数量
1	表面质量	装饰抹灰工程的表面质量应符合下列规定：(1)普通抹灰表面应光滑、洁净、接槎平整，分格缝应清晰；(2)高级抹灰表面应光滑、洁净、颜色均匀、无抹纹，分格缝和灰线应清晰美观	观察；手摸检查	同表1-9相关内容
2	分格条(缝)	抹灰分格条(缝)的设置应符合设计要求，宽度和深度应均匀，表面应光滑，棱角应整齐	观察	
3	滴水线(槽)	有排水要求的部位应做滴水线(槽)，滴水线(槽)应整齐顺直，滴水线应内高外低，滴水槽的宽度和深度均不应小于10mm	观察；尺量检查	
4	允许偏差	装饰抹灰工程质量的允许偏差和检验方法应符合表1-11规定		

装饰抹灰的允许偏差和检验方法 **表1-11**

项次	项目	允许偏差(mm)				检验方法
		水刷石	斩假石	干粘石	假面砖	
1	立面垂直度	5	4	5	5	用2m垂直检测尺检查
2	表面平整度	3	3	5	4	用2m靠尺和塞尺检查
3	阳角方正	3	3	4	4	用直角检测尺检查
4	分割条(缝)直线度	3	3	3	3	拉5m线，不足5m拉通线，用钢直尺检查
5	墙裙、勒脚上口直线度	3	3	—	—	拉5m线，不足5m拉通线，用钢直尺检查

(3) 清水砌体勾缝工程质量验收要求

1) 主控项目

清水砌体勾缝工程主控项目质量指标控制，见表1-12。

清水砌体勾缝工程主控项目质量验收 **表1-12**

项次	主控项目	质量要求内容	检验方法	检验批划分及检查数量
1	水泥砂浆	清水砌体勾缝所用水泥的凝结时间和安定性复验应合格。砂浆的配合比应符合设计要求	检查复验报告和施工记录	1. 各分项工程的检验批应按下列规定划分： (1)相同材料、工艺和施工条件的室外抹灰工程每500～1000m²；应划分一个检验批，不足500m²也应划分为一个检验批； (2)相同材料、工艺和施工条件的室内抹灰工程每50个自然间(大面积房间和走廊按抹灰面积30 m²为一间)应划分为一个检验批，不足50间也应划分为一个检验批。 2. 检查数量符合下列定： 室内每个检验批至少抽查10%，并不得少于3间；不足3间时应全数检查。室外每个检验批每100m²应至少抽查一处，每处不少于10m²
2	勾缝	清水砌体勾缝应无漏勾。勾缝材料应粘结牢固、无开裂	观察	

2）一般项目

清水砌体勾缝工程一般项目质量指标控制，见表 1-13。

清水砌体勾缝工程项目质量验收 **表 1-13**

项次	主控项目	质量要求内容	检验方法	检验批划分及检查数量
1	勾缝宽度、深　度	清水砌体勾缝应横平竖直，交接处应平顺，宽度和深度应均匀，表面应压实抹平	观察；尺量检查	同 1-12 表相关内容
2	灰　缝	灰缝应颜色一致，砌体表面应洁净	观察	

2. 门窗工程施工质量验收要求

(1) 木门窗制作工程质量验收要求

1）主控项目

木门窗制作工程主控项目质量指标控制，见表 1-14。

木门窗制作工程主控项目质量验收 **表 1-14**

项次	主控项目	质量要求内容	检验方法	检验批划分及检查数量
1	材料质量	木门窗的木材品种、材质等级、规格、尺寸、框扇的线型及人造木板的甲醛含量应符合设计要求。设计未规定材质等级时，所用木材的质量应符合《建筑装饰装修工程施工质量验收规范》GB 50210 附录 A 的规定	观察；检查材料进场验收记录和复验报告	1. 各分项工程的检验批应按下列规定划分： (1)同一品种、类型和规格的木门窗、金属门窗、塑料门窗及门窗玻璃每 100 樘应划分为一个检验批，不足 100 樘也应划分为一个检验批。 (2)同一品种、类型和规格的特种门每樘应划分为一个检验批，不足 50 樘也应划分为一个检验批。 2. 检查数量应符合下列规定： (1)木门窗、金属门窗、塑料门窗及门窗玻璃，每个检验批应至少抽查 5%，并不得少于 3 樘，不足 3 樘时应全数检查；高层建筑的外窗，每个检验批应至少抽查 10%，并不得少于 6 樘，不足 6 樘时应全数检查。 (2)特种门每个检验批应至少抽查 50%，并不得少于 10 樘，不足 10 樘时应全数检查
2	木材含水率	木门窗应采用烘干的木材，含水率应符合《建筑木门、木窗》JG/T 122 的规定	检查材料进场验收记录	
3	防火、防腐、防虫	木门窗的防火、防腐、防虫处理应符合设计要求	观察；检查材料进场验收记录	
4	木节及虫眼	木门窗的结合处和安装配件处不得有木节或已填补的木节。木门窗如有允许限值以内的死节及直径较大的虫眼时，应用同一材质的木塞加胶填补。对于清漆制品，木塞的木纹和色泽应与制品一致	观察	
5	榫槽连接	门窗框和厚度大于 50mm 的门窗扇应用双榫连接。榫槽应采用胶料严密嵌合，并应用胶楔加紧	观察；手扳检查	
6	胶合板门、纤维板门、模压门的质量	胶合板门、纤维板门和模压门不得脱胶。胶合板不得刨透表层单板，不得有戗槎。制作胶合板门、纤维板门时，边框和横楞应在同一平面上，面层、边框及横楞应加压胶结。横楞和上、下冒头应各钻两个以上的透气孔，透气孔应通畅	观察	

2）一般项目

木门窗制作工程一般项目质量指标控制，见表 1-15。

木门窗制作工程一般项目质量验收 **表 1-15**

项次	一般项目	质量要求内容	检验方法	检验批划分及检查数量
1	木门窗表面质量	木门窗表面应洁净，不得有刨痕、锤印	观察	1. 各分项工程的检验批应按下列规定划分： (1)同一品种、类型和规格的木门窗、金属门窗、塑料门窗及门窗玻璃每100樘应划分为一个检验批，不足100樘也应划分为一个检验批。 (2)同一品种、类型和规格的特种门每樘应划分为一个检验批，不足50樘也应划分为一个检验批。 2. 检查数量应符合下列规定： (1)木门窗、金属门窗、塑料门窗及门窗玻璃，每个检验批应至少抽查5%，并不得少于3樘，不足3樘时应全数检查；高层建筑的外窗，每个检验批应至少抽查10%，并不得少于6樘，不足6樘时应全数检查。 (2)特种门每个检验批应至少抽查50%，并不得少于10樘，不足10樘时应全数检查
2	木门窗割角、拼缝	木门窗的割角、拼缝应严密平整。门窗框、扇裁口应顺直，刨面应平整	观察	
3	木门窗槽、孔质量	木门窗上的槽、孔应边缘整齐，无毛刺	观察	
4	制作允许偏差	木门窗制作的允许偏差和检验方法应符合表1-16的规定		

木门窗制作的允许偏差和检验方法 **表 1-16**

项次	项目	构件名称	允许偏差(mm)		检验方法
			普通	高级	
1	翘曲	框	3	2	将框、扇平放在检查平台上，用塞尺检查
		扇	2	2	
2	对角线长度差	框、扇	3	2	用钢尺检查，框量裁口里角，扇量外角
3	表面平整度	框、扇	2	2	用1m靠尺和塞尺检查
4	高度、宽度	框	0;−2	0;−1	用钢尺检查，框量裁口里角，扇量外角
		扇	+2;0	+1;0	
5	裁口、线条结合处高低差	框、扇	1	0.5	用钢直尺和塞尺检查
6	相邻棂子两端间距	扇	2	1	用钢直尺检查

(2) 木门窗安装工程质量验收要求

1) 主控项目

木门窗安装工程主控项目质量指标控制，见表1-17。

木门窗安装工程主控项目质量验收 **表 1-17**

项次	主控项目	质量要求内容	检验方法	检验批划分及检查数量
1	木门窗品种、规格、安装方向位置	木门窗的品种、类型、规格、开启方向、安装位置及连接方式应符合设计要求	观察；尺量检查；检查成品门的产品合格证书	1. 各分项工程的检验批应按下列规定划分：(1)同一品种、类型和规格的木门窗、金属门窗、塑料门窗及门窗玻璃每100樘应划分为一个检验批，不足100樘也应划分为一个检验批。(2)同一品种、类型和规格的特种门每樘应划分为一个检验批，不足50樘也应划分为一个检验批
2	木门窗安装牢固	木门窗框的安装必须牢固。预埋木砖的防腐处理、木门窗框固定点的数量、位置及固定方法应符合设计要求	观察；手扳检查；检查隐蔽记录和施工记录	

续表

项次	主控项目	质量要求内容	检验方法	检验批划分及检查数量
3	木门扇安装	木门窗扇必须安装牢固，并应开关灵活，关闭严密，无倒翘	观察；开启和关闭检查；手扳检查	2. 检查数量应符合下列规定： (1)木门窗、金属门窗、塑料门窗及门窗玻璃，每个检验批应至少抽查5%，并不得少于3樘，不足3樘时应全数检查；高层建筑的外窗，每个检验批应至少抽查10%，并不得少于6樘，不足6樘时应全数检查。 (2)特种门每个检验批应至少抽查50%，并不得少于10樘，不足10樘时应全数检查
4	门窗配件安装	木门窗配件的型号、规格、数量应符合设计要求，安装应牢固，位置应正确，功能应满足使用要求	观察；开启和关闭检查；手扳检查	

2) 一般项目

木门窗安装工程一般项目质量指标控制，见表1-18。

木门窗安装工程一般项目质量验收 **表1-18**

项次	一般项目	质量要求内容	检验方法	检验批划分及检查数量
1	缝隙填嵌材料	木门窗与墙体间缝隙的填嵌材料应符合设计要求，填嵌应饱满。寒冷地区外门窗(或门窗框)与砌体间的空隙应填充保温材料	轻敲门窗框检查；检查隐蔽工程验收记录和施工记录	1. 各分项工程的检验批应按下列规定划分：(1)同一品种、类型和规格的木门窗、金属门窗、塑料门窗及门窗玻璃每100樘应划分为一个检验批，不足100樘也应划分为一个检验批。(2)同一品种、类型和规格的特种门每樘应划分为一个检验批，不足50樘也应划分为一个检验批。 2. 检查数量应符合下列规定： (1)木门窗、金属门窗、塑料门窗及门窗玻璃，每个检验批应至少抽查5%，并不得少于3樘，不足3樘时应全数检查；高层建筑的外窗，每个检验批应至少抽查10%，并不得少于6樘，不足6樘时应全数检查。(2)特种门每个检验批应至少抽查50%，并不得少于10樘，不足10樘时应全数检查
2	批水、盖口条等细部	木门窗批水、盖口条、压缝条、密封条的安装应顺直，与门窗结合应牢固、严密	观察；手扳检查	
3	安装留缝隙值及允许偏差	木门窗安装的允许偏差和检验方法应符合表1-19规定		

木门窗安装的留缝限值、允许偏差和检验方法 **表1-19**

项次	项目		留缝限值(mm)		允许偏差(mm)		检验方法
			普通	高级	普通	高级	
1	门窗槽口对角线长度差		—	—	3	2	用钢尺检查
2	门窗框的正、侧面垂直度		—	—	2	1	用1m垂直检测尺检查
3	框与扇、扇与扇接缝高度差		—	—	2	1	用钢直尺和塞尺检查
4	门窗扇对口缝		1～2.5	1.5～2	—	—	用塞尺检查
5	工业厂房双扇大门对口缝		2～5	—	—	—	
6	门窗扇与上框间留缝		1～2	1～1.5	—	—	
7	门窗扇与侧框间留缝		1～2.5	1～1.5	—	—	
8	窗扇与下框间留缝		2～3	2～2.5	—	—	
9	门扇与下框间留缝		3～5	3～4	—	—	
10	双层门窗内外框间距		—	—	4	3	用钢尺检查
11	无下框时门扇与地面间留缝	外门	4～7	5～6	—	—	用塞尺检查
		内门	5～8	6～7	—	—	
		卫生间门	8～12	8～10	—	—	
		厂房大门	10～20	—	—	—	

(3) 金属门窗（钢门窗）安装工程质量验收要求

1) 主控项目

金属门窗（钢门窗）安装工程主控项目质量指标控制，见表1-20。

金属门窗（钢门窗）安装工程主控项目质量　表1-20

项次	主控项目	质量要求内容	检验方法	检验批划分及检查数量
1	门窗质量	钢门窗的品种、类型、规格、尺寸、性能、开启方向、安装位置、连接方式应符合设计要求。钢门窗的防腐处理及填嵌、密封处理应符合设计要求	观察；尺量检查；检查产品合格证书、性能检测报告、进场验收记录和复验报告；检查隐蔽工程验收记录	1. 各分项工程的检验批应按下列规定划分： (1)同一品种、类型和规格的木门窗、金属门窗、塑料门窗及门窗玻璃每100樘应划分为一个检验批，不足100樘也应划分为一个检验批。(2)同一品种、类型和规格的特种门每樘应划分为一个检验批，不足50樘也应划分为一个检验批。 2. 检查数量应符合下列规定： (1)木门窗、金属门窗、塑料门窗及门窗玻璃，每个检验批应至少抽查5%，并不得少于3樘，不足3樘时应全数检查；高层建筑的外窗，每个检验批应至少抽查10%，并不得少于6樘，不足6樘时应全数检查。(2)特种门每个检验批应至少抽查50%，并不得少于10樘，不足10樘时应全数检查
2	框和副框安装、预埋件	钢门窗框和副框的安装必须牢固。预埋件的数量、位置、埋设方式、与框的连接方式必须符合设计要求	手扳检查；检查隐蔽工程验收记录	
3	门窗扇安装	钢门窗扇必须安装牢固，并应开关灵活、关闭严密，无倒翘。推拉门窗扇必须有防脱落措施	观察；开启和关闭检查；手扳检查	
4	配件质量及安装	钢门窗配件的型号、规格、数量应符合设计要求，安装应牢固，位置应正确，功能应满足使用要求	观察；开启和关闭检查；手扳检查	

2) 一般项目

金属门窗（钢门窗）安装工程一般项目质量指标控制，见表1-21。

金属门窗（钢门窗）安装工程一般项目质量验收　表1-21

项次	一般项目	质量要求内容	检验方法	检验批划分及检查数量
1	表面质量	钢门窗表面应洁净、平整、光滑、色泽一致，无锈蚀。大面应无划痕、碰伤。漆膜或保护层应连续	观察	1. 各分项工程的检验批应按下列规定划分：(1)同一品种、类型和规格的木门窗、金属门窗、塑料门窗及门窗玻璃每100樘应划分为一个检验批，不足100樘也应划分为一个检验批。(2)同一品种、类型和规格的特种门每樘应划分为一个检验批，不足50樘也应划分为一个检验批。 2. 检查数量应符合下列规定： (1)木门窗、金属门窗、塑料门窗及门窗玻璃，每个检验批应至少抽查5%，并不得少于3樘，不足3樘时应全数检查；高层建筑的外窗，每个检验批应至少抽查10%，并不得少于6樘，不足6樘时应全数检查。(2)特种门每个检验批应至少抽查50%，并不得少于10樘，不足10樘时应全数检查
2	框与墙体间缝隙	钢门窗框与墙体之间的缝隙应填嵌饱满，并采用密封胶密封。密封胶表面应光滑、顺直，无裂纹	观察；轻敲门窗框检查；检查隐蔽工程验收记录	
3	扇密封胶条或毛毡密封条	钢门窗扇的橡胶密封条或毛毡密封条应安装完好，不得脱槽	观察；开启和关闭检查	
4	排水孔	有排水孔的金属门窗，排水孔应通畅，位置和数量应符合设计要求	观察	
5	留缝限值和允许偏差	钢门窗安装的留缝限值、允许偏差和检验方法应符合表1-22的规定		

金属门窗（钢门窗）安装的留缝限值、允许偏差和检验方法　　表 1-22

项次	项　目		留缝限值(mm)	允许偏差(mm)	检验方法
1	门窗槽口宽度、高度	≤1500mm	—	2.5	用钢尺检查
		＞1500mm	—	3.5	
2	门窗槽口对角线长度差	≤2000mm	—	5	用钢尺检查
		＞2000mm	—	6	
3	门窗框的正、侧面垂直度		—	3	用 1m 垂直检测尺检查
4	门窗横框的水平度		—	3	用 1m 水平尺和塞尺检查
5	门窗横框标高		—	5	用钢尺检查
6	门窗竖向偏离中心		—	4	用钢尺检查
7	双层门窗内外框间距		—	5	用钢尺检查
8	门窗框、扇配合间隙		≤2	—	用塞尺检查
9	无下框时门扇与地面间留缝		4～8	—	用塞尺检查

(4) 铝合金门窗工程质量验收要求

1) 主控项目

铝合金门窗主控项目质量指标控制，见表 1-23。

铝合金门窗主控项目质量验收　　表 1-23

项次	主控项目	质量要求内容	检验方法	检验批划分及检查数量
1	门窗质量	铝合金门窗的品种、类型、规格、尺寸、性能、开启方向、安装位置、连接方式及型材壁厚应符合设计要求。铝合金门窗的防腐处理及填嵌、密封处理应符合设计要求	观察；尺量检查；检查产品合格证书、性能检测报告、进场验收记录和复验报告；检查隐蔽工程验收记录	1. 各分项工程的检验批应按下列规定划分：(1)同一品种、类型和规格的木门窗、金属门窗、塑料门窗及门窗玻璃每 100 樘应划分为一个检验批，不足 100 樘也应划分为一个检验批。(2)同一品种、类型和规格的特种门每樘应划分为一个检验批，不足 50 樘也应划分为一个检验批。 2. 检查数量应符合下列规定： (1)木门窗、金属门窗、塑料门窗及门窗玻璃，每个检验批应至少抽查 5%，并不得少于 3 樘，不足 3 樘时应全数检查；高层建筑的外窗，每个检验批应至少抽查 10%，并不得少于 6 樘，不足 6 樘时应全数检查。(2)特种门每个检验批应至少抽查 50%，并不得少于 10 樘，不足 10 樘时应全数检查
2	框和副框安装预埋件	铝合金门窗框和副框的安装必须牢固。预埋件的数量、位置、埋设方式、与框的连接方式必须符合设计要求	手扳检查；检查隐蔽验收记录	
3	门窗扇安装	铝合金门窗扇必须安装牢固，并应开关灵活、关闭严密，无倒翘。推拉门窗扇必须有防脱落措施	观察；开启和关闭检查；手扳检查	
4	配件质量及安装	铝合金门窗配件的型号、规格、数量应符合设计要求，安装应牢固，位置应正确，功能应满足使用要求	观察；开启和关闭检查；手扳检查	

2) 一般项目

铝合金门窗工程一般项目质量指标控制，见表 1-24。

铝合金门窗工程一般项目质量验收 **表 1-24**

项次	一般项目	质量要求内容	检验方法	检验批划分及检查数量
1	表面质量	铝合金门窗表面应洁净、平整、光滑、色泽一致，无锈蚀。大面应无划痕、碰伤。漆膜或保护层应连续	观察	1. 各分项工程的检验批应按下列规定划分：(1)同一品种、类型和规格的木门窗、金属门窗、塑料门窗及门窗玻璃每 100 樘应划分为一个检验批，不足 100 樘也应划分为一个检验批。(2)同一品种、类型和规格的特种门每樘应划分为一个检验批，不足 50 樘也应划分为一个检验批。 2. 检查数量应符合下列规定： (1)木门窗、金属门窗、塑料门窗及门窗玻璃，每个检验批应至少抽查 5%，并不得少于 3 樘，不足 3 樘时应全数检查；高层建筑的外窗，每个检验批应至少抽查 10%，并不得少于 6 樘，不足 6 樘时应全数检查。(2)特种门每个检验批应至少抽查 50%，并不得少于 10 樘，不足 10 樘时应全数检查
2	推拉扇开关应力	铝合金门窗推拉门窗扇开关力应不大于 100N	用弹簧秤检查	
3	框与墙体间缝隙	铝合金门窗框与墙体之间的缝隙应填嵌饱满，并采用密封胶密封。密封胶表面应光滑、顺直，无裂纹	观察；轻敲门窗框检查；检查隐蔽工程验收记录	
4	扇密封胶条或毛毡密封条	钢门窗扇的橡胶密封条或毛毡密封条应安装完好，不得脱槽	观察；开启和关闭检查	
5	排水孔	有排水孔的金属门窗，排水孔应通畅，位置和数量应符合设计要求	观察	
6	安装允许偏差	铝合金门窗安装的允许偏差和检验方法应符合表 1-25 的规定		

铝合金门窗安装的允许偏差和检验方法 **表 1-25**

项次	项目		允许偏差(mm)	检验方法
1	门窗槽口宽度、高度	≤1500mm	1.5	用钢尺检查
		>1500mm	2	
2	门窗槽口对角线长度差	≤2000mm	3	用钢尺检查
		>2000mm	4	
3	门窗框的正、侧面垂直度		2.5	用垂直检测尺检查
4	门窗横框的水平度		2	用 1m 水平尺和塞尺检查
5	门窗横框标高		5	用钢尺检查
6	门窗竖向偏离中心		5	用钢尺检查
7	双层门窗内外框间距		4	用钢尺检查
8	推拉门窗扇与框搭接量		1.5	用钢直尺检查

(5) 涂色镀锌钢板门窗安装工程质量验收要求

1) 主控项目

涂色镀锌钢板门窗主控项目质量指标控制，见表 1-26。

涂色镀锌钢板门窗主控项目质量验收 **表 1-26**

项次	主控项目	质量要求内容	检验方法	检验批划分及检查数量
1	门窗质量	涂色镀锌钢板门窗的品种、类型、规格、尺寸、性能、开启方向、安装位置、连接方式及型材壁厚应符合设计要求。门窗的防腐处理及填嵌、密封处理应符合设计要求	观察；尺量检查；检查产品合格证书、性能检测报告、进场验收记录和复验报告；检查隐蔽工程验收记录	1. 各分项工程的检验批应按下列规定划分：(1)同一品种、类型和规格的木门窗、金属门窗、塑料门窗及门窗玻璃每 100 樘应划分为一个检验批，不足 100 樘也应划分为一个检验批。(2)同一品种、类型和规格的特种门每樘应划分为一个检验批，不足 50 樘也应划分为一个检验批
2	框和副框安装、预埋件	涂色镀锌钢板门窗框和副框的安装必须牢固。预埋件的数量、位置、埋设方式、与框的连接方式必须符合设计要求	手扳检查；检查隐蔽验收记录	

续表

项次	主控项目	质量要求内容	检验方法	检验批划分及检查数量
3	门窗扇安装	涂色镀锌钢板门窗扇必须安装牢固,并应开关灵活、关闭严密,无倒翘。推拉门窗扇必须有防脱落措施	观察;开启和关闭检查;手扳检查	2. 检查数量应符合下列规定: (1)木门窗、金属门窗、塑料门窗及门窗玻璃,每个检验批应至少抽查5%,并不得少于3樘,不足3樘时应全数检查;高层建筑的外窗,每个检验批应至少抽查10%,并不得少于6樘,不足6樘时应全数检查。(2)特种门每个检验批应至少抽查50%,并不得少于10樘,不足10樘时应全数检查
4	配件质量及安装	涂色镀锌钢板门窗配件的型号、规格、数量应符合设计要求,安装应牢固,位置应正确,功能应满足使用要求	观察;开启和关闭检查;手扳检查	

2） 一般项目

涂色镀锌钢板门窗一般项目质量指标控制，见表1-27。

涂色镀锌钢板门窗一般项目质量验收 **表1-27**

项次	一般项目	质量要求内容	检验方法	检验批划分及检查数量
1	表面质量	涂色镀锌钢板门窗表面应洁净、平整、光滑、色泽一致,无锈蚀。大面应无划痕、碰伤。漆膜或保护层应连续	观察	1. 各分项工程的检验批应按下列规定划分:(1)同一品种、类型和规格的木门窗、金属门窗、塑料门窗及门窗玻璃每100樘应划分为一个检验批,不足100樘也应划分为一个检验批。(2)同一品种、类型和规格的特种门每樘应划分为一个检验批,不足50樘也应划分为一个检验批。 2. 检查数量应符合下列规定: (1)木门窗、金属门窗、塑料门窗及门窗玻璃,每个检验批应至少抽查5%,并不得少于3樘,不足3樘时应全数检查;高层建筑的外窗,每个检验批应至少抽查10%,并不得少于6樘,不足6樘时应全数检查。(2)特种门每个检验批应至少抽查50%,并不得少于10樘,不足10樘时应全数检查
2	框与墙体间缝隙	涂色镀锌钢板门窗框与墙体之间的缝隙应填嵌饱满,并采用密封胶密封。密封胶表面应光滑、顺直,无裂纹	观察;轻敲门窗框检查;检查隐蔽工程验收记录	
3	扇密封胶条或毛毡密封条	涂色镀锌钢板门窗扇的橡胶密封条或毛毡密封条应安装完好,不得脱槽	观察;开启和关闭检查	
4	排水孔	有排水孔的金属门窗,排水孔应通畅,位置和数量应符合设计要求	观察	
5	留缝限值和允许偏差	涂色镀锌钢板门窗安装的允许偏差和检验方法应符合表1-28的规定		

涂色镀锌钢板门窗安装的允许偏差和检验方法，见表1-28。

涂色镀锌钢板门窗安装的允许偏差和检验方法 **表1-28**

项次	项目		允许偏差(mm)	检验方法
1	门窗槽口宽度、高度	≤1500mm	2	用钢尺检查
		>1500mm	3	
2	门窗槽口对角线长度差	≤2000mm	4	用钢尺检查
		>2000mm	5	
3	门窗框的正、侧面垂直度		3	用垂直检测尺检查
4	门窗横框的水平度		3	用1m水平尺和塞尺检查
5	门窗横框标高		5	用钢尺检查
6	门窗竖向偏离中心		5	用钢尺检查
7	双层门窗内外框间距		4	用钢尺检查
8	推拉门窗扇与框搭接量		2	用钢直尺检查

(6) 塑料门窗安装工程质量验收要求

1) 主控项目

塑料门窗安装工程主控项目质量指标控制，见表1-29。

塑料门窗安装工程主控项目质量验收 **表1-29**

项次	主控项目	质量要求内容	检验方法	检验批划分及检查数量
1	门窗质量	塑料门窗的品种、类型、规格、尺寸、性能、开启方向、安装位置、连接方式及填嵌密封处理应符合设计要求。内衬增强型钢的壁厚及设置应符合国家现行产品标准的质量要求	观察；尺量检查；检查产品合格证书、性能检测报告、进场验收记录和复验报告；检查隐蔽工程验收记录	1. 各分项工程的检验批应按下列规定划分：(1)同一品种、类型和规格的木门窗、金属门窗、塑料门窗及门窗玻璃每100樘应划分为一个检验批，不足100樘也应划分为一个检验批。(2)同一品种、类型和规格的特种门每樘应划分为一个检验批，不足50樘也应划分为一个检验批。 2. 检查数量应符合下列规定： (1)木门窗、金属门窗、塑料门窗及门窗玻璃，每个检验批应至少抽查5%，并不得少于3樘，不足3樘时应全数检查；高层建筑的外窗，每个检验批应至少抽查10%，并不得少于6樘，不足6樘时应全数检查。(2)特种门每个检验批应至少抽查50%，并不得少于10樘，不足10樘时应全数检查
2	框、扇安装	塑料门窗框、副框和扇的安装必须牢固。固定片或膨胀螺栓的数量与位置应正确，连接方式应符合设计要求。固定点应距窗角、中横框、中竖框150～200mm，固定点间距应不大于600mm	观察；手扳检查；检查隐蔽工程验收记录	
3	拼樘料与框连接	塑料门窗拼樘料内衬增强型钢的规格、壁厚必须符合设计要求，型钢应与型材内腔紧密吻合，其两端必须与洞口固定牢固。窗框必须与拼樘料连接紧密，固定点间距应不大于600mm	观察；手扳检查；尺量检查；检查进场验收记录	
4	门窗扇安装	塑料门窗扇应开关灵活、关闭严密，无倒翘；推拉门窗扇必须有防脱落措施	观察；开启和关闭检查；手扳检查	
5	配件质量及安装	塑料门窗配件的型号、规格、数量应符合设计要求，安装应牢固，位置应正确，功能应满足使用要求	观察；手扳检查；尺量检查	
6	框与墙体缝隙填嵌	塑料门窗框与墙体间缝隙应采用闭孔弹性材料填嵌饱满，表面应采用密封胶密封。密封胶应粘结牢固，表面应光滑、顺直、无裂纹	观察；检查隐蔽工程验收记录	

2) 一般项目

塑料门窗工程一般项目质量指标控制，见表1-30。

塑料门窗工程一般项目质量验收 **表1-30**

项次	一般项目	质量要求内容	检验方法	检验批划分及检查数量
1	表面质量	塑料门窗表面应洁净、平整、光滑、色泽一致，无锈蚀。大面应无划痕、碰伤。漆膜或保护层应连续	观察	1. 各分项工程的检验批应按下列规定划分：(1)同一品种、类型和规格的木门窗、金属门窗、塑料门窗及门窗玻璃每100樘应划分为一个检验批，不足100樘也应划分为一个检验批。(2)同一品种、类型和规格的特种门每樘应划分为一个检验批，不足50樘也应划分为一个检验批。 2. 检查数量应符合下列规定： (1)木门窗、金属门窗、塑料门窗及门窗玻璃，每个检验批应至少抽查5%，并不得少于3樘，不足3樘时应全数检查；高层建筑的外窗，每个检验批应至少抽查10%，并不得少于6樘，不足6樘时应全数检查。(2)特种门每个检验批应至少抽查50%，并不得少于10樘，不足10樘时应全数检查
2	密封条及旋转门窗间隙	塑料门窗扇的密封条不得脱槽。旋转窗间隙应基本均匀		
3	门窗扇开关力	(1)平开门窗扇平铰链的开关力应不大于80N；滑撑铰链的开关力应不大于80N，并不小于30N。(2)推拉门窗扇的开关力应不大于100N	观察；用弹簧秤检查	
4	玻璃密封条、玻璃槽口	玻璃密封条与玻璃及玻璃槽口的接缝应平整，不得卷边、脱槽	观察	
5	排水孔	排水孔应通畅，位置和数量应符合设计要求	观察	
6	安装允许偏差	塑料门窗安装的允许偏差和检验方法应符合表1-31的规定		

塑料门窗安装的允许偏差和检验方法，见表 1-31。

塑料门窗安装的允许偏差和检验方法 **表 1-31**

项次	项　目		允许偏差(mm)	检 验 方 法
1	门窗槽口宽度、高度	≤1500mm	2	用钢尺检查
		＞1500mm	3	
2	门窗槽口对角线长度差	≤2000mm	3	用钢尺检查
		＞2000mm	5	
3	门窗框的正、侧面垂直度		3	用 1m 垂直检测尺检查
4	门窗横框的水平度		3	用 1m 水平尺和塞尺检查
5	门窗横框标高		5	用钢尺检查
6	门窗竖向偏离中心		5	用钢尺检查
7	双层门窗内外框间距		4	用钢尺检查
8	同樘平开门窗相邻扇高度差		2	用钢直尺检查
9	平开门窗扇铰链部位配合间隙		+2；-1	用塞尺检查
10	推拉门窗扇与框搭接量		+1.5；-2.5	用钢直尺检查
11	推拉门窗扇与竖框平行度		2	用 1m 水平尺和塞尺检查

(7) 特种门安装工程质量验收要求

1) 主控项目

特种门安装工程主控项目质量指标控制，见表 1-32。

特种门安装工程主控项目质量验收 **表 1-32**

项次	主控项目	质量要求内容	检验方法	检验批划分及检查数量
1	门质量和性能	特种门的质量和各项性能应符合设计要求	检查生产许可证、产品合格证书和性能检测报告	1. 各分项工程的检验批应按下列规定划分：(1)同一品种、类型和规格的木门窗、金属门窗、塑料门窗及门窗玻璃每 100 樘应划分为一个检验批，不足 100 樘也应划分为一个检验批。(2)同一品种、类型和规格的特种门每樘应划分为一个检验批，不足 50 樘也应划分为一个检验批。 2. 检查数量应符合下列规定： (1)木门窗、金属门窗、塑料门窗及门窗玻璃，每个检验批应至少抽查 5%，并不得少于 3 樘，不足 3 樘时应全数检查；高层建筑的外窗，每个检验批应至少抽查 10%，并不得少于 6 樘，不足 6 樘时应全数检查。 (2)特种门每个检验批应至少抽查 50%，并不得少于 10 樘，不足 10 樘时应全数检查
2	门品种规格、内型、方向、位置	特种门的品种、类型、规格、尺寸、开启方向、安装位置及防腐处理应符合设计要求	观察；尺量检查；检查进场验收记录和隐蔽工程验收记录	
3	机械、自动装置、智能化装置	有机械装置、自动装置或智能化装置的特种门，其机械装置、自动装置或智能化装置能应符合设计要求和有关标准的规定	启动机械装置、自动装置或智能化装置，观察	
4	安装及预埋件埋置	特种门的安装必须牢固。预埋件的数量、位置、埋设方式、与框的连接方式必须符合设计要求	观察；手扳检查；检查隐蔽工程验收记录	
5	配件、安装及功能	特种门的配件应齐全，位置应正确，安装应牢固；功能应满足使用要求和特种门的各项性能要求	观察；手扳检查；检查产品合格证书、性能检测报告和进场验收记录	

2) 一般项目

特种门安装工程主控项目质量指标控制，见表 1-33。

特种门安装工程主控项目质量验收　　表1-33

项次	一般项目	质量要求内容	检验方法	检验批划分及检查数量
1	表面装饰	特种门的表面装饰应符合设计要求	观察	1. 各分项工程的检验批应按下列规定划分：(1)同一品种、类型和规格的木门窗、金属门窗、塑料门窗及门窗玻璃每100樘应划分为一个检验批，不足100樘也应划分为一个检验批。(2)同一品种、类型和规格的特种门每樘应划分为一个检验批，不足50樘也应划分为一个检验批。 2. 检查数量应符合下列规定： (1)木门窗、金属门窗、塑料门窗及门窗玻璃，每个检验批应至少抽查5%，并不得少于3樘，不足3樘时应全数检查；高层建筑的外窗，每个检验批应至少抽查10%，并不得少于6樘，不足6樘时应全数检查。(2)特种门每个检验批应至少抽查50%，并不得少于10樘，不足10樘时应全数检查
2	表面质量	特种门的表面应洁净，无划痕、碰伤	观察	
3	推拉自动门安装留缝限值、允许偏差	推拉自动门安装的留缝限值、允许偏差和检验方法应符合表1-34的规定		
4	推拉自动门感应时间限值	推拉自动门的感应时间限值和检验方法应符合表1-35的规定		
5	旋转门安装允许偏差	旋转门安装的允许偏差和检验方法应符合表1-36的规定		

推拉自动门安装的留缝限值、允许偏差和检验方法　　表1-34

项次	项目		留缝限值(mm)	允许偏差(mm)	检验方法
1	门窗槽口宽度、高度	≤1500mm	—	1.5	用钢尺检查
		>1500mm	—	2	
2	门窗槽口对角线长度差	≤2000mm	—	2	用钢尺检查
		>2000mm	—	2.5	
3	门框的正、侧面垂直度		—	1	用垂直检测尺检查
4	门构件装配间隙		—	0.3	用1m水平尺和塞尺检查
5	门梁导轨水平度		—	1	用钢尺检查
6	下导轨与门梁导轨平行度		—	1.5	用钢尺检查
7	门扇与侧框间留缝		1.2～1.8	—	用钢尺检查
8	门扇对口缝		1.2～1.8	—	用钢直尺检查

推拉自动门的感应时间限值和检验方法　　表1-35

项　次	项　目	感应时间限值(s)	检 验 方 法
1	开门响应时间	≤0.5	用秒表检查
2	堵门保护延时	16～20	用秒表检查
3	门扇全开启后保持时间	13～17	用秒表检查

旋转门安装的允许偏差和检验方法　　表1-36

项　次	项　目	允许偏差(mm)		检 验 方 法
		金属框架玻璃旋转门	木质旋转门	
1	门扇正、侧面垂直度	1.5	1.5	用1m垂直检测尺检查
2	门扇对角线长度差	1.5	1.5	用钢尺检查
3	相邻扇高度差	1	1	用钢尺检查
4	扇与圆弧边留缝	1.5	2	用钢尺检查
5	扇与上顶间留缝	2	2.5	用塞尺检查
6	扇与地面间留缝	2	2.5	用塞尺检查

(8) 门窗玻璃安装质量验收要求

1) 主控项目

门窗玻璃安装主控项目质量指标控制，见表1-37。

门窗玻璃安装主控项目质量验收　　表1-37

项次	主控项目	质量要求内容	检验方法	检验批划分及检查数量
1	玻璃品种、规格、质量	玻璃的品种、规格、尺寸、色彩、图案和涂膜朝向应符合设计要求。单块玻璃大于1.5m^{2}时应使用安全玻璃	观察；检查产品合格证书、性能检测报告和进场验收记录	1. 各分项工程的检验批应按下列规定划分：(1)同一品种、类型和规格的木门窗、金属门窗、塑料门窗及门窗玻璃每100樘应划分为一个检验批，不足100樘也应划分为一个检验批。(2)同一品种、类型和规格的特种门每樘应划分为一个检验批，不足50樘也应划分为一个检验批。 2. 检查数量应符合下列规定： (1)木门窗、金属门窗、塑料门窗及门窗玻璃，每个检验批应至少抽查5%，并不得少于3樘，不足3樘时应全数检查；高层建筑的外窗，每个检验批应至少抽查10%，并不得少于6樘，不足6樘时应全数检查。(2)特种门每个检验批应至少抽查50%，并不得少于10樘，不足10樘时应全数检查
2	玻璃裁割与安装质量	门窗玻璃裁割尺寸应正确。安装后的玻璃应牢固，不得有裂纹、损伤松动	观察；轻敲检查	
3	安装方法	玻璃的安装方法应符合设计要求。固定玻璃的钉子或钢丝卡的数量、规格应保证玻璃安装牢固	观察；检查施工记录	
4	木压条	镶钉木压条接触玻璃处，应与裁口边缘平齐。木压条应互相紧密连接，并与裁口边缘紧贴，割角应整齐	观察	
5	密封条	密封条与玻璃、玻璃槽口的接触应紧密、平整。密封胶与玻璃、玻璃槽口的边缘应粘结牢固、接缝平齐	观察	
6	带密封条的玻璃压条	带密封条的玻璃压条，其密封条必须与玻璃全部贴紧，压条与型材之间应无明显缝隙，压条接缝应不大于0.5mm	观察；尺量检查	

2) 一般项目

门窗玻璃安装一般项目质量指标控制，见表1-38。

门窗玻璃安装一般项目质量验收　　表1-38

项次	一般项目	质量要求内容	检验方法	检验批划分及检查数量
1	玻璃表面	玻璃表面应洁净，不得有腻子、密封胶、涂料等污渍。中空玻璃内外表面均应洁净，玻璃中空层内不得有灰尘和水蒸气	观察	1. 各分项工程的检验批应按下列规定划分：(1)同一品种、类型和规格的木门窗、金属门窗、塑料门窗及门窗玻璃每100樘应划分为一个检验批，不足100樘也应划分为一个检验批。(2)同一品种、类型和规格的特种门每樘应划分为一个检验批，不足50樘也应划分为一个检验批。 2. 检查数量应符合下列规定： (1)木门窗、金属门窗、塑料门窗及门窗玻璃，每个检验批应至少抽查5%，并不得少于3樘，不足3樘时应全数检查；高层建筑的外窗，每个检验批应至少抽查10%，并不得少于6樘，不足6樘时应全数检查。(2)特种门每个检验批应至少抽查50%，并不得少于10樘，不足10樘时应全数检查
2	玻璃与型材	门窗玻璃不应直接接触型材。单面镀膜玻璃的镀膜层及磨砂玻璃的磨砂应朝向室内。中空玻璃的单面镀膜玻璃应在最外层，镀膜层应朝向室内	观察	
3	腻子	腻子应填抹饱满、粘结牢固；腻子边缘与裁口应平齐。固定玻璃的卡子不应在腻子表面显露	观察	

3. 涂饰工程施工质量验收要求

(1) 水性涂料涂饰工程

1) 主控项目

水性涂料涂饰工程主控项目质量指标控制，见表1-39。

水性涂料涂饰工程主控项目质量验收 **表1-39**

项次	主控项目	质量要求内容	检验方法	检验批划分及检查数量
1	涂料的品种、型号和性能	水性涂料涂饰工程所用涂料的品种、型号和性能应符合设计要求	检查产品合格证书、性能检测报告和进场验收记录	1. 各分项工程的检验批应按下列规定划分：(1)室外涂饰工程每一栋楼的同类涂料涂饰的墙面每$500\sim1000m^2$应划分为一个检验批，不足$500m^2$也应划分为一个检验批。(2)室内涂饰工程同类涂料涂饰的墙面每50间(大面积房间和走廊按涂饰面积$30m^2$为一间)应划分为一个检验批，不足50间也应划分为一个检验批。 2. 检查数量应符合下列规定：(1)室外涂饰工程每$100m^2$应至少检查一处，每处不得小于$10m^2$。(2)室内涂饰工程每个检验批应至少抽查10%，并不得少于3间；不足3间时应全数检查
2	颜色、图案	水性涂料涂饰工程的颜色、图案应符合设计要求	观察	
3	涂饰质量	水性涂料涂饰工程应涂饰均匀、粘结牢固，不得漏涂透底、起皮和掉粉	观察；手摸检查	
4	基层处理	水性涂料涂饰工程的基层处理应符合下列要求： 1. 新建筑物的混凝土或抹灰基层在涂饰涂料前应涂刷抗碱封闭底漆。 2. 旧墙面在涂饰涂料前应清除疏松的旧装修层，并涂刷界面剂。 3. 混凝土或抹灰基层涂刷溶剂型涂料时，含水率不得大于8%；涂刷乳液型涂料时，含水率不得大于10%。木材基层的含水率不得大于12%。 4. 基层腻子应平整、坚实、牢固，无粉化、起皮和裂缝；内墙腻子的粘结强度应符合《建筑室内用腻子》JG/T 298的规定。 5. 厨房、卫生间墙面必须使用耐水腻子	观察；手摸检查；检查施工记录	

2) 一般项目

水性涂料涂饰工程一般项目质量指标控制，见表1-40。

水性涂料涂饰工程一般项目质量验收 **表1-40**

项次	一般项目	质量要求内容	检验方法	检验批划分及检查数量
1	薄涂料的涂饰质量和检验方法	薄涂料的涂饰质量和检验方法应符合表1-41的规定		1. 各分项工程的检验批应按下列规定划分： (1)室外涂饰工程每一栋楼的同类涂料涂饰的墙面每$500\sim1000m^2$应划分为一个检验批，不足$500m^2$也应划分为一个检验批。(2)室内涂饰工程同类涂料涂饰的墙面每50间(大面积房间和走廊按涂饰面积$30m^2$为一间)应划分为一个检验批，不足50间也应划分为一个检验批。 2. 检查数量应符合下列规定： (1)室外涂饰工程每$100m^2$应至少检查一处，每处不得小于$10m^2$。(2)室内涂饰工程每个检验批应至少抽查10%，并不得少于3间；不足3间时应全数检查
2	厚涂料的涂饰质量和检验方法	厚涂料的涂饰质量和检验方法应符合表1-42的规定		
3	复层涂料的涂饰质量和检验方法	复层涂料的涂饰质量和检验方法应符合表1-43的规定		
4	涂层衔接	涂层与其他装修材料和设备衔接处应吻合，界面应清晰	观察	

薄涂料的涂饰质量和检验方法 **表 1-41**

项次	项目	普通涂饰	高级涂饰	检验方法
1	颜色	均匀一致	均匀一致	观察
2	泛碱、咬色	允许少量轻微	不允许	
3	流坠、疙瘩	允许少量轻微	不允许	
4	砂眼、刷纹	允许少量轻微砂眼，刷纹通顺	无砂眼、无刷纹	
5	装饰线、分色线直线度允许偏差(mm)	2	1	拉 5m 线，不足 5m 拉通线，用钢直尺检查

厚涂料的涂饰质量和检验方法 **表 1-42**

项次	项目	普通涂饰	高级涂饰	检验方法
1	颜色	均匀一致	均匀一致	观察
2	泛碱、咬色	允许少量轻微	不允许	
3	点状分布	—	疏密均匀	

复层涂料的涂饰质量和检验方法 **表 1-43**

项次	项目	质量要求	检验方法
1	颜色	均匀一致	观察
2	泛碱、咬色	不允许	
3	喷点疏密程度	均匀，不允许连片	

(2) 溶剂型涂料涂饰工程

1) 主控项目

溶剂型涂料涂饰工程主控项目质量指标控制，见表 1-44。

溶剂型涂料涂饰工程主控项目质量验收 **表 1-44**

项次	主控项目	质量要求内容	检验方法	检验批划分及检查数量
1	涂料的品种、型号和性能	溶剂型涂料涂饰工程所选用涂料的品种、型号和性能应符合设计要求	检查产品合格证书、性能检测报告和进场验收记录	1. 各分项工程的检验批应按下列规定划分： (1)室外涂饰工程每一栋楼的同类涂料涂饰的墙面每 500～1000m² 应划分为一个检验批，不足 500m² 也应划分为一个检验批。(2)室内涂饰工程同类涂料涂饰的墙面每 50 间(大面积房间和走廊按涂饰面积 30m² 为一间)应划分为一个检验批，不足 50 间也应划分为一个检验批。 2. 检查数量应符合下列规定： (1)室外涂饰工程每 100m² 应至少检查一处，每处不得小于 10m²。(2)室内涂饰工程每个检验批应至少抽查 10%，并不得少于 3 间；不足 3 间时应全数检查
2	颜色、光泽、图案	溶剂型涂料涂饰工程的颜色、光泽、图案应符合设计要求	观察	
3	涂饰质量	溶剂型涂料涂饰工程应涂饰均匀、粘结牢固，不得漏涂、透底、起皮和反锈	观察；手摸检查	
4	基层处理	溶剂型涂料涂饰工程的基层处理应符合下列要求： 1. 新建筑物的混凝土或抹灰基层在涂饰涂料前应涂刷抗碱封闭底漆。 2. 旧墙面在涂饰涂料前应清除疏松的旧装修层，并涂刷界面剂。 3. 混凝土或抹灰基层涂刷溶剂型涂料时，含水率不得大于 8%；涂刷乳液型涂料时，含水率不得大于 10%。木材基层的含水率不得大于 12%。 4. 基层腻子应平整、坚实、牢固，无粉化、起皮和裂缝；内墙腻子的粘结强度应符合《建筑室内用腻子》JG/T 298 的规定。 5. 厨房、卫生间墙面必须使用耐水腻子	观察；手摸检查；检查施工记录	

2）一般项目

溶剂型涂料涂饰工程一般项目质量指标控制，见表 1-45。

溶剂型涂料涂饰工程一般项目质量验收 表 1-45

项次	一般项目	质量要求内容	检验方法	检验批划分及检查数量
1	色漆的涂饰质量和检验方法	色漆的涂饰质量和检验方法应符合表 1-46 的规定		1. 各分项工程的检验批应按下列规定划分： (1)室外涂饰工程每一栋楼的同类涂料涂饰的墙面每 500～1000m^2 应划分为一个检验批，不足 500m^2 也应划分为一个检验批。(2)室内涂饰工程同类涂料涂饰的墙面每 50 间(大面积房间和走廊按涂饰面积 30m^2 为一间)应划分为一个检验批，不足 50 间也应划分为一个检验批。 2. 检查数量应符合下列规定： (1)室外涂饰工程每 100m^2 应至少检查一处，每处不得小于 10m^2。(2)室内涂饰工程每个检验批应至少抽查 10%，并不得少于 3 间；不足 3 间时应全数检查
2	清漆的涂饰质量和检验方法	清漆的涂饰质量和检验方法应符合表 1-47 的规定		
3	涂层衔接	涂层与其他装修材料和设备衔接处应吻合，界面应清晰	观察	

色漆的涂饰质量和检验方法 表 1-46

项次	项　目	普 通 涂 饰	高 级 涂 饰	检 验 方 法
1	颜色	均匀一致	均匀一致	观察
2	光泽、光滑	光泽基本均匀 光滑无挡手感	光泽均匀一致 光滑	观察、手摸检查
3	刷纹	刷纹通顺	无刷纹	观察
4	裹棱、流坠、皱皮	明显处不允许	不允许	观察
5	装饰线、分色线直线度允许偏差(mm)	2	1	拉 5m 线，不足 5m 拉通线，用钢直尺检查

清漆的涂饰质量和检验方法 表 1-47

项次	项　目	普 通 涂 饰	高 级 涂 饰	检 验 方 法
1	颜色	基本一致	均匀一致	观察
2	木纹	棕眼刮平、木纹清楚	棕眼刮平、木纹清楚	观察
3	光泽、光滑	光泽基本均匀 光滑无挡手感	光泽均与一致 光滑	观察、手摸检查
4	刷纹	无刷纹	无刷纹	观察
5	裹棱、流坠、皱皮	明显处不允许	不允许	观察

（3）美术涂饰工程

1）主控项目

美术涂饰工程主控项目质量指标控制，见表 1-48。

美术涂饰工程主控项目质量验收 **表 1-48**

项次	主控项目	质量要求内容	检验方法	检验批划分及检查数量
1	材料的品种、型号和性能	美术涂饰所用材料的品种、型号和性能应符合设计要求	观察；检查产品合格证书、性能检测报告和进场验收记录	1. 各分项工程的检验批应按下列规定划分： (1)室外涂饰工程每一栋楼的同类涂料涂饰的墙面每 500～1000m² 应划分为一个检验批，不足 500m² 也应划分为一个检验批。(2)室内涂饰工程同类涂料涂饰的墙面每 50 间(大面积房间和走廊按涂饰面积 30m² 为一间)应划分为一个检验批，不足 50 间也应划分为一个检验批。 2. 检查数量应符合下列规定： (1)室外涂饰工程每 100m² 应至少检查一处，每处不得小于 10m²。(2)室内涂饰工程每个检验批应至少抽查 10%，并不得少于 3 间；不足 3 间时应全数检查
2	涂饰质量	美术涂饰工程应涂饰均匀、粘结牢固，不得漏涂、透底、起皮、掉粉和反锈	观察；手摸检查	
3	基层处理	美术涂饰工程的基层处理应符合下列要求： (1)新建筑物的混凝土或抹灰基层在涂饰涂料前应涂刷抗碱封闭底漆。 (2)旧墙面在涂饰涂料前应清除疏松的旧装修层，并涂刷界面剂。 (3)混凝土或抹灰基层涂刷溶剂型涂料时，含水率不得大于 8%；涂刷乳液型涂料时，含水率不得大于 10%。木材基层的含水率不得大于 12%。 (4)基层腻子应平整、坚实、牢固，无粉化、起皮和裂缝；内墙腻子的粘结强度应符合《建筑室内用腻子》JG/T 298 的规定。 (5)厨房、卫生间墙面必须使用耐水腻子	观察；手摸检查；检查施工记录	
4	套色、花纹和图案	美术涂饰的套色、花纹和图案应符合设计要求	观察	

2）一般项目

美术涂饰工程一般项目质量指标控制，见表 1-49。

美术涂饰工程一般项目质量验收 **表 1-49**

项次	一般项目	质量要求内容	检验方法	检验批划分及检查数量
1	美术涂饰表面	美术涂饰表面应洁净，不得有流坠现象	观察	1. 各分项工程的检验批应按下列规定划分： (1)室外涂饰工程每一栋楼的同类涂料涂饰的墙面每 500～1000m² 应划分为一个检验批，不足 500m² 也应划分为一个检验批。(2)室内涂饰工程同类涂料涂饰的墙面每 50 间(大面积房间和走廊按涂饰面积 30m² 为一间)应划分为一个检验批，不足 50 间也应划分为一个检验批。 2. 检查数量应符合下列规定： (1)室外涂饰工程每 100m² 应至少检查一处，每处不得小于 10m²。(2)室内涂饰工程每个检验批应至少抽查 10%，并不得少于 3 间；不足 3 间时应全数检查
2	仿花纹涂饰	仿花纹涂饰的饰面应具有被模仿材料的纹理	观察	
3	套色涂饰的图案	套色涂饰的图案不得移位，纹理和轮廓应清晰	观察	

4. 裱糊与软包工程施工质量验收要求

（1）裱糊工程

1）主控项目

裱糊工程主控项目质量指标控制，见表 1-50。

裱糊工程主控项目质量验收　　表 1-50

项次	主控项目	质量要求内容	检验方法	检验批划分及检查数量
1	种类、规格、图案、颜色和燃烧性能等级	壁纸、墙布的种类、规格、图案、颜色和燃烧性能等级必须符合设计要求及国家现行标准的有关规定	观察；检查产品合格证书，进场验收记录和性能检测报告	1. 各分项工程的检验批应按下列规定划分： 同一品种的裱糊或软包工程每 50 间（大面积房间和走廊按施工面积 30m² 为一间）应划分为一个检验批，不足 50 间也应划分为一个检验批。 2. 检查数量应符合下列规定： (1)裱糊工程每个检验批应至少抽查 10%，并不得少于 3 间，不足 3 间时应全数检查 (2)软包工程每个检验批应至少抽查 20%，并不得少于 6 间，不足 6 间时应全数检查
2	基层处理	裱糊工程基层处理质量应符合下列要求： (1)新建筑物的混凝土或抹灰基层墙面在刮腻子前应涂刷抗碱封闭底漆。 (2)旧墙面在裱糊前应清除疏松的旧装修层，并涂刷界面剂。 (3)混凝土或抹灰基层含水率不得大于 8%；木材基层的含水率不得大于 12%。 (4)基层腻子应平整、坚实、牢固，无粉化、起皮和裂缝；子的粘结强度应符合《建筑室内用腻子》JG/T 298 的规定。 (5)基层表面平整度、立面垂直度及阴阳角方正应达到《建筑装饰装修工程质量验收规范》第 4.2.11 条高级抹灰的要求。 (6)基层表面颜色应一致。 (7)裱糊前应用封闭底胶涂刷基层	观察；手摸检查；检查施工记录	
3	拼接	裱糊后各幅拼接应横平竖直，拼接处花纹、图案应吻合，不离缝，不搭接，不显拼缝	观察；拼缝检查距离墙面 1.5m 处正视	
4	粘贴	壁纸、墙布应粘贴牢固，不得有漏贴、补贴、脱层、空鼓和翘边	观察；手摸检查	

2) 一般项目

裱糊工程一般项目质量指标控制，见表 1-51。

裱糊工程主控项目质量验收　　表 1-51

项次	一般项目	质量要求内容	检验方法	检验批划分及检查数量
1	表面质量	裱糊后的壁纸、墙布表面应平整，色泽应一致，不得有波纹起伏、气泡、裂缝、皱折及斑污，斜视时应无胶痕	观察；手摸检查	1. 各分项工程的检验批应按下列规定划分： 同一品种的裱糊或软包工程每 50 间（大面积房间和走廊按施工面积 30m² 为一间）应划分为一个检验批，不足 50 间也应划分为一个检验批。 2. 检查数量应符合下列规定： (1)裱糊工程每个检验批应至少抽查 10%，并不得少于 3 间，不足 3 间时应全数检查。 (2)软包工程每个检验批应至少抽查 20%，并不得少于 6 间，不足 6 间时应全数检查
2	壁纸的压痕及发泡层	复合压花壁纸的压痕及发泡壁纸的发泡层应无损坏	观察	
3	与各种装饰线、设备线盒的交接	壁纸、墙布与各种装饰线、设备线盒应交接严密	观察	
4	壁纸、墙布边缘	壁纸、墙布边缘应平直整齐，不得有纸毛、飞刺	观察	
5	壁纸、墙布阴阳角	壁纸、墙布阴角处搭接应顺光，阳角处应无接缝	观察	

(2) 软包工程

1) 主控项目

软包工程主控项目质量指标控制，见表 1-52。

软包工程主控项目质量验收　　表 1-52

项次	主控项目	质量要求内容	检验方法	检验批划分及检查数量
1	软包面料、内衬材料及边框的材质、颜色、图案、燃烧性能等级和木材的含水率	软包面料、内衬材料及边框的材质、颜色、图案、燃烧性能等级和木材的含水率应符合设计要求及国家现行标准的有关规定	观察；检查产品合格证书、进场验收记录和性能检测报告	1. 各分项工程的检验批应按下列规定划分： 同一品种的裱糊或软包工程每 50 间（大面积房间和走廊按施工面积 $30m^2$ 为一间）应划分为一个检验批，不足 50 间也应划分为一个检验批。 2. 检查数量应符合下列规定： （1）裱糊工程每个检验批应至少抽查 10%，并不得少于 3 间，不足 3 间时应全数检查。 （2）软包工程每个检验批应至少抽查 20%，并不得少于 6 间，不足 6 间时应全数检查
2		软包工程的安装位置及构造做法应符合设计要求	观察；尺量检查；检查施工记录	
3		软包工程的龙骨、衬板、边框应安装牢固，无翘曲，拼缝应平直	观察；手扳检查	
4		单块软包面料不应有接缝，四周应绷压严密	观察；手摸检查	

2）一般项目

软包工程一般项目质量指标控制，见表 1-53。

软包工程一般项目质量验收　　表 1-53

项次	一般项目	质量要求内容	检验方法	检验批划分及检查数量
1	软包工程表面质量	软包工程表面应平整、洁净，无凹凸不平及皱折；图案应清晰、无色差，整体应协调美观	观察	1. 各分项工程的检验批应按下列规定划分： 同一品种的裱糊或软包工程每 50 间（大面积房间和走廊按施工面积 $30m^2$ 为一间）应划分为一个检验批，不足 50 间也应划分为一个检验批。 2. 检查数量应符合下列规定： （1）裱糊工程每个检验批应至少抽查 10%，并不得少于 3 间，不足 3 间时应全数检查。 （2）软包工程每个检验批应至少抽查 20%，并不得少于 6 间，不足 6 间时应全数检查
2	边框安装质量、表面涂饰质量	软包边框应平整、顺直、接缝吻合。其表面涂饰质量应符合《建筑装饰装修工程质量验收规范》GB 50210 涂饰工程的有关规定	观察；手摸检查	
3	清漆涂饰	清漆涂饰木制边框的颜色、木纹应协调一致	观察	
4	安装允许偏差	软包工程安装的允许偏差和检验方法应符合表 1-54 的规定		

软包工程安装的允许偏差和检验方法　　表 1-54

项次	项　目	允许偏差（mm）	检验方法
1	垂直度	3	用 1m 垂直检测尺检查
2	边框宽度、高度	0；−2	用钢尺检查
3	对角线长度差	3	用钢尺检查
4	裁口、线条接缝高低差	1	用钢直尺和塞尺检查

5. 细部工程施工质量验收要求

（1）橱柜制作与安装工程

1）主控项目

橱柜制作与安装工程主控项目质量指标控制，见表 1-55。

橱柜制作与安装工程主控项目质量验收　　　　表 1-55

项次	主控项目	质量要求内容	检验方法	检验批划分及检查数量
1	材料要求	橱柜制作与安装所用材料的材质和规格、木材的燃烧性能等级和含水率、花岗石的放射性及人造木板的甲醛含量应符合设计要求及国家现行标准的有关规定	观察；检查产品合格证书、进场验收记录、性能检测报告和复验报告	1. 各分项工程的检验批应按下列规定划分： (1)同类制品每 50 间(处)应划分为一个检验批，不足 50 间(处)也应划分为一个检验批。 (2)每部楼梯应划分为一个检验批。 2. 检查数量应符合下列规定： 每个检验批应至少抽查 3 间(处)，不足 3 间(处)时应全数检查
2	预埋件或后置埋件	橱柜安装预埋件或后置埋件的数量、规格、位置应符合设计要求	检查隐蔽工程验收记录和施工记录	
3	造型、尺寸、安装位置、制作和固定方法	橱柜的造型、尺寸、安装位置、制作和固定方法应符合设计要求。橱柜安装必须牢固	观察；尺量检查；手扳检查	
4	橱柜配件的品种、规格	橱柜配件的品种、规格应符合设计要求。配件应齐全，安装应牢固	观察；手扳检查；检查进场验收记录	
5	橱柜的抽屉和柜门	橱柜的抽屉和柜门应开关灵活、回位正确	观察；开启和关闭检查	

2）一般项目

橱柜制作与安装工程一般项目质量指标控制，见表 1-56。

橱柜制作与安装工程一般项目质量验收　　　　表 1-56

项次	主控项目	质量要求内容	检验方法	检验批划分及检查数量
1	橱柜表面质量	橱柜表面应平整、洁净、色泽一致，不得有裂缝、翘曲及损坏	观察	1. 各分项工程的检验批应按下列规定划分： (1)同类制品每 50 间(处)应划分为一个检验批，不足 50 间(处)也应划分为一个检验批。 (2)每部楼梯应划分为一个检验批。 2. 检查数量应符合下列规定： 每个检验批应至少抽查 3 间(处)，不足 3 间(处)时应全数检查
2	橱柜裁口、拼缝	橱柜裁口应顺直、拼缝应严密	观察	
3	允许偏差	橱柜安装的允许偏差和检验方法应符合表 1-57 的规定		

橱柜安装的允许偏差和检验方法　　　　表 1-57

项　次	项　目	允许偏差(mm)	检 验 方 法
1	外形尺寸	3	用钢尺检查
2	立面垂直度	2	用 1m 垂直检测尺检查
3	门与框架的平行度	2	用钢尺检查

(2) 窗帘盒、窗台板和散热器罩制作与安装工程

1）主控项目

窗帘盒、窗台板和散热器罩制作与安装工程主控项目质量指标控制，见表 1-58。

2）一般项目

窗帘盒、窗台板和散热器罩制作与安装工程一般项目质量指标控制，见表 1-59。

窗帘盒、窗台板和散热器罩制作与安装工程主控项目质量验收　　表 1-58

项次	主控项目	质量要求内容	检验方法	检验批划分及检查数量
1	材料要求	窗帘盒、窗台板和散热器罩制作与安装所使用材料的材质和规格、木材的燃烧性能等级和含水率、花岗石的放射性及人造木板的甲醛含量应符合设计要求及国家现行标准的有关规定	观察;检查产品合格证书、进场验收记录、性能检测报告和复验报告	1. 各分项工程的检验批应按下列规定划分: (1)同类制品每 50 间(处)应划分为一个检验批,不足 50 间(处)也应划分为一个检验批。 (2)每部楼梯应划分为一个检验批。 2. 检查数量应符合下列规定: 每个检验批应至少抽查 3 间(处),不足 3 间(处)时应全数检查
2	造型、规格、尺寸、安装位置和固定方法	窗帘盒、窗台板和散热器罩的造型、规格、尺寸、安装位置和固定方法必须符合设计要求。窗帘盒、窗台板和散热器罩的安装必须牢固	观察;尺量检查;手扳检查	
3	窗帘盒配件的品种、规格	窗帘盒配件的品种、规格应符合设计要求,安装应牢固	手扳检查;检查进场验收记录	

窗帘盒、窗台板和散热器罩制作与安装工程一般项目质量验收　　表 1-59

项次	主控项目	质量要求内容	检验方法	检验批划分及检查数量
1	表面质量	窗帘盒、窗台板和散热器罩表面应平整、洁净、线条顺直、接缝严密、色泽一致,不得有裂缝、翘曲及损坏	观察	1. 各分项工程的检验批应按下列规定划分: (1)同类制品每 50 间(处)应划分为一个检验批,不足 50 间(处)也应划分为一个检验批。 (2)每部楼梯应划分为一个检验批。 2. 检查数量应符合下列规定: 每个检验批应至少抽查 3 间(处),不足 3 间(处)时应全数检查
2	与墙面、窗框的衔接	窗帘盒、窗台板和散热器罩与墙面、窗框的衔接应严密,密封胶缝应顺直、光滑	观察	
3	允许偏差和检验方法	窗帘盒、窗台板和散热器罩安装的允许偏差和检验方法应符合表 1-60 的规定		

窗帘盒、窗台板和散热器罩安装的允许偏差和检验方法　　表 1-60

项　次	项　目	允许偏差(mm)	检 验 方 法
1	水平度	2	用 1m 水平尺和塞尺检查
2	上口、下口直线度	3	拉 5m 线,不足 5m、拉通线,用钢直尺检查
3	两端距窗洞口长度差	2	用钢直尺检查
4	两端出墙厚度差	3	用钢直尺检查

(3) 门窗套制作与安装工程

1) 主控项目

门窗套制作与安装工程主控项目质量指标控制，见表 1-61。

门窗套制作与安装工程主控项目质量验收　　表 1-61

项次	主控项目	质量要求内容	检验方法	检验批划分及检查数量
1	使用材料要求	门窗套制作与安装所使用材料的材质、规格、花纹和颜色、木材的燃烧性能等级和含水率、花岗石的放射性及人造木板的甲醛含量应符合设计要求及国家现行标准的有关规定	观察;检查产品合格证书、进场验收记录、性能检测报告和复验报告	1. 各分项工程的检验批应按下列规定划分: (1)同类制品每 50 间(处)应划分为一个检验批,不足 50 间(处)也应划分为一个检验批。 (2)每部楼梯应划分为一个检验批。 2. 检查数量应符合下列规定: 每个检验批应至少抽查 3 间(处),不足 3 间(处)时应全数检查
2	门窗套的造型、尺寸和固定方法	门窗套的造型、尺寸和固定方法应符合设计要求,安装应牢固	观察;尺量检查;手扳检查	

2) 一般项目

门窗套制作与安装工程主控项目质量指标控制，见表 1-62。

门窗套制作与安装工程主控项目质量验收　　表 1-62

项次	一般项目	质量要求内容	检验方法	检验批划分及检查数量
1	门窗套表面质量	门窗套表面应平整、洁净、线条顺直、接缝严密、色泽一致，不得有裂缝、翘曲及损坏	观察	1. 各分项工程的检验批应按下列规定划分：(1)同类制品每 50 间(处)应划分为一个检验批，不足 50 间(处)也应划分为一个检验批。(2)每部楼梯应划分为一个检验批。2. 检查数量应符合下列规定：每个检验批应至少抽查 3 间(处)，不足 3 间(处)时应全数检查
2	允许偏差和检验方法	门窗套安装的允许偏差和检验方法应符合表 1-63 的规定		

门窗套安装的允许偏差和检验方法　　表 1-63

项次	项　目	允许偏差(mm)	检 验 方 法
1	正、侧面垂直度	3	用 1m 垂直检测尺检查
2	门窗套上口水平度	1	用 1m 水平检测尺和塞尺检查
3	门窗套上口直线度	3	拉 5m 线，不足 5m 拉通线，用钢直尺检查

(4) 护栏和扶手制作与安装工程

1) 主控项目

护栏和扶手制作与安装工程主控项目质量指标控制，见表 1-64。

护栏和扶手制作与安装工程主控项目质量验收　　表 1-64

项次	主控项目	质量要求内容	检验方法	检验批划分及检查数量
1	所使用材料的要求	护栏和扶手制作与安装所使用材料的材质、规格、数量和木材、塑料的燃烧性能等级应符合设计要求	观察；检查产品合格证书、进场验收记录和性能检测报告	1. 各分项工程的检验批应按下列规定划分：(1)同类制品每 50 间(处)应划分为一个检验批，不足 50 间(处)也应划分为一个检验批。(2)每部楼梯应划分为一个检验批。2. 检查数量应符合下列规定：每个检验批的护栏和扶手应全部检查
2	护栏和扶手的造型、尺寸及安装位置	护栏和扶手的造型、尺寸及安装位置应符合设计要求	观察；尺量检查；检查进场验收记录	
3	预埋件	护栏和扶手安装预埋件的数量、规格、位置以及护栏与预埋件的连接节点应符合设计要求	检查隐蔽工程验收记录和施工记录	
4	护栏高度、栏杆间距、安装位置	护栏高度、栏杆间距、安装位置必须符合设计要求。护栏安装必须牢固	观察；尺量检查；手扳检查	
5	护栏玻璃	护栏玻璃应使用公称厚度不小于 12mm 的钢化玻璃或钢化夹层玻璃。当护栏一侧距楼地面高度为 5m 及以上时，应使用钢化夹层玻璃	观察；尺量检查；检查产品合格证书和进场验收记录	

2) 一般项目

护栏和扶手制作与安装工程一般项目质量指标控制，见表 1-65。

护栏和扶手制作与安装工程一般项目质量验收　　表 1-65

项次	一般项目	质量要求内容	检验方法	检验批划分及检查数量
1	转角、接缝及表面质量	护栏和扶手转角弧度应符合设计要求，接缝应严密，表面应光滑，色泽应一致，不得有裂缝、翘曲及损坏	观察；手摸检查	1. 各分项工程的检验批应按下列规定划分：(1)同类制品每 50 间(处)应划分为一个检验批，不足 50 间(处)也应划分为一个检验批。(2)每部楼梯应划分为一个检验批。2. 检查数量应符合下列规定：每个检验批的护栏和扶手应全部检查
2	安装允许偏差	护栏和扶手安装的允许偏差和检验方法应符合表 1-66 的规定		

护栏和扶手安装的允许偏差和检验方法 **表 1-66**

项次	项　目	允许偏差(mm)	检 验 方 法
1	护栏垂直度	3	用 1m 垂直检测尺检查
2	栏杆间距	3	用钢尺检查
3	扶手直线度	4	拉通线，用钢直尺检查
4	扶手高度	3	用钢尺检查

(5) 花饰制作与安装工程

1) 主控项目

花饰制作与安装工程主控项目质量指标控制，见表 1-67。

花饰制作与安装工程主控项目质量验收 **表 1-67**

项次	主控项目	质量要求内容	检验方法	检验批划分及检查数量
1	材料质量规格	花饰制作与安装所使用材料的材质、规格应符合设计要求	观察；检查产品合格证书和进场验收记录	1. 各分项工程的检验批应按下列规定划分： (1)同类制品每 50 间(处)应划分为一个检验批，不足 50 间(处)也应划分为一个检验批。 (2)每部楼梯应划分为一个检验批。 2. 检查数量应符合下列规定： (1)室外每个检验批应全部检查。 (2)室内每个检验批应至少抽查 3 间(处)；不足 3 间(处)时应全数检查
2	造型、尺寸	花饰的造型、尺寸应符合设计要求	观察；尺量检查	
3	安装位置和固定方法	花饰的安装位置和固定方法必须符合设计要求，安装必须牢固	观察；尺量检查；手扳检查	

2) 一般项目

花饰制作与安装工程主控项目质量指标控制，见表 1-68。

花饰制作与安装工程一般项目质量验收 **表 1-68**

项次	一般项目	质量要求内容	检验方法	检验批划分及检查数量
1	表面质量	花饰表面应洁净，接缝应严密吻合，不得有歪斜、裂缝、翘曲及损坏	观察	1. 各分项工程的检验批应按下列规定划分： (1)同类制品每 50 间(处)应划分为一个检验批，不足 50 间(处)也应划分为一个检验批。 (2)每部楼梯应划分为一个检验批。 2. 检查数量应符合下列规定： (1)室外每个检验批应全部检查。 (2)室内每个检验批应至少抽查 3 间(处)；不足 3 间(处)时应全数检查
2	安装允许偏差	花饰安装的允许偏差和检验方法应符合表 1-69的规定		

花饰安装的允许偏差和检验方法 **表 1-69**

项次	项　目		允许偏差(mm)		检 验 方 法
			室内	室外	
1	条型花饰的水平度或垂直度	每米	1	2	拉线和用 1m 垂直检测尺检查
		全长	3	6	
2	单独花饰中心位置偏移		10	15	拉线和用钢直尺检查

6. 吊顶、隔墙、地面、幕墙等分部分项工程的施工质量验收要求

见第 3 章。

1.2.3 屋面及防水工程质量验收的要求

1. 屋面工程各子分部工程和分项工程及检验批的划分

屋面工程各子分部工程和分项工程的划分，应符合表1-70的要求。

屋面工程各子分部工程和分项工程的划分 **表1-70**

分部工程	子分部工程	分项工程
屋面工程	基层与保护	找坡层,找平层,隔汽层,隔离层,保护层
	保温与隔热	板状材料保温层,纤维材料保温层,喷涂硬泡聚氨酯保温层,现浇泡沫混凝土保温层,种植隔热层,架空隔热层,蓄水隔热层
	防水与密封	卷材防水层,涂膜防水层,复合防水层,接缝密封防水
	瓦面与板面	烧结瓦和混凝土瓦铺装,沥青瓦铺装,金属板铺装,玻璃采光顶铺装
	细部构造	檐口,檐沟和天沟,女儿墙和山墙,水落口,变形缝,伸出屋面管道,屋面出入口,反梁过水孔,设施基座,屋脊,屋顶窗

屋面工程各分项工程宜按屋面面积每500～1000m^2划分为一个检验批，不足500m^2应按一个检验批；每个检验批的抽检数量应按本规范的要求执行。

2. 验收标准

屋面工程施工质量验收的程序和组织，应符合现行国家标准《建筑工程施工质量验收统一标准》GB 50300的有关规定。

（1）检验批

分项工程检验批的质量应按主控项目和一般项目进行验收。主控项目是对建筑工程的质量起决定性作用的检验项目，规范用黑体字标志的条文列为强制性条文，必须严格执行。

构成分项工程的各检验批质量验收合格应符合下列规定：

1）主控项目的质量应经抽查检验合格；

2）一般项目的质量应经抽查检验合格；有允许偏差值的项目，其抽查点应有80％及其以上在允许偏差范围内，且最大偏差值不得超过允许偏差值的1.5倍；

3）应具有完整的施工操作依据和质量检查记录。

（2）分项工程

分项工程质量验收合格应符合下列规定：

1）分项工程所含检验批的质量均应验收合格；

2）分项工程所含检验批的质量验收记录应完整。

（3）分部（子分部）工程

分部（子分部）工程质量验收合格应符合下列规定：

1）分部（子分部）所含分项工程的质量均应验收合格；

2）质量控制资料应完整；

3）安全与功能抽样检验应符合现行国家标准《建筑工程施工质量验收统一标准》GB 50300的有关规定；

4）观感质量检查应符合规范要求。

5）屋面工程验收资料和记录应符合表 1-71 的规定。

屋面工程验收资料和记录　　表 1-71

资料项目	验收资料
防水设计	设计图纸及会审记录、设计变更通知单和材料代用核定单
施工方案	施工方法、技术措施、质量保证措施
技术交底记录	施工操作要求及注意事项
材料质量证明文件	出厂合格证、型式检验报告、出厂检验报告、进场验收记录和进场检验报告
施工日志	逐日施工情况
工程检验记录	工序交接检验记录、检验批质量验收记录、隐蔽工程验收记录、淋水或蓄水试验记录、观感质量检查记录、安全与功能抽样检验（检测）记录
其他技术资料	事故处理报告、技术总结

屋面工程验收的文件和记录体现了施工全过程控制，必须做到真实、准确，不得有涂改和伪造，各级技术负责人签字后方可有效。

3. 屋面工程应对下列部位进行隐蔽工程验收：

（1）卷材、涂膜防水层的基层；

（2）保温层的隔汽和排汽措施；

（3）保温层的铺设方式、厚度、板材缝隙填充质量及热桥部位的保温措施；

（4）接缝的密封处理；

（5）瓦材与基层的固定措施；

（6）檐沟、天沟、泛水、水落口和变形缝等细部做法；

（7）在屋面易开裂和渗水部位的附加层；

（8）保护层与卷材、涂膜防水层之间的隔离层；

（9）金属板材与基层的固定和板缝间的密封处理；

（10）坡度较大时，防止卷材和保温层下滑的措施。

隐蔽工程是指被后续的工序或分项工程覆盖、包裹、遮挡的前一分项工程。例如防水层的基层，密封防水处理部位，天沟、檐沟、泛水和变形缝等细部构造，应经过检查符合质量标准后方可进行隐蔽，避免因质量问题造成渗漏或不易修复而直接影响防水效果。

4. 屋面工程观感质量检查应符合下列要求：

（1）卷材铺贴方向应正确，搭接缝应粘结或焊接牢固，搭接宽度应符合设计要求，表面应平整，不得有扭曲、皱折和翘边等缺陷；

（2）涂膜防水层粘结应牢固，表面应平整，涂刷应均匀，不得有流淌、起泡和露胎体等缺陷；

（3）嵌填的密封材料应与接缝两侧粘结牢固，表面应平滑，缝边应顺直，不得有气泡、开裂和剥离等缺陷；

（4）檐口、檐沟、天沟、女儿墙、山墙、水落口、变形缝和伸出屋面管道等防水构造，应符合设计要求；

（5）烧结瓦、混凝土瓦铺装应平整、牢固，应行列整齐，搭接应紧密，檐口应顺直；脊瓦应搭盖正确，间距应均匀，封固应严密；正脊和斜脊应顺直，应无起伏现象；泛水应顺直整齐，结合应严密；

（6）沥青瓦铺装应搭接正确，瓦片外露部分不得超过切口长度，钉帽不得外露；沥青瓦应与基层钉粘牢固，瓦面应平整，檐口应顺直；泛水应顺直整齐，结合应严密；

（7）金属板铺装应平整、顺滑；连接应正确，接缝应严密；屋脊、檐口、泛水直线段应顺直，曲线段应顺畅；

（8）玻璃采光顶铺装应平整、顺直，外露金属框或压条应横平竖直，压条应安装牢固；玻璃密封胶缝应横平竖直、深浅一致，宽窄应均匀，应光滑顺直；

（9）上人屋面或其他使用功能屋面，其保护及铺面应符合设计要求。

工程的观感质量应由验收人员通过现场检查，并应共同确认。

5. 蓄淋水试验

检查屋面有无渗漏、积水和排水系统是否通畅，应在雨后或持续淋水 2h 后进行，并应填写淋水试验记录。具备蓄水条件的檐沟、天沟应进行蓄水试验，蓄水时间不得少于 24h，并应填写蓄水试验记录。

对安全与功能有特殊要求的建筑屋面，工程质量验收除应符合本规范的规定外，尚应按合同约定和设计要求进行专项检（检测）和专项验收。

6. 屋面工程验收后，应填写分部工程质量验收记录，并应交建设单位和施工单位存档

1.2.4 建筑地面工程施工质量验收的要求

1. 建筑地面工程子分部工程、分项工程及检验批的划分

（1）建筑地面工程子分部工程、分项工程的划分应按表 1-72 的规定执行。

建筑地面工程子分部工程、分项工程的划分　　表 1-72

分部工程	子分部工程		分项工程
建筑装饰装修工程	地面	整体面层	基层：基土、灰土垫层、砂垫层和砂石垫层、碎石垫层和碎砖垫层、三合土及四合土垫层、炉渣垫层、水泥混凝土垫层和陶粒混凝土垫层、找平层、隔离层、填充层、绝热层
			面层：水泥混凝土面层、水泥砂浆面层、水磨石面层、硬化耐磨面层、防油渗面层、不发火防爆面层、自流平面层、涂料面层、塑胶面层、地面辐射供暖的整体面层
		板块面层	基层：基土、灰土垫层、砂垫层和砂石垫层、碎石垫层和碎砖垫层、三合土及四合土垫层、炉渣垫层、水泥混凝土垫层和陶粒混凝土垫层、找平层、隔离层，填充层、绝热层
			面层：砖面层（陶瓷锦砖、缸砖、陶瓷地砖和水泥花砖面层）、大理石面层和花岗石面层、预制板块面层（水泥混凝土板块、水磨石板块、人造石板块面层）、料石面层（条石、块石面层）、塑料板面层、活动地板面层、金属板面层、地毯面层、地面辐射供暖的板块面层
		木、竹面层	基层：基土、灰土垫层、砂垫层和砂石垫层、碎石垫层和碎砖垫层、三合土及四合土垫层、炉渣垫层、水泥混凝土垫层和陶粒混凝土垫层、找平层、隔离层、填充层、绝热层
			面层：实木地板、实木集成地板、竹地板面层（条材、块材面层）、实木复合地板面层（条材、块材面层）、浸渍纸层压木质地板面层（条材、块材面层）、软木类地板面层（条材、块材面层）、地面辐射供暖的木板面层

（2）各分项工程的检验批应按下列规定划分：

基层（各构造层）和各类面层的分项工程的施工质量验收应按每一层次或每层施工段（或变形缝）作为检验批，高层建筑的标准层可按每三层（不足三层按三层计）作为检验批。

（3）检验批检查数量应符合下列规定：

1）每检验批应以各子分部工程的基层（各构造层）和各类面层所划分的分项工程按自然间（或标准间）检验，抽查数量应随机检验不应少于 3 间；不足 3 间，应全数检查；其中走廊（过道）应以 10 延长米为 1 间，工业厂房（按单跨计）、礼堂、门厅应以两个轴线为 1 间计算；

2）有防水要求的建筑地面子分部工程的分项工程施工质量每检验批抽查数量应按其房间总数随机检验不应少于 4 间，不足 4 间，应全数检查。

2. 验收标准

建筑地面工程的分项工程施工质量检验的主控项目，应达到规范规定的质量标准，认定为合格；一般项目 80%以上的检查点（处）符合规范规定的质量要求，其他检查点（处）不得有明显影响使用，且最大偏差值不超过允许偏差值的 50%为合格。凡达不到质量标准时，应按现行国家标准《建筑工程施工质量验收统一标准》GB 50300 的规定处理。

3. 子分部工程验收

建筑地面工程的施工质量验收应在建筑施工企业自检合格的基础上，由监理单位或建设单位组织有关单位对分项工程、子分部工程进行检验。

（1）建筑地面工程施工质量中各类面层子分部工程的面层铺设与其相应的基层铺设的分项工程施工质量检验应全部合格。

（2）建筑地面工程子分部工程质量验收应检查下列工程质量文件和记录：

1）建筑地面工程设计图纸和变更文件等；

2）原材料的质量合格证明文件、重要材料或产品的进场抽样复验报告；

3）各层的强度等级、密实度等的试验报告和测定记录；

4）各类建筑地面工程施工质量控制文件；

5）各构造层的隐蔽验收及其他有关验收文件。

（3）建筑地面工程子分部工程质量验收应检查下列安全和功能项目：

1）有防水要求的建筑地面子分部工程的分项工程施工质量的蓄水检验记录，并抽查复验；

2）建筑地面板块面层铺设子分部工程和木、竹面层铺设子分部工程采用的砖、天然石材、预制板块、地毯、人造板材以及胶粘剂、胶结料、涂料等材料证明及环保资料。

（4）建筑地面工程子分部工程观感质量综合评价应检查下列项目：

1）变形缝、面层分格缝的位置和宽度以及填缝质量应符合规定；

2）室内建筑地面工程按各子分部工程经抽查分别作出评价；

3）楼梯、踏步等工程项目经抽查分别作出评价。

1.2.5 民用建筑工程室内环境污染控制的要求

1. Ⅰ类、Ⅱ类民用建筑工程划分

民用建筑工程根据控制室内环境污染的不同要求，划分为以下两类：

Ⅰ类民用建筑工程：住宅、医院、老年建筑、幼儿园、学校教室等民用建筑工程；

Ⅱ类民用建筑工程：办公楼、商店、旅馆、文化娱乐场所、书店、图书馆、展览馆、体育馆、公共交通等候室、餐厅、理发店等民用建筑工程。

2. 检测数量

（1）民用建筑工程验收时，应抽检每个建筑单体有代表性的房间室内环境污染物浓度，氡、甲醛、氨、苯、TVOC的抽检量不得少于房间总数的5%，每个建筑单体不得少于3间，当房间总数少于3间时，应全数检测。

（2）民用建筑工程验收时，凡进行了样板间室内环境污染物浓度检测且检测结果合格的，抽检量减半，并不得少于3间。

（3）民用建筑工程验收时，室内环境污染物浓度检测点数应按表1-73设置。

室内环境污染物浓度检测点数设置　　表1-73

房间使用面积(m^2)	检测点数(个)	房间使用面积(m^2)	检测点数(个)
<50	1	≥500,<1000	不少于5
≥50,<100	2	≥1000,<3000	不少于6
≥100,<500	不少于3	≥3000	每1000m^2不少于3

3. 验收

民用建筑工程及室内装修工程的室内环境质量验收，应在工程完工至少7d以后、工程交付使用前进行。

民用建筑工程及其室内装修工程验收时，应检查下列资料：

（1）工程地质勘察报告、工程地点土壤中氡浓度或氡析出率检测报告、工程地点土壤天然放射性核素镭-226、钍-232、钾-40含量检测报告；

（2）涉及室内新风量的设计、施工文件，以及新风量的检测报告；

（3）涉及室内环境污染控制的施工图设计文件及工程设计变更文件；

（4）建筑材料和装修材料的污染物检测报告、材料进场检验记录、复验报告；

（5）与室内环境污染控制有关的隐蔽工程验收记录、施工记录；

（6）样板间室内环境污染物浓度检测报告（不做样板间的除外）；

（7）民用建筑工程室内环境污染物浓度限量检测报告。

民用建筑工程所用建筑材料和装修材料的类别、数量和施工工艺等，应符合设计要求和规范的有关规定。

4. 民用建筑工程室内环境污染物浓度限量标准

民用建筑工程室内环境污染物浓度检测时，其限量应符合表1-74的规定。

民用建筑工程室内环境污染物浓度限量　　表1-74

污染物	Ⅰ类民用建筑工程	Ⅱ类民用建筑工程
氡(Bq/m^3)	≤200	≤400
甲醛(mg/m^3)	≤0.08	≤0.1
苯(mg/m^3)	≤0.09	≤0.09
氨(mg/m^3)	≤0.2	≤0.2
TVOC(mg/m^3)	≤0.5	≤0.6

当室内环境污染物浓度的全部检测结果符合表1-74的规定时，应判定该工程室内环境质量合格。

室内环境质量验收不合格的民用建筑工程，严禁投入使用。

1.2.6 建筑内部装修防火施工及质量验收的要求

建筑内部装修工程的防火施工与验收，应按装修材料种类划分为纺织织物子分部装修工程、木质材料子分部装修工程、高分子合成材料子分部装修工程、复合材料子分部装修工程及其他材料子分部装修工程。

1. 纺织织物子分部装修工程

（1）主控项目

纺织织物子分部装修工程主控项目质量指标控制，见表1-75。

纺织织物子分部装修工程主控项目质量验收　　表1-75

项次	主控项目	质量要求内容	检验方法	抽样检验要求
1	燃烧性能	纺织织物燃烧性能等级应符合设计要求	检查进场验收记录或阻燃处理记录	1. 下列材料进场应进行见证取样检验：(1)B_1、B_2级纺织织物；(2)现场对纺织织物进行阻燃处理所使用的阻燃剂。 2. 下列材料应进行抽样检验：(1)现场阻燃处理后的纺织织物，每种取$2m^2$检验燃烧性能；(2)施工过程中受湿浸、燃烧性能可能受影响的纺织织物，每种取$2m^2$检验燃烧性能
2	阻燃剂使用要求	现场进行阻燃施工时，应检查阻燃剂的用量、适用范围、操作方法。阻燃施工过程中，应使用计量合格的称量器具，并严格按使用说明书的要求进行施工。阻燃剂必须完全浸透织物纤维，阻燃剂干含量应符合检验报告或说明书的要求	检查施工记录	
3	多层纺织织物阻燃剂的处理	现场进行阻燃处理的多层纺织织物，应逐层进行阻燃处理	检查施工记录。隐蔽层检查隐蔽工程验收记录	

（2）一般项目

纺织织物子分部装修工程一般项目质量指标控制，见表1-76。

纺织织物子分部装修工程一般项目质量验收　　表1-76

项次	一般项目	质量要求内容	检验方法	备　注
1	施工环境	纺织织物进行阻燃处理过程中，应保持施工区段的洁净；现场处理的纺织织物不应受污染	检查施工记录	
2	阻燃剂处理后的纺织织物外观、颜色、手感	阻燃处理后的纺织织物外观、颜色、手感等应无明显异常	观　察	

2. 木质材料子分部装修工程

（1）主控项目

木质材料子分部装修工程主控项目质量指标控制，见表1-77。

木质材料子分部装修工程主控项目质量验收 **表 1-77**

项次	主控项目	质量要求内容	检验方法	抽样检验要求
1	燃烧性能	木质材料燃烧性能等级应符合设计要求	检查进场验收记录或阻燃处理施工记录	1. 下列材料进场应进行见证取样检验：(1)B_1 级木质材料；(2)现场进行阻燃处理所使用的阻燃剂。 2. 下列材料应进行抽样检验： (1)现场阻燃处理后的木质材料，每种取 $4m^2$ 检验燃烧性能； (2)表面进行加工后的 B_1 级木质材料，每种取 $4m^2$ 检验燃烧性能
2	阻燃处理前木质材料要求	木质材料进行阻燃处理前，表面不得涂刷油漆	检查施工记录	
3	含水率	木质材料在进行阻燃处理时，木质材料含水率不应大于 12%	检查施工记录	
4		现场进行阻燃施工时，应检查阻燃剂的用量、适用范围、操作方法。阻燃施工过程中，应使用计量合格的称量器具，并严格按使用说明书的要求进行施工	检查施工记录	
5		木质材料涂刷或浸渍阻燃剂时，应对木质材料所有表面都进行涂刷或浸渍，涂刷或浸渍后的木材阻燃剂的干含量应符合检验报告或说明书的要求	检查施工记录及隐蔽工程验收记录	
6		木质材料表面粘贴装饰表面或阻燃饰面时，应先对木质材料进行阻燃处理	检查隐蔽工程验收记录	
7		木质材料表面进行防火涂料处理时，应对木质材料的所有表面进行均匀涂刷，且不应少于 2 次，第二次涂刷应在第一次涂层表面干后进行，涂刷防火涂料用量不应少于 $500g/m^2$	观察，检查施工记录	

(2) 一般项目

木质材料子分部装修工程一般项目质量指标控制，见表 1-78。

木质材料子分部装修工程一般项目质量验收 **表 1-78**

项次	一般项目	质量要求内容	检验方法	备注
1	施工环境	纺织织物进行阻燃处理过程中，应保持施工区段的洁净；现场处理的木质材料不应受污染	检查施工记录	
2	木质材料涂刷防火涂料前的表面要求	木质材料在涂刷防火涂料前应清理表面，且表面不应有水、灰尘或油污	检查施工记录	
3	阻燃处理后的木质材料表面要求	阻燃处理后的木质材料表面应无明显返潮及颜色异常变化	观察	

3. 高分子合成材料子分部装修工程

(1) 主控项目

高分子合成材料子分部装修工程主控项目质量指标控制，见表 1-79。

高分子合成材料子分部装修工程主控项目质量验收 **表 1-79**

项次	主控项目	质量要求内容	检验方法	抽样检验要求
1	燃烧性能	高分子合成材料燃烧性能等级应符合设计要求	检查进场验收记录	1. 下列材料进场应进行见证取样检验：(1) B_1、B_2 级高分子合成材料；(2)现场对纺织织物进行阻燃处理所使用的阻燃剂及防火涂料。 2. 现场阻燃处理后的泡沫塑料应进行抽样检验，每种取 0.1m^3 检验燃烧性能
2	B_1、B_2 级高分子合成材料施工	B_1、B_2 级高分子合成材料，应按设计要求进行施工	观察	
3	泡沫塑料阻燃处理	对具有贯穿孔的泡沫塑料进行阻燃处理时，应检查阻燃剂的用量、适用范围、操作方法。阻燃施工过程中，应使用计量合格的称量器具，并按使用说明书的要求进行施工。必须使泡沫塑料被阻燃剂浸透，阻燃剂干含量应符合检验报告或说明书的要求	检查施工记录及抽样检验报告	
4	顶棚内泡沫塑料使用要求	顶棚内采用泡沫塑料时，应涂刷防火涂料。防火涂料宜选用耐火极限大于 30min 的超薄型钢结构防火涂料或一级饰面型防火涂料，湿涂覆比值应大于 500g/m^2。涂刷应均匀，且涂刷不应少于 2 次	观察并检查施工记录	
5	塑料电工套管施工要求	塑料电工套管的施工应满足以下要求： 1. B_2 级塑料电工套管不得明敷； 2. B_1 级塑料电工套管明敷时，应明敷在 A 级材料表面； 3. 塑料电工套管穿过 B_1 级以下(含 B_1 级)的装修材料时，应采用 A 级材料或防火封堵密封件严密封堵	观察并检查施工记录	

(2) 一般项目

高分子合成材料子分部装修工程一般项目质量指标控制，见表 1-80。

高分子合成材料子分部装修工程一般项目质量验收 **表 1-80**

项次	一般项目	质量要求内容	检验方法	备注
1	贯穿孔的泡沫塑料阻燃处理的环境要求	对具有贯穿孔的泡沫塑料进行阻燃处理时，应保持施工区段的洁净，避免其他工种施工	观察并检查施工记录	
2	泡沫塑料经阻燃处理后的性能要求	泡沫塑料经阻燃处理后，不应降低其使用功能，表面不应出现明显的盐析、返潮和变硬等现象	观察	
3	泡沫塑料阻燃处理的环境要求	泡沫塑料进行阻燃处理过程中，应保持施工区段的洁净；现场处理的泡沫塑料不应受污染	观察并检查施工记录	

4. 复合材料子分部装修工程

主控项目：

复合材料子分部装修工程主控项目质量指标控制，见表 1-81。

复合材料子分部装修工程主控项目质量验收 **表 1-81**

项次	一般项目	质量要求内容	检验方法	抽样检验要求
1	燃烧性能	复合材料燃烧性能等级应符合设计要求	检查进场验收记录或阻燃处理记录	1. 下列材料进场应进行见证取样检验：(1)B_1、B_2 级复合材料；(2)现场对纺织织物进行阻燃处理所使用的阻燃剂。 2. 现场阻燃处理后的复合材料应进行抽样检验，每种取 $4m^2$ 检验燃烧性能
2	复合材料施工要求	复合材料应按设计要求进行施工，饰面层内的芯材不得暴露	观察	
3	复合保温材料制作的通风管道施工要求	采用复合保温材料制作的通风管道，复合保温材料的芯材不得暴露。当复合保温材料芯材的燃烧性能不能达到 B_1 级时，应在复合材料表面包覆玻璃纤维布等不燃性材料，并应在其表面涂刷饰面型防火涂料。防火涂料湿涂覆比值应大于 $500g/m^2$，且至少涂刷 2 次	检查施工记录	

5. 其他材料子分部装修工程

主控项目：

其他材料子分部装修工程主控项目质量指标控制，见表 1-82。

其他材料子分部装修工程主控项目质量验收 **表 1-82**

项次	主控项目	质量要求内容	检验方法	抽样检验要求
1	燃烧性能	材料燃烧性能等级应符合设计要求	检查进场验收记录	1. 下列材料进场应进行见证取样检验： (1)B_1、B_2 级材料； (2)现场进行阻燃处理所使用的阻燃剂。 2. 现场阻燃处理后的复合材料应进行抽样检验
2	防火门表面装修	防火门的表面加装贴面材料或其他装修时，不得减小门框和门的规格尺寸，不得降低防火门的耐火性能，所用贴面材料的燃烧性能等级不应低于 B_1 级	检查施工记录	
3	隔墙、隔板、楼板孔洞等封堵防火要求	建筑隔墙或隔板、楼板的孔洞需要封堵时，应采用防火堵料严密封堵。采用防火堵料封堵孔洞、缝隙及管道井和电缆竖井时，应根据孔洞、缝隙及管道井和电缆竖井所在位置的墙板或楼板的耐火极限要求选用防火堵料	观察并检查施工记录	
4	其他部位防火堵料要求	用于其他部位的防火堵料应根据施工现场情况选用，其施工方式应与检验时的方式一致。防火堵料施工后必须严密填实孔洞、缝隙	观察并检查施工记录	
5	阻火圈	采用阻火圈的部位，不得对阻火圈进行包裹，阻火圈应安装牢固	观察并检查施工记录	
6	电气设备及灯具施工要求	电气设备及灯具的施工应满足以下要求： (1)当有配电箱及电控设备的房间内使用了低于 B_1 级的材料进行装修时，配电箱必须采用不燃材料制作； (2)配电箱的壳体和底板应采用 A 级材料制作。配电箱不应直接安装在低于 B_1 级的装修材料上； (3)动力、照明、电热器等电气设备的高温部位靠近 B_1 级以下(含 B_1 级)材料或导线穿越 B_1 级以下(含 B_1 级)装修材料时，应采用瓷管或防火封堵密封件分隔，并用岩棉、玻璃棉等 A 级材料隔热； (4)安装在 B_1 级以下(含 B_1 级)装修材料内的配件，如插座、开关等，必须采用防火封堵密封件或具有良好隔热性能的 A 级材料隔绝； (5)灯具直接安装在 B_1 级以下(含 B_1 级)的材料上时，应采取隔热、散热等措施； (6)灯具的发热表面不得靠近 B_1 级以下(含 B_1 级)的材料	观察并检查施工记录	

6. 工程质量验收

工程质量验收应由建设单位项目负责人组织施工单位项目负责人、监理工程师和设计单位项目负责人等进行。

建筑内部装修工程防火验收应检查下列文件和记录：

（1）建筑内部装修防火设计审核文件、申请报告、设计图纸、装修材料的燃烧性能设计要求、设计变更通知单、施工单位的资质证明等；

（2）进场验收记录，包括所用装修材料的清单、数量、合格证及防火性能型式检验报告；

（3）装修施工过程的施工记录；

（4）隐蔽工程施工防火验收记录和工程质量事故处理报告等；

（5）装修施工过程中所用防火装修材料的见证取样检验报告；

（6）装修施工过程中的抽样检验报告，包括隐蔽工程的施工过程中及完工后的抽样检验报告；

（7）装修施工过程中现场进行涂刷、喷涂等阻燃处理的抽样检验报告。

工程质量验收应符合下列要求：

（1）技术资料应完整；

（2）所用装修材料或产品的见证取样检验结果应满足设计要求；

（3）装修施工过程中的抽样检验结果，包括隐蔽工程的施工过程中及完工后的抽样检验结果应符合设计要求；

（4）现场进行阻燃处理、喷涂、安装作业的抽样检验结果应符合设计要求；

（5）施工过程中的主控项目检验结果应全部合格；

（6）施工过程中的一般项目检验结果合格率应达到80%；

（7）工程质量验收时，应按规范要求填写有关记录。

工程质量验收时可对主控项目进行抽查。当有不合格项时，应对不合格项进行整改。

当装修施工的有关资料经审查全部合格、施工过程全部符合要求、现场检查或抽样检测结果全部合格时，工程验收应为合格。建设单位应建立建筑内部装修工程防火施工及验收档案。档案应包括防火施工及验收全过程的有关文件和记录。

1.2.7 建筑节能工程施工质量验收的要求

1. 建筑节能工程分项工程和检验批的划分

建筑节能工程为单位建筑工程的一个分部工程。其分项工程和检验批的划分，应符合下列规定：

（1）建筑节能分项工程应按照表1-83划分。

（2）建筑节能工程应按照分项工程进行验收。当建筑节能分项工程的工程量较大时，可以将分项工程划分为若干个检验批进行验收。

（3）当建筑节能工程验收无法按照上述要求划分分项工程或检验批时，可由建设、监理、施工等各方协商进行划分。但验收项目、验收内容、验收标准和验收记录均应遵守规范的规定。

（4）建筑节能分项工程和检验批的验收应单独填写验收记录，节能验收资料应单独组卷。

建筑节能分项工程划分 **表 1-83**

序号	分项工程	主要验收内容
1	墙体节能工程	主体结构基层；保温材料；饰面层等
2	幕墙节能工程	主体结构基层；隔热材料；保温材料；隔汽层；幕墙玻璃；单元式幕墙板块；通风换气系统；遮阳设施；冷凝水收集排放系统等
3	门窗节能工程	门；窗；玻璃；遮阳设施等
4	屋面节能工程	基层；保温隔热层；保护层；防水层；面层等
5	地面节能工程	基层；保温层；保护层；面层等
6	采暖节能工程	系统制式；散热器；阀门与仪表；热力入口装置；保温材料；调试等
7	通风与空气调节节能工程	系统制式；设备-阀门与仪表，绝热 材料，调试等
8	空调与采暖系统的冷热源及管网节能工程	系统制式；冷热源设备；辅助设备；管网；阀门与仪表；绝热、保温材料；调试等
9	配电与照明节能工程	低压配电电源；照明光源、灯具；附属装置；控制功能；调试等
10	监测与控制节能工程	冷、热系统的监测控制系统；空调水系统的监测控制系统；通风与空调系统的监测控制系统；监测与计量装置；供配电的监测控制系统；照明自动控制系统；综合控制系统等

2. 建筑节能分部工程的验收

建筑节能分部工程的质量验收，应在检验批、分项工程全部验收合格的基础上，进行外墙节能构造实体检验，严寒、寒冷和夏热冬冷地区的外窗气密性现场检测，以及系统节能性能检测和系统联合试运转与调试，确认建筑节能工程质量达到验收条件后方可进行。

建筑节能工程验收的程序和组织应遵守《建筑工程施工质量验收统一标准》GB 50300的要求，并应符合下列规定：

(1) 节能工程的检验批验收和隐蔽工程验收应由监理工程师主持，施工单位相关专业的质量检查员与施工员参加；

(2) 节能分项工程验收应由监理工程师主持，施工单位项目技术负责人和相关专业的质量检查员、施工员参加，必要时可邀请设计单位相关专业的人员参加；

(3) 节能分部工程验收应由总监理工程师（建设单位项目负责人）主持，施工单位项目经理、项目技术负责人和相关专业的质量检查员、施工员参加，施工单位的质量或技术负责人、设计单位节能设计人员都应参加。

建筑节能工程的检验批质量验收合格，应符合下列规定：

(1) 检验批应按主控项目和一般项目验收；

(2) 主控项目应全部合格；

(3) 一般项目应合格；当采用计数检验时，至少应有90%以上的检查点合格，且其余检查点不得有严重缺陷；

(4) 应具有完整的施工操作依据和质量验收记录。

建筑节能分项工程质量验收合格，应符合下列规定；

(1) 分项工程所含的检验批均应合格；

(2) 分项工程所含检验批的质量验收记录应完整。

建筑节能分部工程质量验收合格，应符合下列规定：

(1) 分项工程应全部合格；

(2) 质量控制资料应完整；

(3) 外墙节能构造现场实体检验结果应符合设计要求；

（4）严寒、寒冷和夏热冬冷地区的外窗气密性现场实体检测结果应合格；

（5）建筑设备工程系统节能性能检测结果应合格。

建筑节能工程验收时应对下列资料核查，并纳入竣工技术档案。

（1）设计文件、图纸会审记录、设计变更和洽商；

（2）主要材料、设备和构件的质量证明文件、进场检验记录、进场核查记录、进场复验报告、见证试验报告；

（3）隐蔽工程验收记录和相关图像资料；

（4）分项工程质量验收记录；必要时应核查检验批验收记录；

（5）建筑围护结构节能构造现场实体检验记录；

（6）严寒、寒冷和夏热冬冷地区外窗气密性现场检测报告；

（7）风管及系统严密性检验记录；

（8）现场组装的组合式空调机组的漏风量测试记录；

（9）设备单机试运转及调试记录；

（10）系统联合试运转及调试记录；

（11）系统节能性能检验报告；

（12）其他对工程质量有影响的重要技术资料。

建筑节能工程验收时应填写相应的质量验收表。分部、分项工程和检验批的质量验收表见表1-84～表1-86。

建筑节能分部工程质量验收表　　　表1-84

工程名称		结构类型		层　数	
施工单位		技术部门负责人		质量部门负责人	
分包单位		分包单位负责人		分包技术负责人	
序号	分项工程名称	验收结论		监理工程师签字	备　注
1	墙体节能工程				
2	幕墙节能工程				
3	门窗节能工程				
4	屋面节能工程				
5	地面节能工程				
6	采暖节能工程				
7	通风与空调节能工程				
8	空调与采暖系统的冷热源及管网节能工程				
9	配电与照明节能工程				
10	监测与控制节能工程				
质量控制资料					
外墙节能构造现场实体检验					
外窗气密性现场实体检测					
系统节能性能检测					
验收结论					
其他验收人员					
验收单位	分包单位：		项目经理：		年　月　日
	施工单位：		项目经理：		年　月　日
	设计单位：		项目负责人：		年　月　日
	监理（建设）单位：		总监理工程师：（建设单位项目负责人）		年　月　日

分项工程质量验收汇总表　　表 1-85

<table>
<tr><td>工程名称</td><td></td><td>检验批数量</td><td colspan="3"></td></tr>
<tr><td>设计单位</td><td></td><td>监理单位</td><td colspan="3"></td></tr>
<tr><td>施工单位</td><td></td><td>项目经理</td><td></td><td>项目技术负责人</td><td></td></tr>
<tr><td>分包单位</td><td></td><td>分包单位负责人</td><td></td><td>分包项目经理</td><td></td></tr>
</table>

序号	检验批部位、区段、系统	施工单位检查评定结果	监理（建设）单位验收结论
1			
2			
3			
4			
5			
6			
7			
8			
9			
10			
11			
12			
13			
14			
15			

施工单位检查结论： 项目专业（质量）技术负责人： 年　月　日	验收结论： 监理工程师： （建设单位项目专业技术负责人） 年　月　日

检验批/分项工程质量验收表 表 1-86

编号：

工程名称		分项工程名称		验收部位	
施工单位		专业工长		项目经理	
施工执行标准名称及编号					
分包单位		分包项目经理		施工班组长	

验收规范规定				施工单位检查评定记录	监理(建设)单位验收记录
主控项目	1		第　条		
	2		第　条		
	3		第　条		
	4		第　条		
	5		第　条		
	6		第　条		
	7		第　条		
	8		第　条		
	9		第　条		
	10		第　条		
一般项目	1		第　条		
	2		第　条		
	3		第　条		
	4		第　条		

施工单位检查评定结果	项目专业质量检查员 (项目技术负责人)　　年　月　日
监理(建设)单位验收结论	监理工程师 (建设单位项目专业技术负责人)　　年　月　日

第 2 章　施工项目的质量管理

2.1　施工项目质量管理及控制体系

2.1.1　施工项目质量管理

建设工程质量简称工程质量，是指工程满足业主需要的、符合国家法律、法规、技术规范标准、设计文件及合同规定的综合特性。建设工程作为一种特殊的产品，除具有一般产品共有的质量特性，如性能、寿命、可靠性、安全性、经济性等满足社会需要的使用价值及其属性外，还具有特定的内涵。工程质量有以下几种特点：影响因素多，质量波动大，质量的隐蔽性，终检的局限性，评价方法的特殊性。建设工程质量的特性主要表现在六个方面：适用性、耐久性、安全性、可靠性、经济性、与环境的协调性等。

工程质量管理，是指为实现工程建设的质量方针、目标，进行质量策划、质量控制、质量保证和质量改造的工作。广义的工程质量管理，泛指建设全过程的质量管理，其管理的范围贯穿于工程建设的决策、勘察、设计、施工的全过程。一般意义的质量管理，指的是工程施工阶段的管理。

工程项目质量管理的特点：

(1) 工程项目的质量特性较多；

(2) 工程项目形体庞大，高投入，周期长，牵涉面广，具有风险性；

(3) 影响工程项目质量因素多；

(4) 工程项目质量管理难度较大；

(5) 工程项目质量具有隐蔽性。

2.1.2　施工项目质量控制体系

建设工程质量控制是一项艰巨而复杂的系统工程，现代管理的理念是以项目为中心进行动态控制。即以项目为中心成立项目部，以项目经理为管理主体，以技术负责人为技术权威的项目组织管理模式，进行有效的动态控制，以实现项目的质量、进度、工期、安全等主要控制目标为目的，进行良性的 PDCA 循环，达到项目效益的最大化。

1. 施工质量保证体系的建立（图 2-1）

施工质量保证体系专指现场施工管理组织的施工质量自控体系或管理系统，即施工单位为实施承建工程的施工质量管理和目标控制，以现场施工管理组织架构为基础，通过质量管理目标的确定和分解，所需人员和资源的配置，以及施工质量相关制度的建立和运行，形成具有质量控制和质量保证能力的工作系统。

施工质量保证体系的建立是以现场施工管理组织机构为主体，根据施工单位质量管理体系和业主方或总包方的总体系统的有关规定和要求而建立的。

施工质量保证体系的主要内容：目标体系；业务职能分工；基本制度和主要工作流程；现场施工质量计划或施工组织设计文件；现场施工质量控制点及其控制措施；内外沟通协调关系网络及其运行措施；施工质量保证体系的特点：系统性、互动性、双重性、一次性。

2. 施工质量合保证体系的运行

（1）施工质量保证体系的运行，应以质量计划为龙头，过程管理为中心，按照 PDCA 循环的原理进行计划、实施、检查、处置。三检制：自检、互检、专检。

（2）施工质量保证体系的运行，按照事前、事中、和事后控制相结合的模式展开。

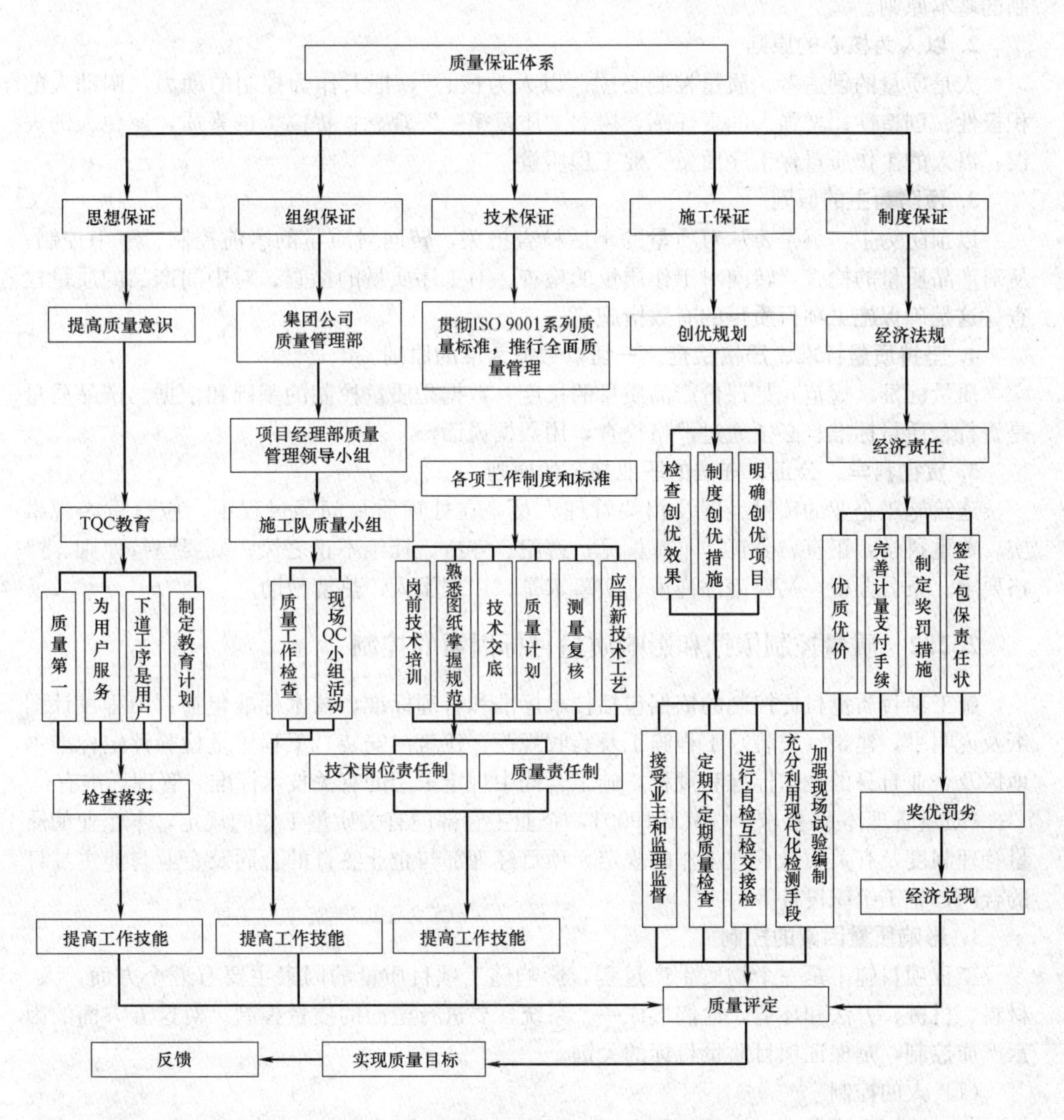

图 2-1　项目工程质量控制体系网络图

2.2 施工项目质量控制和验收的方法

2.2.1 施工项目质量控制的原则

在进行施工项目质量控制过程中，应遵循以下几点原则：

1. 坚持“质量第一，用户至上”的原则

建筑产品作为一种特殊的商品，使用年限较长，是“百年大计”，直接关系到人民生命财产安全。所以，工程项目在施工中应自始至终把“质量第一，用户至上”作为质量控制的基本原则。

2. 以人为核心的原则

人是质量的创造者，质量控制必须“以人为核心”，把人作为控制的动力，调动人的积极性、创造性；增强人的责任感，树立“质量第一”观念；提高人的素质，避免人的失误；以人的工作质量保工序质量、促工程质量。

3. 预防为主的原则

以预防为主，就是要从对质量的事后检查把关，转向对质量的事前控制、事中控制；从对产品质量的检查，转向对工作质量的检查、对工序质量的检查、对中间产品的质量检查。这是确保施工项目质量的有效措施。

4. 坚持质量标准、严格检查，一切以数据为准的原则

质量标准（规范）是评价产品质量的尺度，数据是质量控制的基础和依据。产品质量是否符合质量标准、必须通过严格检查，用数据说话。

5. 贯彻科学、公正、守法的职业规范的原则

建筑施工企业的项目经理及相关管理人员，在处理质量问题过程中，应尊重客观事实，尊重科学，正直、公正、不持偏见；遵纪、守法，杜绝不正之风；既要坚持原则、严格要求、秉公办事，又要谦虚谨慎、实事求是、以理服人、热情帮助。

2.2.2 质量控制依据和影响质量目标因素的控制

施工项目质量目标控制的依据包括技术标准和管理标准，技术标准包括：工程设计图纸及说明书，建筑（安装）工程施工及验收规范、建筑（安装）工程质量检验评定标准本地区及企业自身的技术标准和规程，施工合同中规定采用的有关技术标准。管理标准有：

《质量管理体系 要求》GB/T 19001，企业主管部门有关质量工作的规定，本企业的质量管理制度及有关质量管理工作的规定，项目经理部与企业签订的合同及企业与业主签订的合同，施工组织设计等。

1. 影响质量因素的控制

工程项目施工是一个物质生产过程，影响施工项目质量的因素主要有五个方面：人、材料、机械、方法和环境，他们形成一个系统，要进行全面的质量控制。对这五方面的因素严加控制，是保证项目质量目标的关键。

（1）人的控制

人，是指直接参与项目的组织者、指挥者和操作者。人，作为控制的对象，是要避免产生失误；作为控制的动力，是要充分调动人的积极性，发挥人的主导作用。因此，应提高人的素质，健全岗位责任制，改善劳动条件，公平合理地激励劳动热情；应根据项目特点，从确保质量出发，在人的技术水平、人的生理缺陷、人的心理行为、人的错误行为等方面控制人的使用；更为重要的是提高人的质量意识，形成人人重视质量的项目环境。此外，应严格禁止无技术资质的人员上岗操作；对不懂装懂、图省事、碰运气、有意违章的行为，必须及时制止。总之，在使用人的问题上，应综合考虑，全面控制。

（2）材料的控制

对于施工项目而言，材料主要包括原材料、成品、半成品、甲供材料等。对材料的控制主要通过严格检查验收，正确合理地使用，进行收、发、储运的技术管理，杜绝使用不合格材料等环节来进行控制。

（3）机械控制

机械控制包括施工机械设备、工具等控制。要根据不同工艺特点和技术要求，选用合适的机械设备；正确使用、管理和保养好机械设备。为此要健全“人机固定”制度、“操作证”制度、岗位责任制度、交接班制度、“技术保养”制度、“安全使用”制度、机械设备检查制度等，确保机械设备处于最佳使用状态。

（4）方法控制

这里所指的方法，包括项目实施方案、工艺、组织设计、技术措施等。对方法的控制，主要通过合理选择、动态管理等环节加以实现。合理选择就是根据项目特点选择技术可行、经济合理、有利于保证项目质量、加快项目进度、降低项目费用的实施方法。动态管理就是在项目进行过程中正确应用，并随着条件的变化不断进行调整。

（5）环境控制

影响工程质量的环境因素较多，工程技术环境，如工程地质、水文、气象等；工程管理环境，如质量保证体系、质量管理制度等；劳动环境，如劳动组合、作业场所、工作面等。环境因素对工程质量的影响，具有复杂多变的特点，如气象条件变化万千，温度、湿度、酷暑、严寒等都直接影响工程质量。又比如前一工序往往就是后一工序的环境，前一分项、分部工程也就是后一分项、分部工程环境。因此，根据工程特点和具体条件，应对影响质量的环境因素，采取有效的措施严加控制。尤其是施工现场，应建立文明施工和文明生产的环境，保持材料工件堆放有序，道路畅通，工作场所清洁整齐，施工程序井井有条，为确保质量、安全创造良好环境。

2. 质量的全过程控制

施工项目全过程的质量控制是一个系统，包括投入生产要素的质量控制、施工及安装工艺过程的质量控制和最终产品的质量控制。

为了加强对施工项目的质量控制，明确各施工阶段质量控制的重点，根据项目实施的不同时间阶段，又可把全过程的施工项目质量控制分为事前控制、事中控制和事后控制三个阶段。

（1）事前质量控制

是指在正式施工前进行的质量控制，其控制重点是做好施工准备工作，且施工准备工作要贯穿于施工全过程中。

施工准备的范围包括全场性施工准备，单位、分部、分项工程施工准备以及项目开工前和项目开工后的施工准备。

施工准备的内容：

1）技术准备。包括：熟悉和审查项目的施工图纸；项目建设地点的自然条件、技术经济条件调查分析；编制项目施工图预算和施工预算；编制项目组织设计等。

2）物质准备。包括材料准备、构配件和制品加工准备、施工机具准备、生产工艺设备的准备等。

3）组织准备。包括建立项目组织结构；组织施工队伍；对施工队伍进行入场教育等。

4）施工现场准备。包括生产、生活临时设施等的准备；组织机具、材料进场；制定施工现场管理制度。

（2）事中质量控制是指施工过程中进行的质量控制。事中质量控制的策略是：全面控制施工过程，重点控制工序质量。具体措施是：工序交接有检查；质量预控有对策；施工项目有方案；技术措施有交底，图纸会审有记录；隐蔽工程有验收；设计变更有手续；质量处理有复查；成品保护有措施，行使质控有否决；质量文件有档案等措施。

（3）事后质量控制是指在完成施工过程形成产品的质量控制，其具体工作内容有：

1）组织联动试车；

2）准备竣工验收资料，组织自检和初步验收；

3）按规定的质量评定标准和办法，对完成的分项、分部工程，单位工程进行质量评定；

4）组织竣工验收。

2.2.3 施工质量的验收方法

1. 施工质量验收的依据

工程施工承包合同；工程施工图纸，工程施工质量统一验收标准；专业工程施工质量验收规范；建设法律法规；管理标准和技术标准。

2. 施工各阶段的主要质量验收注意事项

（1）开工前的检查。主要检查是否具备开工条件，开工后是否能连续正常施工，能否保证工程质量。

（2）开工后工序交接检查。对于重要的工序或对工程质量有重大影响的工序，应严格执行“三检”制度（即自检、互检、专检），未经监理工程师（或建设单位项目技术负责人）检查认可，不得进行下道工序施工。

（3）开工后隐蔽工程的检查。施工中凡是隐蔽工程必须检查认证后方可进行隐蔽掩盖。

（4）停工后复工的检查，因客观因素停工或处理质量事故等停工复工时，经检查认可后方能复工。

（5）分项、分部工程完工后的检查，应经检查认可，并签署验收记录后，才能进行下一工序的施工。

（6）成品保护的检查，检查成品有无保护措施以及保护措施是否有效可靠。

3. 施工过程的质量验收包括

（1）检验批质量验收。检验批是按同一生产条件或按规定的方式汇总起来供检验用的，由一定数量样本组成的检验体。可按楼层、施工段、变形缝等进行划分。检验批的验收应由监理工程师（建设单位项目技术负责人）组织施工单位项目专业质量（技术）负责人等进行验收。

检验批合格质量应符合下列规定：主控项目和一般项目的质量经抽样检验合格；据有完整的施工操作依据、质量检验记录。主控项目合格率100%。

(2) 分项工程质量验收。

1) 分项工程应按主要工种、材料、施工工艺、设备类别等进行划分；

2) 分项工程应由监理工程师（建设单位项目技术负责人）组织施工单位项目专业质量技术负责人进行验收；

3) 分项工程质量合格标准：分项工程所包含的检验批均应符合合格质量的规定；分项工程所含的检验批的质量验收记录应完整。

(3) 分部工程质量验收。

1) 分部工程划分应按专业性质、建筑部位确定；

2) 分部工程应由总监理工程师（建设单位项目负责人）组织施工单位项目负责人和技术、质量负责人等进行验收；地基与基础、主体结构分部工程的勘察、设计单位工程项目负责人和施工单位技术、质量负责人也应参加相关分部工程验收；

3) 分部工程质量合格标准：所含分项工程的质量均应验收合格；质量控制资料应完整；地基与基础、主体结构和设备安装等分部工程有关安全及功能的检验和抽样结果应符合有关规定；观感质量验收应符合有关要求。

施工过程质量验收中，工程质量不合格时的处理方法：

1) 经返工重做或更换器具、设备的检验批，应该重新进行验收；

2) 有资质的检测单位检测鉴定能达到设计要求的检验批，应予以验收；

3) 达不到设计要求，但经原设计单位核算认可能够满足结构安全和使用功能的检验批，可予以验收；

4) 经返修或加固处理的分项、分部工程，虽然改变外形尺寸，但仍能满足安全使用要求，可按技术处理方案和协商文件进行验收；

5) 通过返修或加固处理后仍不能满足使用要求的分部工程、单位工程，严禁验收。

4. 施工质量的验收方法

(1) 准备工作：

查看需要质量验收的内容：使用的材料标准，施工图纸要求，找出质量验收标准及其主要控制点所在，准备验收工具等。

(2) 现场质量检查的方法

1) 目测法即凭借感官进行检查，也称观感质量检验，其手段可概括为“看、摸、敲、照”四个字。

看——就是根据质量标准要求进行外观检查，例如，清水墙面是否洁净，喷涂的密实度和颜色是否良好、均匀，工人的操作是否正常，抹灰的大面是否光滑、平整及口角是否平直，混凝土外观是否符合要求等。

摸——就是通过触摸手感进行检查、鉴别，例如油漆的光滑度、浆活是否牢固、不掉粉等。

敲——就是运用敲击工具进行音感检查，例如，对地面工程中的水磨石、面砖、有材饰面等，均应进行空鼓检查。

照——就是通过人工照明或反射光照射，检查难以看到或光线较暗的部位，例如，管道井、电梯井等内的管线、设备安装质量，装饰吊顶内连接及设备安装质量等。

2）实测法

就是通过实测数据与施工规范、质量标准的要求及允许偏差值进行对照，以此判断质量是否符合要求，其手段可概括为"靠、量、吊、套"四个字。

靠——就是用直尺、塞尺检查诸如墙面、地面、路面等的平整度。

量——就是指用测量工具和计量仪表等检查断面尺寸、轴线、标高、湿度、温度等的偏差，例如，大理石板拼缝尺寸，摊铺沥青拌合料的温度，混凝土坍落度的检测等。

吊——就是利用托线板以及线锤吊线检查垂直度，例如，砌体垂直度检查、门窗的安装等。

套——是以方尺套方，辅以塞尺检查，例如，对阴阳角的方正、踢脚线的垂直度、预制构件的方正、门窗口及构件的对角线检查等。

3）试验法

是指通过必要的试验手段对质量进行判断的检查方法，主要包括理化试验和无损检测两种。

（3）技术核定与见证取样送检

1）技术核定

在建设工程项目施工过程中，因施工方对施工图纸的某些要求不甚明白，或图纸内部存在某些矛盾，或工程材料调整与代用，改变建筑节点构造、管线位置或走向等，需要通过设计单位明确或确认的，施工方必须以技术核定单的方式向监理工程师提出，报送设计单位核准确认。

2）见证取样送检

为了保证建设工程质量，我国规定对工程所使用的主要材料、半成品、构配件以及施工过程留置的试块、试件等应实行现场见证取样送检。见证人员由建设单位及工程监理机构中有相关专业知识的人员担任，送检的试验室应具备经国家或地方工程检验检测主管部门核准的相关资质；见证取样送检必须严格按执行规定的程序进行，包括取样见证记录、样本编号、填单、封箱、送试验室、核对、交接、试验检测、报告等。

检测机构应当建立档案管理制度。检测合同、委托单、原始记录、检测报告应当按年度统一编号，编号应当连续，不得随意抽撤、涂改。

2.3 ISO 9000 质量管理体系

2.3.1 ISO 标准由来

ISO 标准由技术委员会（TECHNICAL COMMITTEES 简称 TC）制订。ISO 共有200多个技术委员会，2200多个分技术委员会（简称 SC）。TC 和 SC 下面还可设立若干工作组（WG）。ISO 为一非政府的国际科技组织，是世界上最大的、最具权威的国际标准制订、修订组织。它成立于1947年2月23日。ISO的最高权力机构是每年一次的“全体大会”，其日常办事机构是中央秘书处，设在瑞士的日内瓦。ISO宣称它的宗旨是“发展国际标准，促进标准在全球的一致性，促进国际贸易与科学技术的合作。”

1987年ISO/TC 176发布了举世瞩目的ISO 9000系列标准，我国于1988年发布了与之相应的GB/T 10300系列标准，并“等效采用”。为了更好地与国际接轨，又于1992年10月发布了GB/T 19000系列标准，并“等同采用”ISO 9000族标准气；1994年国际标准化组织发布了修订后的ISO 9000族标准后，我国及时将其等同转化为国家标准；2008年国际标准化组织发布了ISO 9001：2008，我国也及时发布了GB/T 19001—2008。

为了更好地发挥ISO 9000族标准的作用，使其具有更好的适用性和可操作性，2000年12月15日ISO正式发布新的ISO 9000、ISO 9001和ISO 9004国际标准。2000年12月28日国家质量技术监督局正式发布GB/T 19000—2000（idt ISO 90001：2000），GB/T 19001—2000（idt ISO 9001：2000），GB/T 19004—2000（idt ISO 9004：2000）三个国家标准。

国际标准化组织（ISO）在ISO/IEC指南2-1991《标准化和有关领域的通用术语及其定义》中对标准的定义如下：

标准为在一定的范围内获得最佳秩序，对活动和其结果规定共同的和重复使用的规则、指导原则或特性文件。该文件经协商一致制订并经一个公认机构的批准。

我国的国家标准GB 3935.1—1996中对标准的定义采用了上述的定义。

显然，标准的基本含义就是“规定”，就是在特定的地域和年限里对其对象做出“一致性”的规定。但标准的规定与其他规定有所不同，标准的制定和贯彻以科学技术和实践经验的综合成果为基础，标准是“协商一致”的结果，标准的颁布具有特定的过程和形式。标准的特性表现为科学性与时效性，其本质是“统一”。标准的这一本质赋予标准具有强制性、约束性和法规性。

2.3.2 GB/T 19001—2008标准的解读

国际标准化组织（ISO）已于2008年11月15日发布了ISO 9001：2008《质量管理体系要求》国际标准，中国国家质量监督检验检疫总局和中国国家标准化管理委员会也在2008年12月30日发布了国家标准《质量管理体系　要求》GB/T 19001—2008，并于2009年3月1日起实施。《质量管理体系　要求》GB/T 19001—2008国家标准是等同采用ISO 9001：2008《质量管理体系要求》国际标准。对新版GB/T 19001—2008标准从以下几个方面进行解误。

（1）一个核心，即“以顾客为关注焦点”条款是ISO 9001乃至整个ISO 9000族标准的核心，标准其他条款都是围绕其展开的，因为关注顾客、追求顾客满意是企业质量工作的最高标准，也是其所有质量活动的出发点和行为归宿。

（2）两个基本点，即顾客满意和持续改进。顾客满意是全面满足并超越顾客的要求和期望。由于顾客满意是一种感受，是暂时的、动态的、相对的，要想持续地实现顾客满意就必须持续地、永不停步地改进质量管理体系的有效性，因此顾客满意和持续改进是ISO 9000族标准的核心和灵魂。

（3）两种沟通，即内部沟通和顾客沟通。有效的内部沟通有利于高效地达到体系的预期目标，有效的顾客沟通有助于持续满足顾客要求，增强顾客满意。

(4) 三个方面的策划，即对质量管理体系的策划、产品实现过程的策划和测量分析改进的策划。质量绩效是质量策划的预期结果，质量策划是实现质量绩效的前提条件。

(5) 三种监视和测量，即对体系、过程和产品的监视和测量。

(6) 四大管理过程，即管理职责过程、资源管理过程、产品实现过程和测量、分析、改进过程，其中产品实现过程为质量管理体系的主过程，而其他过程则是其支持性过程，这些过程的功能和作用将通过产品实现过程的绩效加以体现。

(7) 最高管理者的5项"承诺"和12项"确保"是标准对企业最高管理者在质量方面提出的要求，标准要求以文件形式作出承诺并提供实现承诺的证据，企业最高领导对质量管理体系的重视和支持，是质量管理体系有效运行最根本的保证，也是世界各国质量界共同的经验总结。

(8) 六个强制性程序文件和44处潜在的、隐含的文件要求。1994版标准明确提出必须编制17个程序文件，2008版标准也在6个方面提出了程序文件要求。新标准提出编制上述程序文件并不意味着只要有这6个程序文件就能满足质量管理体系运行需要，所以标准又要求还须编制为确保其过程有效策划、运行和控制所需的其他文件，其在标准行文中以"制定"、"确定"、"规定"、"明确"、"建立"、"提供"、"获得"等字眼在44处提出了潜在的、隐含的文件要求。这些潜在的、隐含的文件要求相对于每个企业各不相同，每个企业在进行体系和过程策划时应关注这些隐含的要求，根据自身需要，因"企"制宜，审时度势，妥善恰当地确定所需文件的数量和形式，既不要追求形式形成装饰性文件，又不要因缺少文件支持造成管理盲区。

(9) 七处法律法规要求。法律法规要求是企业生产经营活动的底线，也是企业合法经营的基本要求。

(10) 标准在9处强调持续改进质量管理体系有效性，其中持续改进是指增强满足要求能力的循环活动，是在合格基础上的再提高。持续改进质量管理体系有效性是持续实现和增强顾客满意的不竭动力。

(11) 标准在14处强调体系和过程的运行有效性。有效性即完成策划的活动并得到策划结果的程度。运行有效性是企业建立质量管理体系的目的，也是质量认证的生命。1994版标准较多地强调符合性，而2008版标准则更关注其有效性。

(12) 标准有20处强调要提供记录以证实质量管理体系运行有效性。记录是阐明所取得的结果或提供所完成的活动的证据的文件，也是证实质量管理体系有效运行的重要证据。

(13) 为保证标准要求得到全面、有效贯彻并达到预期效果，标准在133处以"应"的表述方式强调标准要求执行的强制性，在34处以"确保"的表述方式强调标准要求的实施力度。ISO/TC 176/SC2N526《术语使用指南》中规定"应"用来指为符合标准必须严格遵守的要求，不得违背。"确保"在《新华词典》中指有能力并准确达到目标。

(14) 为帮助企业有效贯彻标准要求，标准给出了4种灵活性、让步性条款。这4种类型条款包括"必要时"、"适用时期"、"适当时"和"根据实际情况决定控制的类型和程度"种情况。标准条款要求的灵活性和让步性主要源于标准的通用性，由于不同性质、不同规模的组织各种情况有较大差异，对其控制的要求和方法也应有所不同，不能一刀切，因此标准有必要赋予不同类型的组织一定的灵活性。企业在建立体系、策划过程和形成文件时，应根据自身具体情况，对这些灵活性、让步性要求做出具体的、恰如其分的说明或要求。

2.3.3 ISO 9000 质量管理体系

1. ISO 9000 质量管理体系的要求

ISO 9000：2008《质量管理体系》规定了对质量管理体系的要求，供组织需要证实其具有稳定地提供顾客要求和适用法律法规要求产品的能力时应用，组织通过体系的有效应用，包括持续改进体系的过程及确保符合顾客与适用法规的要求增强顾客满意度，成为用于审核和第三方认证的唯一标准，它用于内部和外部评价组织提供满足组织自身要求和顾客、法律法规要求的产品的能力。

标准应用了以过程为基础的质量管理体系模式的结构，鼓励组织在建立、实施和改进质量管理体系及提高其有效性时，采用过程方法，通过满足顾客要求，增强顾客满意。ISO 9000 标准重点规定了质量管理体系和要求，可供组织作为内部审核的依据，也可用于认证或合同目的，在满足顾客要求方面 ISO 9000 所关注的是质量管理的有效性。质量管理的基本要求如下：

(1) 施工企业应结合自身特点和质量管理需要，建立质量管理体系并形成文件。

(2) 施工企业应对质量管理中的各项活动进行策划。

(3) 施工企业应检查、分析、改进质量管理活动的过程和结果。

2. 质量管理的八大原则

ISO 9000 族标准对八项质量管理原则作了清晰的表述，它是质量管理的最基本最通用的一般规律，适用于所有类型的产品和组织，是质量管理的理论基础。

八项质量管理原则是组织的领导者有效实施质量管理工作必须遵循的原则，同时也为从事质量管理的审核员和所有从事质量管理工作的人员学习、理解、掌握 ISO 9000 族标准提供帮助。

(1) 以顾客为关注焦点

组织依存于顾客。任何一个组织都应时刻关注顾客，将理解和满足顾客的要求作为首要工作考虑，并以此安排所有的活动，同时还应了解顾客要求的不断变化和未来的需求，并争取超越顾客的期望。

以顾客为关注焦点的原则主要包括以下几个方面的内容：

1) 要调查识别并理解顾客的需求和期望，还要使企业的目标与顾客的需求和期望相结合；

2) 要在组织内部沟通，确定全体员工都能理解顾客的需求和期望，并努力实现这些需求和期望；

3) 要测量顾客的满意程度，根据结果采取相应措施和活动；

4) 系统地管理好与顾客的关系，良好的关系有助于保持顾客的忠诚，提高顾客的满意程度。

(2) 领导作用

领导者应当创造并保持使员工能充分参与实现组织目标的内部环境，确保员工主动理解和自觉实现组织目标，以统一的方式来评估、协调和实施质量活动，促进各层次之间协调。

运用领导作用原则：

1）要考虑所有相关方的需求和期望，同时在组织内部沟通，为满足所有相关方需求奠定基础。

2）要确定富有挑战性的目标，要建立未来发展的蓝图。目标要有可测性、挑战性、可实现性。

3）建立价值共享、公平公正和道德伦理概念，重视人才，创造良好的人际关系，将员工的发展方向统一到组织的方针目标上。

4）为员工提供所需的资源和培训，并赋予其职责范围的自主权。

（3）全员参与

各级人员的充分参与，才能使他们的才干为组织带来收益。人是管理活动的主体，也是管理活动的客体。质量管理是通过组织内部各职能各层次人员参与产品实现过程及支持过程来实施的，全员的主动参与极为重要。

1）要让每个员工了解自身贡献的重要性。

2）要在各自的岗位上树立责任感，发挥个人的潜能，主动地、正确地去处理问题，解决问题。

3）要使每一个员工感到有成就感，意识到自己对组织的贡献，也看到工作中的不足，找到差距以求改进。要使员工积极地学习，增强自身的能力、知识和经验。

（4）过程方法将活动和相关的资源作为过程进行管理，可以更为高效地得到期望的结果。为使组织有效运作，必须识别和管理众多相互关联的过程，系统地识别和管理组织所应用的过程，特别是这些过程之间的相互作用，对于每一个过程做出恰当的考虑与安排，更加有效地使用资源、降低成本、缩短周期，通过控制活动进行改进，取得好的效果。采取的措施是：

1）为了取得预期的结果，系统地识别所有活动。

2）明确管理活动的职责和权限。

3）分析和测量关键活动的能力。

4）识别组织职能之间与职能内部活动的接口。

5）注重能改进组织活动的各种因素，诸如资源、方法、材料等。

（5）管理的系统方法

将相互关联的过程作为系统加以识别、理解和管理，有助于组织提高实现目标的有效性和效率。这是一种管理的系统方法。优点是可使过程相互协调，最大限度地实现预期的结果。应采取以下措施：

1）建立一个最佳效果和最高效率的体系实现组织的目标。

2）理解体系内务过程的相互依赖关系。

3）理解为实现共同目标所必需的作用和责任。

4）理解组织的能力，在行动前确定资源的局限性。

5）设定目标，并确定如何运行体系中的特殊活动。

6）通过测量和评估，持续改进体系。

（6）持续改进是组织的一个永恒的目标。事物是在不断发展的，持续改进能增强组织的适应能力和竞争力，使组织能适应外界环境变化，从而改进组织的整体业绩。采取的措施是：

1）持续改进组织的业绩。

2）为员工提供有关持续改进的培训。

3）将持续改进作为每位成员的目标。建立目标指导、测量和追踪持续改进。

（7）基于事实的决策方法

有效的决策是建立在数据和信息分析的基础上，决策是一个行动之前选择最佳行动方案的过程。作为过程就应有信息和数据输入，输入信息和数据足够可靠，能准确地反映事实，则为决策方案奠定了重要的基础。

应用“基于事实的决策方案”可采取的措施：

1）数据和信息精确和可靠。

2）让数据/信息需要者都能得到信息/数据。

3）正确分析数据。

4）基于事实分析，做出决策并采取措施。

（8）与供方互利的关系

任何一个组织都有其供方和合作伙伴，组织与供方是相互依存、互利的关系，合作得好，双方都会获得效益。采取的措施是：

1）在对短期收益和长期利益综合平衡的基础上，确立与供方的关系。

2）与供方或合作伙伴共享专门技术和资源。

3）识别和选择关键供方。

4）清晰与开放的沟通。

5）对供方所做出的改进和取得的成果进行评价，并予以鼓励。

2.3.4 装饰装修工程质量管理中实施 ISO 9000 标准的意义

通过一个公正的第三方认证机构对产品或质量管理体系做出正确、可信的评价，从而使他们对产品质量建立信心，对供需双方以及整个社会都有十分重要的意义。

1. 通过实施质量认证可以促进企业完善质量管理体系

企业要想获取第三方认证机构的质量管理体系认证或按典型产品认证制度实施的产品认证，都需要对其质量管理体系进行检查和完善，以保证认证的有效性，并在实施认证时，对其质量管理体系实施检查和评定中发生的问题，均需及时地加以纠正，所有这些都会对企业完善质量管理体系起到积极的推动作用。

2. 可以提高企业的信誉和市场竞争能力

企业通过了质量管理体系认证机构的认证，获取合格证书和标志并通过注册加以公布，从而也就证明其具有生产满足顾客要求产品的能力，能大大提高企业的信誉，增加企业市场竞争能力。

3. 有利于保护供需双方的利益

实施质量认证，一方面对通货产品质量认证或质量管理体系认证的企业准予使用认证标志或予以政策公布，使顾客了解哪些企业的产品质量是有保证的，从而可以引导顾客防止误购不符合要求的产品，起到保护消费者利益的作用。并且由于实施第二方认证，对于缺少测试设备、缺少有经验的人员或远离供方的用户来说带来了许多方便，同时也降低了进行重复检验和检查的费用。另一方面如果供方建立了完善的质量管理体系，一旦发生质量争议，也可以把质量管理体系作为自我保护的措施，较好地解决质量争议。

4. 有利于国际市场的开拓，增加国际市场的竞争能力

认证制度已发展成为世界上许多国家的普遍做法，各国的质量认证机构都在设法通过签订双边或多边认证合作协议，取得彼此之间的相互认可，企业一旦获得国际上有权威的认证机构的产品质量认证或质量管理体系注册，便会得到各国的认可，并可享受一定的优惠待遇，如免检、减免税和优价等。

2.4　施工项目质量的政府监督

1. 工程质量的政府监督管理体制和职能

（1）监督管理体制

1）国务院建设行政主管部门对全国的建设工程质量实施统一监督管理。

2）县级以上政府建设行政主管部门和其他有关部门履行检查职责时，有权要求被检查的单位提供有关工程质量的文件和资料，有权进入被检查单位的施工现场进行检查，在检查中发现工程质量存在问题时，有权责令改正。

（2）政府的工程质量监督管理具有权威性、强制性、综合性的特点。

2. 工程质量管理制度——施工图设计文件审查制度

施工图审查程序：（施工图审查的各个环节可按以下步骤办理）

建设单位向建设行政主管部门报送施工图，并作书面登录→建设行政主管部门委托审查机构进行审查，同时发出委托审查通知书→审查机构完成审查，向建设行政主管部门提交技术性审查报告→审查结束，建设行政主管部门向建设单位发出施工图审查批准书→报审施工图设计文件和有关资料应存档备查。

3. 工程质量监督制度

国家实行建设工程质量监督管理制度。工程质量监督管理的主体是各级政府建设行政主管部门和其他有关部门。工程质量监督管理由建设行政主管部门或其他有关部门委托的工程质量监督机构具体实施。

工程质量监督机构是经省级以上建设行政主管部门或有关专业部门考核认定，具有独立法人资格的单位。它受县级以上地方人民政府建设行政主管部门或有关专业部门的委托，依法对工程质量进行强制性监督，并对委托部门负责。

工程质量监督机构的主要任务：

（1）根据政府主管部门的委托，受理建设工程项目的质量监督。

（2）制定质量监督工作方案。

（3）检查施工现场工程建设各方主体的质量行为。

（4）检查建设工程实体质量。

（5）监督工程质量验收。

（6）向委托部门报送工程质量监督报告。

（7）对预制建筑构件和商品混凝土的质量进行监督。

（8）受委托部门委托按规定收取工程质量监督费。

（9）政府主管部门委托的工程质量监督管理的其他工作。

4. 工程质量检测制度

在建设行政主管部门领导和标准化管理部门指导下开展检测工作，其出具的检测报告具有法定效力。法定的国家级检测机构出具的检测报告，在国内为最终裁定，在国外具有代表国家的性质。

5. 工程质量保修制度

建设工程承包单位在向建设单位提交工程竣工验收报告时，应向建设单位出具工程质量保修书，质量保修书中应明确建设工程保修范围、保修期限和保修责任等。

在正常使用条件下，建设工程的最低保修期限为：

（1）基础设施工程、房屋建筑工程的地基基础和主体结构工程，为设计文件规定的该工程的合理使用年限；

（2）屋面防水工程、有防水要求的卫生间、房间和外墙面的防渗漏，为5年；

（3）供热与供冷系统，为2个采暖期、供冷期；

（4）电气管线、给排水管道、设备安装和装修工程，为2年。

保修期自竣工验收合格之日起计算。

2.5 施工项目质量问题的分析与处理

2.5.1 施工项目质量问题原因

施工项目的特点是产品固定，生产流动；产品多样，结构类型不一；露天作业多，自然条件（地质、水文、气象、地形等）多变；材料品种、规格不同，材性各异，交叉施工，现场配合复杂；工艺要求不同，技术标准不一，对质量影响的因素繁多，施工过程中稍有疏忽，极易引起系统性因素的质量变异，而产生质量问题或严重的工程质量事故。为此，必须采取有效措施，对常见质量问题事先加以预防；对出现的质量事故应及时进行分析和处理。

施工项目质量问题表现的形式多种多样，诸如建筑结构的错位、变形、倾斜、倒塌、破坏、开裂、渗水、漏水、刚度差、强度不足、断面尺寸不准等，究其原因，可归纳如下：

（1）违背建设程序。如未经可行性论证，不作调查分析就拍板定案；无证设计，无图施工；任意修改设计，不按图纸施工；工程竣工未经验收就交付使用等。

（2）工程地质勘察原因。未认真进行地质勘察，提供地质资料、数据有误；地质勘察时，钻孔间距太大，深度不够，不能全面反映地基的实际情况，地质勘察报告不详细、不准确等，导致采用错误的基础方案。

（3）未加固处理好地基。对软弱土、冲填土、杂填土、湿陷性黄土、膨胀土、岩层出露、熔岩、土洞等不均匀地基未进行加固处理或处理不当。

（4）设计计算问题。设计考虑不周，结构构造不合理，计算简图不正确，计算荷载取值过小，内力分析有误，沉降缝及伸缩缝设置不当，悬挑结构未进行抗倾覆验算等。

（5）建筑材料及制品不合格。诸如：钢筋物理力学性能不符合标准，水泥受潮、过期、结块、安定性不良，砂石级配不合理、有害物含量过多，混凝土配合比不准，外加剂性能、掺量不符合要求等。

（6）施工和管理问题。许多工程质量问题，往往是由施工和管理所造成。例如：

1）不熟悉图纸，盲目施工，图纸未经会审，仓促施工；未经监理、设计部门同意，擅自修改设计；

2）不按图施工；

3）不按有关施工验收规范施工；

4）不按有关操作规程施工；

5）缺乏基本结构知识，施工蛮干；

6）施工管理紊乱，施工方案考虑不周，施工顺序错误。

（7）自然条件影响。施工项目周期长、露天作业多，受自然条件影响大，施工中应特别重视，采取有效措施予以预防。

（8）建筑结构使用问题。建筑物使用不当，亦易造成质量问题。如不经校核、验算，就在原有建筑物上任意加层；使用荷载超过原设计的容许荷载；任意开槽、打洞、削弱承重结构的截面等。

2.5.2 施工项目质量问题调查分析

事故发生后，应及时组织调查处理。调查的主要目的，是要确定事故的范围、性质、影响和原因等，通过调查为事故的分析与处理提供依据，一定要力求全面、准确、客观。调查结果，要整理撰写成事故调查报告。

事故原因分析要建立在调查的基础上，事故的处理要建立在原因分析的基础上，对有些事故认识不清时，只要事故不致产生严重的恶化，可以继续观察一段时间，做进一步调查分析，不要急于处理，以免造成同一事故多次处理的不良后果。事故处理的基本要求是：安全可靠，不留隐患，满足建筑功能和使用要求，技术可行，经济合理，施工方便。事故处理中，还必须加强质量检查和验收。对每一个质量事故，无论是否需要处理都要经过分析，作出明确的结论。

2.5.3 质量问题不作处理的论证

施工项目的质量问题，并非都要处理，即使有些质量缺陷，虽已超出国家标准及规范要求，也可针对工程的具体情况，经过分析、论证，作出无需处理的结论。无需作处理的质量问题常有以下几种情况：

（1）不影响结构安全、生产工艺和使用要求。例如，有的建筑物在施工中发生了错位，若要纠正，困难较大，或将造成重大的经济损失。经分析论证，只要不影响工艺和使用要求，可以不作处理。

（2）检验中的质量问题，经论证后可不作处理。例如，混凝土试块强度偏低，而实际混凝土强度，经测试论证已达到要求，就可不作处理。

（3）某些轻微的质量缺陷，通过后续工序可以弥补的，可不处理。例如，混凝土墙板出现轻微的蜂窝、麻面，通过后续工序抹灰、喷涂、刷白等可进行弥补，则无需对墙板的缺陷进行处理。

（4）对出现的质量问题，经复核验算，仍能满足设计要求者，可不作处理。例如，结构断面被削弱后，仍能满足设计的承载能力，但这种做法实际上在挖设计的潜力，因此需要特别慎重。

2.5.4 质量问题处理的鉴定

质量问题处理是否达到预期目的、是否留有隐患，需要通过检查验收来作出结论。事故处理质量检查验收，必须严格按施工验收规范中有关规定进行；必要时，还要通过实测、实量，荷载试验，取样试压，仪表检测等方法来获取可靠的数据。这样，才可能对事故作出明确的处理结论。

事故处理结论的内容有以下几种：

（1）事故已排除，可继续施工；

（2）隐患已消除，结构安全可靠；

（3）经修补处理后，完全满足使用要求；

（4）基本满足使用要求，但附有限制条件，如限制使用荷载，限制使用条件等；

（5）对耐久性影响的结论；

（6）对建筑外观影响的结论；

（7）对事故责任的结论等。

此外，对一时难以作出结论的事故，还应进一步提出观测检查的要求。

事故处理后，还必须提交完整的事故处理报告，其内容包括：

（1）事故调查的原始资料、测试数据，事故的原因分析、论证；

（2）事故处理的依据；

（3）事故处理方案、方法及技术措施；

（4）检查验收记录、事故无需处理的论证；

（5）事故处理结论等。

第3章　工程质量管理的基本知识

3.1　工程质量管理的概念和特点

1. 工程质量管理的概念

工程质量管理是指确定工程质量方针、目标和职责，并在质量体系中通过诸如工程质量策划、工程质量控制、工程质量保证和工程质量改进，使其实施的全部管理职能的所有活动。

由定义可知，工程质量管理是一个组织全部管理职能的一个组成部分，其职能是质量方针、质量目标和质量职责的制定与实施。工程质量管理是有计划、有系统的活动，为实现质量管理需要建立质量体系，而质量体系又要通过工程质量策划、工程质量控制、工程质量保证和工程质量改进等活动发挥其职能，可以说这四项活动是工程质量管理工作的四大支柱。

工程质量管理的目标是总目标的重要内容，工程质量目标和责任应按级分解落实，各级管理者对目标的实现负有责任。虽然工程质量管理是各级管理者的职责，但必须由最高管理者领导，工程质量管理需要全员参与并承担相应的义务和责任。

2. 工程质量管理的内容

由以上介绍可知，建筑装饰工程质量管理的基本概念应该从广义上来理解，即要从全面工程质量管理的观点来分析。因此，建筑装饰工程的质量，不仅包括工程质量，而且还应包括工作质量和人的质量（素质）。

工程质量是指工程适合一定用途，满足使用者要求所具备的自然属性，亦称为质量特征或使用性。建筑装饰工程质量主要包括性能、寿命、可靠性、安全性和经济性五个方面。

工作质量是建筑装饰企业的经营管理工作、技术工作、组织工作和后勤工作等达到和提高工程质量的保证程度。工作质量可以概括为生产过程质量和社会工作质量两个方面。生产过程质量，主要指思想政治工作质量、管理工作质量、技术工作质量、后勤工作质量等，最终还要反映在工序质量上，而工序质量受到人、设备、工艺、材料和环境五个因素的影响。社会工作质量，主要是指社会调查、质量回访、市场预测、维修服务等方面的工作质量。

人的质量（即人的素质）主要表现在思想政治素质、文化技术素质、业务管理素质和身体素质等几个方面。人是直接参与工程建设的组织者、指挥者和操作者，人的素质高低，不仅关系到工程质量的好坏，而且关系到企业的生死存亡和腾飞发展。

3. 工程质量的特点

建设工程质量的特点是由建设工程本身和建设生产的特点决定的。建设工程（产品）

及其生产的特点：一是产品的固定性，生产的流动性；二是产品多样性，生产的单件性；三是产品形体庞大、高投入、生产周期长、具有风险性；四是产品的社会性，生产的外部约束性。正是由于上述建设工程的特点而形成了工程质量本身具有以下特点：

(1) 影响因素多

建设工程质量受到多种因素的影响，如决策、设计、材料、机具设备、施工方法、施工工艺、技术措施、人员素质、工期、工程造价等，这些因素直接或间接地影响工程项目质量。

(2) 质量波动大

由于建筑生产的单件性、流动性，不像一般工业产品的生产那样，有固定的生产流水线、有规范化的生产工艺和完善的检测技术、有成套的生产设备和稳定的生产环境，所以工程质量容易产生波动且波动大。同时由于影响工程质量的偶然性因素和系统性因素比较多，其中任一因素发生变动，都会使工程质量产生波动。如材料规格品种使用错误、施工方法不当、操作未按规定进行，机械设备过度磨损或出现故障，设计计算失误等，才会发生质量波动，产生系统因素的质量变异，造成工程质量事故。为此，要严防出现系统性因素的质量变异，要把质量波动控制在偶然性因素范围内。

(3) 质量隐蔽性

建设工程在施工过程中，分期工程交接多、中间产品多、隐蔽工程多，因此质量存在隐蔽性。若在施工中不及时进行质量检查，事后只能从表面上检查，就很难发现内在的质量问题，这样就容易产生判断错误，即第二类判断错误（将不合格品误认为合格品）。

(4) 终检的局限性

工程项目建成后不能像一般工业产品那样依靠终检来判断产品质量，或将产品拆卸、解体来检查其内在的质量，或对不合格零部件进行更换。而工程项目的终检（竣工验收）无法进行工程内在质量的检验，发现隐蔽的质量缺陷。因此，工程项目的终检存在一定的局限性。这就要求工程质量控制应以预防为主，防患于未然。

(5) 评价方法的特殊性

工程质量的检查评定及验收是按检验批、分项工程、分部工程、单位工程进行的。检验批的质量是分项工程乃至整个工程质量检验的基础，检验批的质量主要取决于主控项目和一般项目经抽样检验的结果。隐蔽工程在隐蔽前要检查合格后验收，涉及结构安全的试块、试件以及有关材料，应按规定进行见证取样检测，涉及结构安全和使用功能的重要分部工程要进行抽样检测。工程质量是在施工单位按合格质量标准自行检查评定的基础上，由监理工程师（或建设单位项目负责人）组织有关单位、人员进行检验确认验收，这种评价方法体现了"验评分离，强化验收，完善手段，过程控制"的指导思想。

3.2　质量控制体系的组织框架

建设工程项目的实施，涉及业主方、设计方、施工方、监理方、供应方等多方主体的活动，各方主体各自承担不同的质量责任和义务。为了有效地进行系统、全面的质量控制，必须由项目实施的总负责单位，负责建设工程项目质量控制体系的建立和运行，实施质量目标的控制。

1. 建设工程项目质量控制体系的性质与构成

(1) 工程项目质量控制体系的性质

建设工程项目质量控制体系既不是业主方也不是施工方的质量管理体系或质量保证体系，而是建设工程项目目标控制的一个工作系统，其性质如下：

1) 建设工程项目质量控制体系是以工程项目为对象，由工程项目实施的总组织者负责建立的面向项目对象开展质量控制的工作体系。

2) 建设工程项目质量控制体系是建设工程项目管理组织的一个目标控制体系，它与项目投资控制、进度控制、职业健康安全与环境管理等目标控制体系，共同依托于同一项目管理的组织机构。

3) 建设工程项目质量控制体系根据工程项目管理的实际需要而建立，随着建设工程项目的完成和项目管理组织的解体而消失，因此，是一个一次性的质量控制工作体系，不同于企业的质量管理体系。

(2) 工程项目质量控制体系的结构

建设工程项目质量控制体系，一般形成多层次、多单元的结构形态，这是由其实施任务的委托方式和合同结构所决定的。

1) 多层次结构。多层次结构是对应于建设工程项目工程系统纵向垂直分解的单项、单位工程项目的质量控制体系。在大中型工程项目尤其是群体工程项目中，第一层次的质量控制体系应由建设单位的工程项目管理机构负责建立；在委托代建、委托项目管理或实行交钥匙式工程总承包的情况下，应由相应的代建方项目管理机构、受托项目管理机构或工程总承包企业项目管理机构负责建立。第二层次的质量控制体系，通常是指分别由建设工程项目的设计总责单位、施工总承包单位等建立的相应管理范围内的质量控制体系。第三层次及其以下，是承担工程设计、施工安装、材料设备供应等各承包单位的现场质量自控体系，或称各自的施工质量保证体系。系统纵向层次机构的合理性是建设工程项目质量目标、控制责任和措施分解落实的重要保证。

2) 多单元结构。多单元结构是指在建设工程项目质量控制总体系下，第二层次的质量控制体系及其以下的质量自控或保证体系可能有多个。这是项目质量目标、责任和措施分解的必然结果。

2. 建设工程项目质量控制体系的建立

建设工程项目质量控制体系的建立过程，实际上就是建设工程项目质量总目标的确定和分解过程，也是建设工程项目各参与方之间质量管理关系和控制责任的确立过程。为了保证质量控制体系的科学性和有效性，必须明确体系建立的原则、内容、程序和主体。

(1) 建立的原则

实践经验表明，建设工程项目质量控制体系的建立，遵循以下原则对于质量目标的规划、分解和有效实施控制是非常重要的。

1) 分层次规划原则。建设工程项目质量控制体系的分层次规划，是指建设工程项目管理的总组织者（建设单位或代建制项目管理企业）和承担项目实施任务的各参与单位，分别进行不同层次和范围的建设工程项目质量控制体系规划。

2) 目标分解原则。建设工程项目质量控制系统总目标的分解，是根据控制系统内工程项目的分解结构，将工程项目的建设标准和质量总体目标分解到各个责任主体，明示于合同条件，由各责任主体制定出相应的质量计划，确定其具体的控制方式和控制措施。

3）质量责任制原则。建设工程项目质量控制体系的建立，应按照《建筑法》和《建设工程质量管理条例》有关建设工程质量责任的规定，界定各方的质量责任范围和控制要求。

4）系统有效性原则。建设工程项目质量控制体系，应从实际出发，结合项目特点、合同结构和项目管理组织系统的构成情况，建立项目各参与方共同遵循的质量管理制度和控制措施，并形成有效的运行机制。

（2）建立的程序

工程项目质量控制体系的建立过程，一般可按以下环节依次展开工作。

1）确立系统质量控制网络。首先明确系统各层面的建设工程质量控制负责人。一般应包括承担项目实施任务的项目经理（或工程负责人）、总工程师，项目监理机构的总监理工程师、专业监理工程师等，以形成明确的项目质量控制责任者的关系网络架构。

2）制定质量控制制度。包括质量控制例会制度、协调制度、报告审批制度、质量验收制度和质量信息管理制度等。形成建设工程项目质量控制体系的管理文件或手册，作为承担建设工程项目实施任务各方主体共同遵循的管理依据。

3）分析质量控制界面。建设工程项目质量控制体系的质量责任界面，包括静态界面和动态界面。一般说静态界面根据法律法规、合同条件、组织内部职能分工来确定。动态界面主要是指项目实施过程中设计单位之间、施工单位之间、设计与施工单位之间的衔接配合关系及其责任划分，必须通过分析研究，确定管理原则与协调方式。

4）编制质量控制计划。建设工程项目管理总组织者，负责主持编制建设工程项目总质量计划，并根据质量控制体系的要求，部署各质量责任主体编制与其承担任务范围相符合的质量计划，并按规定程序完成质量计划的审批，作为其实施自身工程质量控制的依据。

（3）建立质量控制体系的责任主体

根据建设工程项目质量控制体系的性质、特点和结构，一般情况下，建设工程项目质量控制体系应由建设单位或工程项目总承包企业的工程项目管理机构负责建立；在分阶段依次对勘察、设计、施工、安装等任务进行分别招标发包的情况下，该体系通常应由建设单位或其委托的工程项目管理企业负责建立，并由各承包企业根据项目质量控制体系的要求，建立隶属于总的项目质量控制体系的设计项目、施工项目、采购供应项目等分质量保证体系（可称相应的质量控制子系统），以具体实施其质量责任范围内的质量管理和目标控制。

3. 建设工程项目质量控制体系的运行

建设工程项目质量控制体系的建立，为建设工程项目的质量控制提供了组织制度方面的保证。建设工程项目质量控制体系的运行，实质上就是系统功能的发挥过程，也是质量活动职能和效果的控制过程。然而，质量控制体系要有效地运行，还有赖于系统内部的运行环境和运行机制的完善。

（1）运行环境

建设工程项目质量控制体系的运行环境，主要是指以下几方面为系统运行提供支持的管理关系、组织制度和资源配置的条件：

1）建设工程的合同结构

建设工程合同是联系建设工程项目各参与方的纽带，只有在建设工程项目合同结构合理，质量标准和责任条款明确，并严格进行履约管理的条件下，质量控制体系的运行才能成为各方的自觉行动。

2）质量管理的资源配置

质量管理的资源配置，包括专职的工程技术人员和质量管理人员的配置；实施技术管理和质量管理所必需的设备、设施、器具、软件等物质资源的配置。人员和资源的合理配置是质量控制体系得以运行的基础条件。

3）质量管理的组织制度

建设工程项目质量控制体系内部的各项管理制度和程序性文件的建立，为质量控制系统各个环节的运行，提供必要的行动指南、行为准则和评价基准的依据，是系统有序运行的基本保证。

（2）运行机制

建设工程项目质量控制体系的运行机制，是由一系列质量管理制度安排所形成的内在能力。运行机制是质量控制体系的生命，机制缺陷是造成系统运行无序、失效和失控的重要原因。因此，在系统内部的管理制度设计时，必须予以高度的重视，防止重要管理制度的缺失、制度本身的缺陷、制度之间的矛盾等现象出现，才能为系统的运行注入动力机制、约束机制、反馈机制和持续改进机制。

1）动力机制

动力机制是建设工程项目质量控制体系运行的核心机制，它来源于公正、公开、公平的竞争机制和利益机制的制度设计或安排。这是因为建设工程项目的实施过程是由多主体参与的价值增值链，只有保持合理的供方及分供方等各方关系，才能形成合力，是建设工程项目成功的重要保证。

2）约束机制

没有约束机制的控制体系是无法使工程质量处于受控状态的。约束机制取决于各主体内部的自我约束能力和外部的监控效力。约束能力表现为组织及个人的经营理念、质量意识、职业道德及技术能力的发挥。监控效力取决于建设工程项目实施主体外部对质量工作的推动和检查监督。两者相辅相成，构成了质量控制过程的制衡关系。

3）反馈机制

运行状态和结果的信息反馈，是对质量控制系统的能力和运行效果进行评价，并为及时作出处置提供决策依据。因此，必须有相关的制度安排，保证质量信息反馈的及时和准确，坚持质量管理者深入生产第一线，掌握第一手资料，才能形成有效的质量信息反馈机制。

4）持续改进机制

在建设工程项目实施的各个阶段，不同的层面、不同的范围和不同的主体之间，应用PDCA循环原理，即计划、实施、检查和处置不断循环的方式展开质量控制，同时注重抓好控制点的设置，加强重点控制和例外控制，并不断寻求改进机会、研究改进措施，才能保证建设工程项目质量控制系统的不断完善和持续改进，不断提高质量控制能力和控制水平。

3.3 吊顶、隔墙、地面、幕墙等分部分项工程的施工质量控制流程

1. 建筑装饰施工准备阶段的质量控制

(1) 装饰设计图纸的审查。

(2) 施工组织设计的编制。

(3) 装饰材料和成品、半成品等的检验。

(4) 施工机具设备的检修。

(5) 作业条件的准备。

2. 建筑装饰施工过程中的质量控制

(1) 进行建筑装饰施工的技术交底，监督按照设计图纸和规范、规程施工。

(2) 进行建筑装饰施工质量检查和验收。为保证装饰施工质量，必须坚持质量检查与验收制度，加强对施工过程各个环节的质量检查。对已完成的分部分项工程，特别是隐蔽工程进行验收，达不到合格的工程绝对不放过，该返工的必须返工，不留隐患，这是质量控制的关键环节。

(3) 质量分析。通过对建筑装饰工程质量的检验，获得大量反映质量状况的数据，采用质量管理统计方法对这些数据进行分析，找出产生质量缺陷的各种原因。质量检查验收终究是事后进行的，即使发现了问题，事故已经发生，浪费已经造成。因此，质量管理工作应尽量进行在事故发生之前，防患于未然。

(4) 实施文明施工。按建筑装饰施工组织设计的要求和施工程序进行施工，做好施工准备，搞好现场的平面布置与管理，保持现场的施工秩序的整齐清洁。这也是保证和提高建筑装饰工程质量的重要环节。

3. 使用阶段的质量控制

建筑装饰工程投入使用过程是考验建筑装饰工程实际施工质量的过程。它是建筑装饰施工质量控制的归宿点，也是建筑装饰施工企业质量控制的出发点。所以，建筑装饰施工质量控制必须从现场施工过程延伸到使用过程的一定期限（通常为保修期限），这才是建筑装饰施工全过程的质量控制，其质量控制工作主要有：

(1) 实行保修制度，对由于施工原因造成的质量问题，建筑装饰施工企业要负责无偿保修，以提高企业的信誉。

(2) 及时回访，对工程进行调查，听取使用单位对施工质量方面的意见，从中发现工程质量中存在的问题，分析原因，及时进行补救。同时，也为以后改进建筑装饰施工质量管理积累经验，收集有关质量管理信息。

3.3.1 吊顶工程施工质量控制流程

1. 一般规定

(1) 适用于暗龙骨吊顶、明龙骨吊顶等分项工程的质量验收。

(2) 适用于龙骨加饰面板的吊顶工程。按照施工工艺不同，又分暗龙骨吊顶和明龙骨吊顶。

(3) 吊顶工程验收时应检查下列文件和记录：

1) 吊顶工程的施工图、设计说明及其他设计文件；

2）材料的产品合格证书、性能检测报告、进场验收记录和复验报告；
3）隐蔽工程验收记录；
4）施工记录。
（4）吊顶工程应对人造木板的甲醛含量进行复验。
（5）吊顶工程应对下列隐蔽工程项目进行验收：
1）吊顶内管道、设备的安装及水管试压；
2）木龙骨防火、防腐处理；
3）预埋件或拉结筋；
4）吊杆安装；
5）龙骨安装；
6）填充材料的设置。
（6）为了既保证吊顶工程的使用安全，又做到竣工验收时不破坏饰面，吊顶工程的隐蔽工程验收非常重要，本条所列各款均应提供由监理工程师签名的隐蔽工程验收记录。
（7）各分项工程的检验批应按下列规定划分：同一品种的吊顶工程每 50 间（大面积房间和走廊按吊顶面积 $30m^2$ 为一间）应划分为一个检验批，不足 50 间也应划分为一个检验批。
（8）检查数量应符合下列规定：每个检验批应至少抽查 10%，并不得少于 3 间；不足 3 间时应全数检查。
（9）安装龙骨前，应按设计要求对房间净高、洞口标高和吊顶内管道、设备及其支架的标高进行交接检验。
（10）吊顶工程的木吊杆、木龙骨和木饰面板必须进行防火处理，并应符合有关设计防火规范的规定。
（11）吊顶工程中的预埋件、钢筋吊杆和型钢吊杆应进行防锈处理。
（12）安装饰面板前应完成吊顶内管道和设备的调试及验收。
（13）吊杆距主龙骨端部距离不得大于 300mm，当大于 300mm 时，应增加吊杆。当吊杆长度大于 1.5m 时，应设置反支撑。当吊杆与设备相遇时，应调整并增设吊杆。
（14）重型灯具、电扇及其他重型设备严禁安装在吊顶工程的龙骨上。
本条为强制性条文。
说明：龙骨的设置主要是为了固定饰面材料，一些轻型设备如小型灯具、烟感器、喷淋头、风口篦子等也可以固定在饰面材料上。但如果把电扇和大型吊灯固定在龙骨上，可能会造成脱落伤人事故。为了保证吊顶工程的使用安全，特制定本条并作为强制性条文。

2. 暗龙骨吊顶工程施工质量控制流程

（1）适用于以轻钢龙骨、铝合金龙骨、木龙骨等为骨架，以石膏板、金属板、矿棉板、木板、塑料板或格栅等为饰面材料的暗龙骨吊顶工程的质量验收。
（2）吊顶标高、尺寸、起拱和造型应符合设计要求。
检验方法：观察；尺量检查。
（3）饰面材料的材质、品种、规格、图案和颜色应符合设计要求。
检验方法：观察；检查产品合格证书、性能检测报告、进场验收记录和复验报告。
（4）暗龙骨吊顶工程的吊杆、龙骨和饰面材料的安装必须牢固。

检验方法：观察；手扳检查；检查隐蔽工程验收记录和施工记录。

(5) 吊杆、龙骨的材质、规格、安装间距及连接方式应符合设计要求。金属吊杆、龙骨应经过表面防腐处理；木吊杆、龙骨应进行防腐、防火处理。

检验方法：观察；尺量检查；检查产品合格证书、性能检测报告、进场验收记录和隐蔽工程验收记录。

(6) 石膏板的接缝应按其施工工艺标准进行板缝防裂处理。安装双层石膏板时，面层板与基层板的接缝应错开，并不得在同一根龙骨上接缝。

检验方法：观察。

一般项目：

(7) 饰面材料表面应洁净、色泽一致，不得有翘曲、裂缝及缺损。压条应平直、宽窄一致。

检验方法：观察；尺量检查。

(8) 饰面板上的灯具、烟感器、喷淋头、风口箅子等设备的位置应合理、美观，与饰面板的交接应吻合、严密。

检验方法：观察。

(9) 金属吊杆、龙骨的接缝应均匀一致，角缝应吻合，表面应平整，无翘曲、锤印。木质吊杆、龙骨应顺直，无劈裂、变形。

检验方法：检查隐蔽工程验收记录和施工记录。

(10) 吊顶内填充吸声材料的品种和铺设厚度应符合设计要求，并应有防散落措施。

检验方法：检查隐蔽工程验收记录和施工记录。

(11) 暗龙骨吊顶工程安装的允许偏差和检验方法应符合表 3-1 的规定。

暗龙骨吊顶工程安装的允许偏差 **表 3-1**

项次	项 目	允许偏差(mm)				检验方法
		纸面石膏板	金属板	矿棉板	木板、塑料板、格栅	
1	表面平整度	1.0	2.0	2.0	3.0	用 2m 靠尺和塞尺检查
2	接缝直线度	1.5	1.5	3.0	3.0	拉 5m 线，不足 5m 拉通线，用钢直尺检查
3	接缝高低差	0.5	1	1.5	1.0	用钢直尺和塞尺检查

3. 明龙骨吊顶工程

(1) 本节适用于以轻钢龙骨、铝合金龙骨、木龙骨等为骨架，以石膏板、金属板、矿棉板、塑料板、玻璃板或格栅等饰面材料的明龙骨吊顶工程的质量验收。

(2) 吊顶标高、尺寸、起拱和造型应符合设计要求。

检验方法：观察；尺量检查。

(3) 饰面材料的材质、品种、规格、图案和颜色应符合设计要求。当饰面材料为玻璃板时，应使用安全玻璃或采取可靠的安全措施。

检验方法：观察；检查产品合格证书、性能检测报告和进场验收记录。

(4) 饰面材料的安装应稳固严密。饰面材料与龙骨的搭接宽度应大于龙骨受力面宽度的 2/3。

检验方法：观察；手扳检查；尺量检查。

(5) 吊杆、龙骨的材质、规格、安装间距及连接方式应符合设计要求。金属吊杆、龙骨应进行表面防腐处理；木龙骨应进行防腐、防火处理。

检验方法：观察；尺量检查；检查产品合格证书、进场验收记录和隐蔽工程验收记录。

(6) 明龙骨吊顶工程的吊杆和龙骨安装必须牢固。检验方法：手扳检查；检查隐蔽工程验收记录和施工记录。

(7) 饰面材料表面应洁净、色泽一致，不得有翘曲、裂缝及缺损。饰面板与明龙骨的搭接应平整、吻合，压条应平直、宽窄一致。

检验方法：观察；尺量检查。

(8) 饰面板上的灯具、烟感器、喷淋头、风口箅子等设备的位置应合理、美观，与饰面板的交接应吻合、严密。

检验方法：观察。

(9) 金属龙骨的接缝应平整、吻合、颜色一致，不得有划伤、擦伤等表面缺陷。木质龙骨应平整、顺直，无劈裂。

检验方法：观察。

(10) 吊顶内填充吸声材料的品种和铺设厚度应符合设计要求，并应有防散落措施。

检验方法：检查隐蔽工程验收记录和施工记录。

(11) 明龙骨吊顶工程安装的允许偏差和检验方法应符合表 3-2 的规定。

明龙骨吊顶工程安装的允许偏差和检验方法 表 3-2

项次	项 目	允许偏差(mm)				检验方法
		石膏板	金属板	矿棉板	塑料板、玻璃板	
1	表面平整度	1.0	2.0	3.0	3.0	用 2m 靠尺和塞尺检查
2	接缝直线度	1.5	2.0	3.0	3.0	拉 5m 线，不足 5m 拉通线，用钢直尺检查
3	接缝高低差	0.5	1.0	2.0	1.0	用钢直尺和塞尺检查

3.3.2 轻质隔墙工程现场施工质量控制流程

1. 一般规定

(1) 本章适用于板材隔墙、骨架隔墙、活动隔墙、玻璃隔墙等分项工程的质量验收。

(2) 本章所说轻质隔墙是指非承重轻质内隔墙。轻质隔墙工程所用材料的种类和隔墙的构造方法很多，本章将其归纳为板材隔墙、骨架隔墙、活动隔墙、玻璃隔墙四种类型。加气混凝土砌块、空心砌块及各种小型砌块和砌体类轻质隔墙不含在本章范围内。

(3) 轻质隔墙工程验收时应检查下列文件和记录：

1) 轻质隔墙工程的施工图、设计说明及其他设计文件。

2) 材料的产品合格证书、性能检测报告、进场验收记录和复验报告。

3) 隐蔽工程验收记录。

4）施工记录。

（4）轻质隔墙工程应对人造木板的甲醛含量进行复验。

（5）轻质隔墙施工要求对所使用人造木板的甲醛含量进行进场复验。目的是避免对室内空气环境造成污染。

（6）轻质隔墙工程应对下列隐蔽工程项目进行验收：

1）骨架隔墙中设备管线的安装及水管试压；

2）木龙骨防火、防腐处理；

3）预埋件或拉结筋；

4）龙骨安装；

5）填充材料的设置。

（7）轻质隔墙工程中的隐蔽工程施工质量是这一分项工程质量的重要组成部分。本条规定了轻质隔墙工程中的隐蔽工程验收内容，其中设备管线安装的隐蔽工程验收属于设备专业施工配合的项目，要求在骨架隔墙封面板前，对骨架中设备管线的安装进行隐蔽工程验收，隐蔽工程验收合格后才能封面板。

（8）各分项工程的检验批应按下列规定划分：

同一品种的轻质隔墙工程每 50 间（大面积房间和走廊按轻质隔墙的墙面 $30m^2$ 为一间）应划分为一个检验批，不足 50 间也应划分为一个检验批。

（9）轻质隔墙与顶棚和其他墙体的交接处应采取防开裂措施。

（10）轻质隔墙与顶棚或其他材料墙体的交接处容易出现裂缝，因此，要求轻质隔墙的这些部位要采取防裂缝的措施。

（11）民用建筑轻质隔墙工程的隔声性能应符合现行国家标准《民用建筑隔声设计规范》GB 50118 的规定。

2. 骨架隔墙工程

（1）适用于以轻钢龙骨、木龙骨等为骨架，以纸面石膏板、人造木板、水泥纤维板等为墙面板的隔墙工程的质量验收。

（2）骨架隔墙是指在隔墙龙骨两侧安装墙面板以形成墙体的轻质隔墙。这一类隔墙主要是由龙骨作为受力骨架固定于建筑主体结构上。目前大量应用的轻钢龙骨石膏板隔墙就是典型的骨架隔墙。龙骨骨架中根据隔声或保温设计要求可以设置填充材料，根据设备安装要求安装一些设备管线等。龙骨常见的有轻钢龙骨系列、其他金属龙骨以木龙骨。墙面板常见的纸面石膏板、人造木板、防火板、金属板、水泥纤维板以及塑料板等。

（3）骨架隔墙工程的检查数量应符合下列规定：

每个检验批应至少抽查 10%，并不得少于 3 间；不足 3 间时应全数检查。

（4）骨架隔墙所用龙骨、配件、墙面板、填充材料及嵌缝材料的品种、规格、性能和木材的含水率应符合设计要求。有隔声、隔热、阻燃、防潮等特殊要求的工程，材料应有相应性能等级的检测报告。

检验方法：观察；检查产品合格证书、进场验收记录、性能检测报告和复验报告。

（5）骨架隔墙工程边框龙骨必须与基体结构连接牢固，并应平整、垂直、位置正确。

检验方法：手扳检查；尺量检查；检查隐蔽工程验收记录。

（6）龙骨体系沿地面、顶棚设置的龙骨及边框龙骨，是隔墙与主体结构之间重要的传力构件，要求这些龙骨必须与基体结构连接牢固，垂直和平整，交接处平直，位置准确。由于这是骨架隔墙施工质量的关键部位，故应作为隐蔽工程项目加以验收。

（7）骨架隔墙中龙骨间距和构造连接方法应符合设计要求。骨架内设备管线的安装、门窗洞口等部位加强龙骨应安装牢固、位置正确，填充材料的设置应符合设计要求。

检验方法：检查隐蔽工程验收记录。

（8）目前我国的轻钢龙骨主要有两大系列，一种是仿日本系列，一种是仿欧美系列。这两种系列的构造不同，仿日本龙骨系列要求安装贯通龙骨并在竖向龙骨竖向开口处安装支撑卡，以增强龙骨的整体性和刚度，而仿欧美系列则没有这项要求。在对龙骨进行隐蔽工程验收时可根据设计选用不同龙骨系列的有关规定进行检验，并符合设计要求。

骨架隔墙在有门窗洞口、设备管线安装或其他受力部位，应安装加强龙骨，增强龙骨骨架的强度，以保证在门窗开启使用或受力时隔墙的稳定。一些有特殊结构要求的墙面，如曲面、斜面等，应按照设计要求进行龙骨安装。

（9）木龙骨及木墙面板的防火和防腐处理必须符合设计要求。

检验方法：检查隐蔽工程验收记录。

（10）骨架隔墙的墙面板应安装牢固，无脱层、翘曲、折裂及缺损。

检验方法：观察；手扳检查。

（11）墙面板所用接缝材料的接缝方法应符合设计要求。

检验方法：观察。

（12）骨架隔墙表面应平整、光滑、色泽一致、洁净、无裂缝，接缝应均匀、顺直。

检验方法：观察；手摸检查。

（13）骨架隔墙上的孔洞、槽、盒应位置正确、套割吻合、边缘整齐。

检验方法：观察。

（14）骨架隔墙内的填充材料应干燥，填充应密实、均匀、无下坠。

检验方法：轻敲检查；检查隐蔽工程验收记录。

（15）骨架隔墙安装的允许偏差和检验方法应符合表 3-3 的规定。

骨架隔墙安装的允许偏差和检验方法 **表 3-3**

项次	项　目	允许偏差(mm)		检验方法
		纸面石膏板	人造木板、水泥纤维板	
1	立面垂直度	3.0	4.0	用 2m 垂直检测尺检查
2	表面平整度	3.0	3.0	用 2m 靠尺和塞尺检查
3	阴阳角方正	3.0	3.0	用直角检测尺检查
4	接缝直线度	—	3.0	拉 5m 线，不足 5m 拉通线用钢直尺检查
5	压条直线度	—	3.0	
6	接缝高低差	1.0	1.0	用钢直尺和塞尺检查

3. 活动隔墙工程

（1）适用于各种活动隔墙工程的质量验收。

（2）活动隔墙是指推拉式活动隔墙、可拆装的活动隔墙等。这一类隔墙大多使用成品板材及其金属框架、附件在现场组装而成，金属框架及饰面板一般不需再作饰面层。也有一些活动隔墙不需要金属框架，完全是使用半成品板材现场加工制作成活动隔墙。这都属于本节验收范围。

(3) 活动隔墙工程的检查数量应符合下列规定：每个检验批应至少抽查 20%，并不得少于 6 间；不足 6 间时应全数检查。

(4) 活动隔墙在大空间多功能厅室中经常使用，由于这类内隔墙是重复及动态使用，必须保证使用的安全性和灵活性。因此，每个检验批抽查的比例有所增加。

(5) 活动隔墙所用墙板、配件等材料的品种、规格、性能和木材的含水率应符合设计要求。有阻燃、防潮等特性要求的工程，材料应有相应性能等级的检测报告。

检验方法：观察；检查产品合格证书、进场验收记录、性能检测报告和复验报告。

(6) 活动隔墙轨道必须与基体结构连接牢固，并应位置正确。

检验方法：尺量检查；手扳检查。

(7) 活动隔墙用于组装、推拉和制动的构配件必须安装牢固、位置正确，推拉必须安全、平稳、灵活。

检验方法：尺量检查；手扳检查；推拉检查。

(8) 推拉式活动隔墙在使用过程中，经常会由于滑轨推拉制动装置的质量问题而使得推拉使用不灵活，这是一个带有普遍性的质量问题，本条规定了要进行推拉开启检查，应该推拉平稳、灵活。

(9) 活动隔墙制作方法、组合方式应符合设计要求。

检验方法：观察。

(10) 活动隔墙表面色泽一致、平整、光滑、洁净，线条应顺直、清晰。

检验方法：观察；手摸检查。

(11) 活动隔墙上的孔洞、槽、盒应位置正确，套割吻合、边缘整齐。

检验方法：观察；尺量检查。

(12) 活动隔墙推拉应无噪声。

检验方法：推拉检查。

(13) 活动隔墙安装的允许偏差和检验方法应符合表 3-4 的规定。

活动隔墙安装的允许偏差和检验方法 **表 3-4**

项次	项 目	允许偏差(mm)	检 验 方 法
1	立面垂直度	3.0	用 2m 垂直检测尺检查
2	表面平整度	2.0	用 2m 靠尺和塞尺检查
3	接缝直线度	3.0	拉 5m 线，不足 5m 拉通线，用钢直尺检查
4	接缝高低差	2.0	用钢直尺和塞尺检查
5	接缝宽度	2.0	用钢直尺检查

4. 玻璃隔墙工程

(1) 玻璃板墙工程的检查数量应符合下列规定：每个检验批应至少抽查 20%，并不得少于 6 间；不足 6 间时应全数检查。

(2) 玻璃板隔墙在轻质隔墙中用量一般不是很大，但是有些玻璃板隔墙的单块玻璃面积比较大，其安全性就很突出，因此，要对涉及安全性的部位和节点进行检查，而且每个检验批抽查的比例也有所提高。

（3）玻璃板隔墙工程所用材料的品种、规格、性能、图案和颜色应符合设计要求。玻璃板隔墙应使用安全玻璃。

检验方法：观察；检查产品合格证书、进场验收记录和性能检测报告。

（4）玻璃板隔墙的安装必须牢固；玻璃板隔墙胶垫的安装应正确。

检验方法：观察；手推检查；检查施工记录。

（5）玻璃板隔墙表面应色泽一致、平整、洁净、清晰、美观。

检验方法：观察。

（6）玻璃板隔墙接缝应横平竖直，玻璃应无裂痕、缺损和划痕。

检验方法：观察。

（7）玻璃板隔墙嵌缝及玻璃砖隔墙勾缝应密实、平整、均匀顺直、深浅一致。

检验方法：观察。

（8）玻璃板隔墙安装的允许偏差和检验方法应符合表 3-5 的规定。

玻璃板隔墙安装的允许偏差和检验方法 **表 3-5**

项次	项　目	允许偏差(mm)	检 验 方 法
1	立面垂直度	2	用 2m 垂直检测尺检查
2	表面平整度	—	用 2m 靠尺和塞尺检查
3	阴阳角方正	2	用直角检测尺检查
4	接缝直线度	2	拉 5m 线，不足 5m 拉通线，用钢直尺检查
5	接缝高低差	2	用钢直尺和塞尺检查
6	接缝宽度	1	用钢直尺检查

3.3.3 饰面板（砖）工程现场施工质量控制

1. 一般规定

（1）适用于饰面板安装、饰面砖粘贴等分项工程的质量验收。

（2）饰面板工程采用的石材有花岗石、大理石、青石板和人造石材；采用的瓷板有抛光和磨边板两种，面积不大于 1.2m^2，不小于 0.5m^2；金属饰面板有钢板、铝板等品种；木材饰面板主要用于内墙裙。陶瓷面砖主要包括釉面瓷砖、外墙面砖、陶瓷马赛克、陶瓷壁画、劈裂砖等；玻璃面砖主要包括玻璃马赛克、彩色玻璃面砖、釉面玻璃等。

（3）饰面板（砖）工程验收时应检查下列文件和记录：

1）饰面板（砖）工程的施工图、设计说明及其他设计文件；

2）材料的产品合格证书、性能检测报告、进场验收记录和复验报告；

3）后置埋件的现场拉拔检测报告；

4）隐蔽工程验收记录；

5）施工记录。

（4）饰面板（砖）工程应对下列材料及其性能指标进行复验：

1）室内用花岗石的放射性；

2）粘贴用水泥的凝结时间、安定性和抗压强度。

（5）本条仅规定对人身健康和结构安全有密切关系的材料指标进行复验。天然石材中花岗石的放射性超标的情况较多，故规定对室内用花岗石的放射性进行检测。

（6）饰面板（砖）工程应对下列隐蔽工程项目进行验收：

1）预埋件（或后置埋件）；

2）连接节点；

3）防水层。

（7）各分项工程的检验批应按下列规定划分：

1）相同材料、工艺和施工条件的室内饰面板（砖）工程每50间（大面积房间和走廊按施工面积 30m^2为一间）应划分为一个检验批，不足50间也应划分为一个检验批。

2）相同材料、工艺和施工条件的室外饰面板（砖）工程每500～1000m^2 应划分为一个检验批，不足500m^2 也应划分为一个检验批。

（8）检查数量应符合下列规定：

1）室内每个检验批应至少抽查10%，并不得少于3间；不足3间时应全数检查；

2）室外每个检验批每100m^2 应至少抽查一处，每处不得小于10m^2。

（9）饰面板（砖）工程的防震缝、伸缩缝、沉降缝等部位的处理应保证缝的使用功能和饰面的完整性。

2. 饰面板安装工程

（1）本节适用于内墙饰面板安装工程和高度不大于24m、抗震设防烈度不大于7度的外墙饰面板安装工程的质量验收。

（2）饰面板的品种、规格、颜色和性能应符合设计要求，木龙骨、木饰面板和塑料饰面板的燃烧性能等级应符合设计要求。

检验方法：观察；检查产品合格证书、进场验收记录和性能检测报告。

（3）饰面板孔、槽的数量、位置和尺寸应符合设计要求。

检验方法：检查进场验收记录和施工记录。

（4）饰面板安装工程的预埋件（或后置埋件）、连接件的数量、规格、位置、连接方法和防腐处理必须符合设计要求。后置埋件的现场拉拔强度必须符合设计要求。饰面板安装必须牢固。

本条为强制性条文。

检验方法：手扳检查；检查进场验收记录、现场拉拔检测报告、隐蔽工程验收记录和施工记录。

（5）饰面板表面应平整、洁净、色泽一致，无裂痕和缺损。石材表面应无泛碱等污染。

检验方法：观察。

（6）饰面板嵌缝应密实、平直，宽度和深度应符合设计要求，嵌填材料色泽应一致。

检验方法：观察；尺量检查。

（7）采用湿作业法施工的饰面板工程，石材应进行了碱背涂处理。饰面板与基体之间的灌注材料应饱满、密实。

检验方法：用小锤轻击检查；检查施工记录。

（8）采用传统的湿作业法安装天然石材时，由于水泥砂浆在水化时析出大量的氢氧化钙，泛到石材表面，产生不规则的花斑，俗称泛碱现象，严重影响建筑物室内外石材饰面的装饰效果。因此，在天然石材安装前，应对石材饰面采用“防碱背涂剂”进行背涂处理。

(9) 饰面板上的孔洞应套割吻合，边缘应整齐。

检验方法：观察。

(10) 饰面板安装的允许偏差和检验方法应符合表 3-6 的规定。

饰面板安装的允许偏差和检验方法 **表 3-6**

项次	项目	允许偏差(mm)								检验方法
		石材				瓷板	木材	塑料	金属	
		光面		粗面						
		国标	本工程	国标	本工程					
1	立面垂直度	2.0	2.0	3.0	3.0	2.0	1.5	2.0	2.0	用 2m 垂直检测尺检查
2	表面平整度	2.0	2.0	3.0	2.0	1.5	1.0	3.0	3.0	用 2m 靠尺和塞尺检查
3	阴阳角方正	2.0	2.0	4.0	3.0	2.0	1.5	3.0	3.0	用直角检测尺检查
4	接缝直线度	2.0	2.0	4.0	3.0	2.0	1.0	1.0	1.0	拉 5m 线，不足 5m 拉通线，用钢直尺检查
5	墙裙、勒脚上口直线度	2.0	2.0	3.0	3.0	2.0	2.0	2.0	2.0	
6	接缝高低差	0.5	0.5	3.0	2.0	0.5	0.5	1.0	1.0	用钢直尺和塞尺检查
7	接缝宽度	1.0	1.0	2.0	1.0	1.0	1.0	1.0	1.0	用钢直尺检查

附 1：石材湿贴施工质量控制要点

(1) 石材墙面工程所用材料的品种、规格、性能和等级，应符合设计要求及国家现行产品标准和工程技术规范的规定。

(2) 石材墙面的造型、立面分格、颜色、光泽、花纹和图案应符合设计要求。

(3) 石材孔、槽的数量、深度、位置、尺寸应符合设计要求。墙角的连接节点应符合设计要求和技术标准的规定。

(4) 石材墙面表面应平整、洁净，无污染、缺损和裂痕。颜色和花纹应协调一致，无明显色差，无明显修痕。

石材饰面板湿挂安装的允许偏差应和检验方法 **表 3-7**

项目	允许偏差(mm)				检验方法
	光面		粗面		
	国标	本工程	国标	本工程	
立面垂直度	2.0	2.0	3.0	3.0	用 2m 垂直检测尺检查
表面平整度	2.0	2.0	3.0	2.0	用 2m 靠尺和塞尺检查
阴阳角方正	2.0	2.0	4.0	3.0	用直角检测尺检查
接缝平直度	2.0	2.0	4.0	3.0	拉 5m 线，不足 5m 拉通线，用钢直尺检查
墙裙上口平直	2.0	2.0	3.0	3.0	拉 5m 线，不足 5m 拉通线，用钢直尺检查
接缝高低	0.5	0.5	3.0	2.0	用钢板短尺和塞尺检查
接缝宽度偏差	1.0	1.0	2.0	1.0	用钢直尺检查

（5）石材接缝应横平竖直、宽窄均匀；阴阳角石板压向应正确，板边合缝应顺直；凹凸线出墙厚度应一致，上下口应平直；石材面板上洞口、槽边应套割吻合，边缘应整齐。

（6）石材饰面板湿挂安装的允许偏差值和检验方法应符合表3-7的规定。

附2：石板材干挂施工质量控制要点

（1）大理石、花岗石等面层所用板块及基层配件的品种、质量等应符合设计要求和国家环保规定。

（2）石材干挂应考虑主体结构沉降对饰面结构的影响和破坏。

（3）石材出厂或安装前要做好六面背涂防护，火烧板等毛面石材污染渗透后不易清理。

（4）石材干挂基层钢架完工后，要严格验收合格后才能作后续的干挂施工，要有完整的隐蔽检查和验收记录。

（5）墙面上的膨胀螺栓要做拉拔试验，非镀锌钢架要做好防腐防锈，不锈钢挂件要符合质量标准。

（6）石材的不锈钢插槽开切应准确，不锈钢挂件的上口同石材切口的下口应有效接触，而不可有太大的间隙。饰面板安装必须牢固。

（7）空心砖墙上未经处理不能直接用膨胀螺钉固定干拌钢架，应用穿墙螺钉并在反面加夹钢板。

（8）石材饰面上的消防门、电子屏等的排布应同饰面分格缝协调一致，不可影响整体饰面效果。

（9）石材踢脚线安装应同基层连接牢固，踢脚线表面应洁净，高度一致、结合牢固、出墙厚度一致。

（10）受力用胶如石材背条的粘结安装必须用干挂专用结构胶（双组分AB胶）。

（11）石材饰面板干挂安装的允许偏差值和检验方法应符合表3-8的规定。

石材饰面板干挂安装的允许偏差应和检验方法　　表3-8

项目	允许偏差(mm)				检验方法
	光面		粗面		
	国标	本工程	国标	本工程	
立面垂直度	2.0	2.0	3.0	3.0	用2m垂直检测尺检查
表面平整度	2.0	2.0	3.0	2.0	用2m靠尺和塞尺检查
阴阳角方正	2.0	2.0	4.0	3.0	用直角检测尺检查
接缝平直度	2.0	2.0	4.0	3.0	拉5m线，不足5m拉通线，用钢直尺检查
墙裙上口平直	2.0	2.0	3.0	3.0	拉5m线，不足5m拉通线，用钢直尺检查
接缝高低	0.5	0.5	3.0	2.0	用钢板短尺和塞尺检查
接缝宽度偏差	1.0	1.0	2.0	1.0	用钢直尺检查

附3：面砖湿贴饰面施工质量控制要点

（1）饰面砖的品种、规格、图案颜色和性能应符合设计要求。

（2）饰面砖粘贴工程的找平、防水、粘结和勾缝材料及施工方法应符合设计要求及国家现行产品标准和工程技术标准的规定。

(3) 饰面砖粘贴必须牢固。

(4) 满粘法施工的饰面砖工程应无空鼓、裂缝。

(5) 饰面砖表面应平整、洁净、色泽一致，无裂痕和缺损。

(6) 阴阳角处搭接方式、非整砖使用部位应符合设计要求。

(7) 墙面突出物周围的饰面砖应整砖套割吻合，边缘应整齐。墙裙、贴脸突出墙面厚度应一致。

(8) 饰面砖接缝应平直、光滑，填嵌应连续、密实；宽度和深度应符合设计要求。

(9) 有排水要求的部位应做滴水线（槽）。滴水线（槽）应顺直，流水坡向应正确，坡度应符合设计要求。

(10) 饰面砖粘贴的允许偏差和检查方法应符合表 3-9 的规定。

饰面砖粘贴的允许偏差和检验方法 **表 3-9**

项次	项目	允许偏差(mm)		检验方法
		外墙面砖	内墙面砖	
1	立面垂直度	3.0	2.0	用 2m 垂直检测尺检查
2	表面平整度	4.0	3.0	用 2m 靠尺和塞尺检查
3	阴阳角方正	3.0	3.0	用直角检测尺检查
4	接缝干线度	3.0	2.0	拉 5m 线，不足 5m 拉通线，用钢直尺检查
5	接缝高低差	1.0	0.5	用钢直尺和塞尺检查
6	接缝宽度	1.0	1.0	用钢直尺检查

附 4：金属饰面板施工质量控制要点

(1) 金属饰面板排板分格布置时，应根据深化设计规格尺寸并与现场实际尺寸相符合，兼顾门、窗、设备、箱盒的位置避免出现阴阳板、分格不均等现象，影响金属饰面板整体观感效果。按排板图画出龙骨上插挂件的安装位置，用自攻螺钉将插挂件固定于龙骨上，并确保与板上插挂件的位置吻合，固定牢固。

(2) 龙骨插挂件安装完毕后，全面检验固定的牢固性及龙骨整体垂直度、平整度。并检验、修补防腐，对金属件及破损的防腐涂层补刷防锈漆。

(3) 金属饰面板安装中，板块缝之间塞填同等厚度的铝垫片以保证缝隙宽度均匀一致。并应采取边安装、边调整垂直度、水平度、接缝宽度和临板高低差，以保证整体施工质量。

(4) 对于室内小面积的金属饰面板墙面可采用胶粘法施工，胶粘法施工可采用木质骨架。先在木骨架上固定一层细木工板，以保证墙面的平整度和刚度，然后用胶直接将金属板面粘贴在细木工板上。粘贴时胶应涂抹均匀，使饰面板粘结牢固。

(5) 板缝打胶：金属饰面板全部装完后，在板缝内填塞泡沫棒，胶缝两边粘好胶纸，然后用硅酮耐候密封胶封闭。注胶时应调节好胶枪嘴的大小和角度，注胶应均匀、连续、饱满。嵌缝胶打完后，及时用空胶瓶的弧边将胶缝挤压密实并形成凹弧面，最后清理两边的胶纸，清余胶。

(6) 板面清洁：在拆架子前将保护膜撕掉，用脱胶剂清除胶痕并用中性清洗剂清洗板面。

（7）雨期施工各种饰面材料的运输、搬运、存放，均应采取防雨、防潮措施，以防发生霉变、生锈、变形等现象。

（8）冬季注胶作业环境温度应控制在 5℃以上，结构胶粘结施工时，环境温度不宜低于 10℃。

（9）金属饰面板和安装辅料的品种、规格、质量、形状、颜色、花型、线条和性能，应符合设计要求。

（10）金属饰面板孔、槽数量、位置和尺寸应符合设计要求。

（11）金属饰面板安装工程预埋件或后置埋件、连接件的数量、规格、位置、连接方法和防腐处理必须符合设计要求。安装必须牢固。后置埋件的现场拉拔检测值必须符合设计要求。

（12）金属饰面板表面应平整、洁净、美观、色泽一致，无划痕、麻点、凹坑、翘曲、褶皱、损伤，收口条割角整齐，搭接严密，无缝隙。

（13）金属饰面板加工的允许偏差值应符合表 3-10 的规定。

（14）金属饰面板安装的允许偏差值和检验方法应符合表 3-11 的规定。

金属饰面板加工允许偏差表

表 3-10

项　目		允许偏差(mm)
边长	≤2000	±2.0
	>2000	±2.5
对边尺寸	≤2000	≤2.5
	>2000	≤3.0
对角线尺寸	≤2000	2.5
	>2000	3.0
折弯高度		≤1.0
平面度		≤2/2000
孔的中心距		±1.5

金属饰面板安装允许偏差和检验方法　　表 3-11

项目	允许偏差(mm)		检验方法
	国标	本工程	
立面垂直度	2.0	2.0	用 2m 垂直检测尺或红外线检查
表面平整度	3.0	2.0	用 2m 垂直检测尺和楔形塞尺检查
阴阳角方正	3.0	3.0	用直角检测尺检查
接缝直线度	1.0	0.5	拉 5m 线，不足 5m 拉通线，用钢尺检查
墙裙、勒脚上口直线度	2.0	1.0	
接缝高低差	1.0	0.5	用钢直尺和塞尺检查
接缝宽度	1.0	0.5	用钢直尺检查

附 5：木饰面施工质量控制要点

控制木制品饰面施工质量，主要对木饰面的形状、基层骨架安装和木饰面安装三方面进行。本工程按照木饰面基层骨架和木饰面面层安装允许偏差的“高级”值要求。

（1）木饰面的形状允许偏差和检查方法应符合表 3-12 的规定。

（2）木饰面基层骨架安装允许偏差和检查方法应符合表 3-13 的规定。

（3）木饰面面层安装允许偏差和检查方法应符合表 3-14 的规定。

木饰面形状和位置允许偏差和检验方法 **表 3-12**

名称	公称范围(mm)	允许偏差	检 验 方 法
翘曲度	对角线长度＜700	≤1.0	应采用误差不大于 0.1mm 的翘曲度测定器具。测定时，将器具放置在试件的对角线上，测量试件中点与基准直线的距离，以其中一个最大值为翘曲度评定值
	≥700 对角线长度＜1400	≤2.0	
	对角线长度≥1400	≤3.0	
平整度	表面任意点	≤0.2	1m 靠尺和塞尺
位差度	相邻面板间前后、左右、上下错位量	≤1.0	
邻边垂直度	对角线长度＜1000	≤2.0	
	对角线长度≥1000	≤3.0	2m 靠尺和塞尺
高度、宽度	加工完成后零部件边长	±1.0	3m 卷尺
厚度	加工完成零部件后厚度	±0.5	游标卡尺
角度	零件加工角度、面板组合角度	±1°	角规

基层骨架安装允许偏差和检验方法 **表 3-13**

项目	允许偏差(mm)		检 验 方 法
	高级	普通	
立面垂直度	2.0	3.0	2m 垂直检查尺
表面平整度	2.0	3.0	2m 靠尺和塞尺
阴阳角方正	2.0	3.0	直角检查尺
接缝直线度	2.0	3.0	拉 5m 线(不足 5m 拉通线)，钢直尺检查
压条直线度	2.0	3.0	
接缝高低差	1.0	1.0	钢直尺和塞尺

木饰面面层安装允许偏差和检查方法 **表 3-14**

项目	允许偏差(mm)		检 验 方 法
	高级	普通	
立面垂直度	1.0	1.5	2m 垂直检查尺
表面平整度	1.0	1.0	2m 靠尺和塞尺
阴阳角方正	1.0	1.5	直角检查尺
接缝直线度	1.0	1.0	拉 5m 线(不足 5m 拉通线)，钢直尺检查
墙裙、勒脚上口直线度	1.5	2.0	
接缝高低差	0.5	1.0	钢直尺和塞尺
接缝宽度	1.0	1.0	钢直尺

3.3.4 地面工程现场施工质量控制流程

1. 一般规定

（1）建筑地面工程子分部工程、分项工程的划分应按表 3-15 的规定执行。

（2）从事建筑地面工程施工的建筑施工企业应有质量管理体系和相应的施工工艺技术

标准。

(3) 建筑地面工程采用的材料或产品应符合设计要求和国家现行有关标准的规定。无国家现行标准的，应具有省级住房和城乡建设行政主管部门的技术认可文件。

材料或产品进场时还应符合下列规定：

1) 应有质量合格证明文件；

2) 应对型号、规格、外观等进行验收，对重要材料或产品应抽样进行复验。

本条为强制性条文。

主要是控制进场材料的质量，提出建筑地面工程的所有材料或产品均应有质量合格证明文件，以防假冒产品，并强调按规定进行抽样检测和做好检验记录，严把材料进场的质量关。

建筑地面工程子分部工程、分项工程的划分表 **表 3-15**

分部工程	子分部工程		分项工程
建筑装饰装修工程	地面	整体面层	基层：基土、灰土垫层、砂垫层和砂石垫层、碎石垫层和碎砖垫层、三合土及四合土垫层、炉渣垫层、水泥混凝土垫层和陶粒混凝土垫层、找平层、隔离层、填充层、绝热层
			面层：水泥混凝土面层、水泥砂浆面层、水磨石面层、硬化耐磨面层、防油渗面层、不发火(防爆)面层、自流平面层、涂料面层、塑胶面层、地面辐射供暖
		板块面层	基层：基土、灰土垫层、砂垫层和砂石垫层、碎石垫层和碎砖垫层、三合土及四合土垫层、炉渣垫层、水泥混凝土垫层和陶粒混凝土垫层、找平层、隔离层、填充层、绝热层
			面层：砖面层(陶瓷锦砖、缸砖、陶瓷地砖和水泥花砖面层)、大理石面层和花岗石面层、预制板块面层(水泥混凝土板块、水磨石板块、人造石板块面层)、料石面层(条石、块石面层)、塑料板面层、活动地板面层、金属板面层、地毯面层、地面辐射供暖
		木竹面层	基层：基土、灰土垫层、砂垫层和砂石垫层、碎石垫层和碎砖垫层、三合土及四合土垫层、炉渣垫层、水泥混凝土垫层和陶粒混凝土垫层、找平层、隔离层、填充层、绝热层
			面层：实木地板、实木集成地板、竹地板面层(条材、块材面层)、实木复合地板面层(条材、块材面层)、浸渍纸层压木质地板面层(条材、块材面层)、软木类地板面层(条材、块材面层)、地面辐射供暖

为配合推动建筑新材料、新技术的发展，规定暂时没有国家现行标准的建筑地面材料或产品也可进场使用，但必须持有建筑地面工程所在地的省级住房和城乡建设行政主管部门的技术认可文件。文中所提“质量合格证明文件”是指：随同进场材料或产品一同提供的、有效的中文质量状况证明文件。通常包括型式检验报告、出厂检验报告、出厂合格证等。进口产品还应包括出入境商品检验合格证明。

(4) 建筑地面工程采用的大理石、花岗石、料石等天然石材以及砖、预制板块、地毯、人造板材、胶粘剂、涂料、水泥、砂、石、外加剂等材料或产品应符合国家现行有关室内环境污染控制和放射性、有害物质限量的规定。

材料进场时应具有检测报告。建筑地面工程采用的各种材料或产品除应符合设计要求外，还应符合现行国家标准《民用建筑工程室内环境污染控制规范》GB 50325、《建筑材料放射性核素限量》GB 6566、《室内装饰装修材料 人造板及其制品中甲醛释放限量》

GB 18580、《室内装饰装修材料　溶剂型木器涂料中有害物质限量》GB 18581、《室内装饰装修材料　胶粘剂中有害物质限量》GB 18583、《室内装饰装修材料　聚氯乙烯卷材地板中有害物质限量》GB 18586、《室内装饰装修材料　地毯、地毯衬垫及地毯胶粘剂有害物质释放限量》GB 18587 和现行行业标准《建筑防水涂料中有害物质限量》JC 1066、《进口石材放射性检验规程》SN/T 2057 及其他现行有关放射性和有害物质限量方面的规定。检查材料进场检测报告时，查看检测报告是否有符合以上相关标准的要求，既无指标，又无检测结果的，说明未对相关指标进行检测，应现场抽样检测。

(5) 厕浴间和有防滑要求的建筑地面应符合设计防滑要求。

本条为强制性条文。

为了满足浴厕间和有防滑要求的建筑地面的使用功能要求，防止使用时对人体造成伤害，当设计要求进行抗滑检测时，可参照建筑工业产品行业标准《人行路面砖抗滑性检测方法》的规定执行，编者查询了有关标准，该标准 2008 年就列入建设部归口工业产品行业标准制定、修订计划，并于 2009 年 7 月有征求意见稿，至今未见该标准的发布。当确需检测时，应由检测机构查找相关检测方法标准。

(6) 建筑地面工程基层（各构造层）和面层的铺设，均应待其下一层检验合格后方可施工上一层。建筑地面工程各层铺设前与相关专业的分部（子分部）工程、分项工程以及设备管道安装工程之间，应进行交接检验。当不能满足环境温度施工时，应采取相应的技术措施。

(7) 建筑地面的变形缝应按设计要求设置，并应符合下列规定：

1) 建筑地面的沉降缝、伸缩缝和防震缝，应与结构相应缝的位置一致，且应贯通建筑地面的各构造层；

2) 沉降缝和防震缝的宽度应符合设计要求，缝内清理干净，以柔性密封材料填嵌后用板封盖，并应与面层齐平。

(8) 当建筑地面采用镶边时，应按设计要求设置并应符合下列规定：

1) 有强烈机械作用下的水泥类整体面层与其他类型的面层邻接处，应设置金属镶边构件；

2) 具有较大振动或变形的设备基础与周围建筑地面的邻接处，应沿设备基础周边设置贯通建筑地面各构造层的沉降缝（防震缝），缝的处理应执行第 7 条的规定；

3) 采用水磨石整体面层时，应用同类材料镶边，并用分格条进行分格；

4) 条石面层和砖面层与其他面层邻接处，应用顶铺的同类材料镶边；

5) 采用木、竹面层和塑料板面层时，应用同类材料镶边；

6) 地面面层与管沟、孔洞、检查井等邻接处，均应设置镶边；

7) 管沟、变形缝等处的建筑地面面层的镶边构件，应在面层铺设前装设；

8) 建筑地面的镶边宜与柱、墙面或踢脚线的变化协调一致。

(9) 厕浴间、厨房和有排水（或其他液体）要求的建筑地面面层与相连接各类面层的标高差应符合设计要求。

本条为强制性条文。

强调了相邻面层的标高差的重要性和必要性，以防止有排水的建筑地面面层水倒泄入相邻面层，影响正常使用。

(10) 检验同一施工批次、同一配合比水泥混凝土和水泥砂浆强度的试块，应按每一层（或检验批）建筑地面工程不少于1组。当每一层（或检验批）建筑地面工程面积大于$1000m^2$时，每增加$1000m^2$应增做1组试块；小于$1000m^2$按$1000m^2$计算，取样1组；检验同一施工批次、同一配合比的散水、明沟、踏步、台阶、坡道的水泥混凝土、水泥砂浆强度的试块，应按每150延长米不少于1组。

(11) 各类面层的铺设宜在室内装饰工程基本完工后进行。木、竹面层、塑料板面层、活动地板面层、地毯面层的铺设，应待抹灰工程、管道试压等完工后进行。

(12) 建筑地面工程施工质量的检验，应符合下列规定：

1) 基层（各构造层）和各类面层的分项工程的施工质量验收应按每一层次或每层施工段（或变形缝）划分检验批，高层建筑的标准层可按每3层（不足3层按3层计）划分检验批。

2) 每检验批应以各子分部工程的基层（各构造层）和各类面层所划分的分项工程按自然间（或标准间）检验，抽查数量应随机检验不应少于3间；不足3间，应全数检查；其中走廊（过道）应以10延长米为1间，工业厂房（按单跨计）、礼堂、门厅应以两个轴线为1间计算。

3) 有防水要求的建筑地面子分部工程的分项工程施工质量每检验批抽查数量应按其房间总数随机检验不应少于4间，不足4间，应全数检查。

(13) 建筑地面工程的分项工程施工质量检验的主控项目，应达到本规范规定的质量标准，认定为合格；一般项目80%以上的检查点（处）符合本规范规定的质量要求，其他检查点（处）不得有明显影响使用，且最大偏差值不超过允许偏差值的50%为合格。凡达不到质量标准时，应按现行国家标准《建筑工程施工质量验收统一标准》GB 50300的规定处理。

(14) 建筑地面工程的施工质量验收应在建筑施工企业自检合格的基础上，由监理单位或建设单位组织有关单位对分项工程、子分部工程进行检验。

(15) 检验方法应符合下列规定：

1) 检查允许偏差应采用钢尺、1m直尺、2m直尺、3m直尺、2m靠尺、楔形塞尺、坡度尺、游标卡尺和水准仪。

2) 检查空鼓应采用敲击的方法。

3) 检查防水隔离层应采用蓄水方法，蓄水深度最浅处不得小于10mm，蓄水时间不得少于24h；检查有防水要求的建筑地面的面层应采用泼水方法。

4) 检查各类面层（含不需铺设部分或局部面层）表面的裂纹、脱皮、麻面和起砂等缺陷，应采用观感的方法。这是常规检查方法，不排除新的工具和检验办法。

(16) 建筑地面工程完工后，应对面层采取保护措施。

2. 找平层

(1) 找平层宜采用水泥砂浆或水泥混凝土铺设。当找平层厚度小于30mm时，宜用水泥砂浆做找平层；当找平层厚度不小于30mm时，宜用细石混凝土做找平层。

(2) 找平层铺设前，当其下一层有松散填充料时，应予铺平振实。

(3) 有防水要求的建筑地面工程，铺设前必须对立管、套管和地漏与楼板节点之间进行密封处理。并应进行隐蔽验收；排水坡度应符合设计要求。

本条为强制性条文。

(4) 在预制钢筋混凝土板上铺设找平层前，板缝填嵌的施工应符合下列要求：

1) 预制钢筋混凝土板相邻缝底宽不应小于 20mm。

2) 填嵌时，板缝内应清理干净，保持湿润。

3) 填缝应采用细石混凝土，其强度等级不应小于 C20。填缝高度应低于板面 10～20mm，且振捣密实；填缝后应养护。当填缝混凝土的强度等级达到 C15 后方可继续施工。当板缝底宽大于 40mm 时，应按设计要求配置钢筋。

(5) 在预制钢筋混凝土板上铺设找平层时，其板端应按设计要求做防裂的构造措施。

主控项目

(6) 找平层采用碎石或卵石的粒径不应大于其厚度的 2/3，含泥量不应大于 2%；砂为中粗砂，其含泥量不应大于 3%。

检验方法：观察检查和检查质量合格证明文件。

检查数量：同一工程、同一强度等级、同一配合比检查一次。

(7) 水泥砂浆体积比、水泥混凝土强度等级应符合设计要求，且水泥砂浆体积比不应小于 1：3（或相应强度等级）；水泥混凝土强度等级不应小于 C15。

检验方法：观察检查和检查配合比试验报告、强度等级检测报告。

检查数量：配合比试验报告按同一工程、同一强度等级、同一配合比检查一次；强度等级检测报告按楼、地面工程一般规定第 10 条的规定检查。

(8) 有防水要求的建筑地面工程的立管、套管、地漏处不应渗漏，坡向应正确、无积水。

检验方法：观察检查和蓄水、泼水检验及坡度尺检查。

检查数量：按楼、地面工程一般规定第 12 条的规定的检验批检查。蓄水 24h，深度不小于 10mm。

(9) 有防静电要求的整体面层的找平层施工前，其下敷设的导电地网系统应与接地引下线和地下接电体有可靠连接，经电性能检测且符合相关要求后进行隐蔽工程验收。

检验方法：观察检查和检查质量合格证明文件。

检查数量：按楼、地面工程一般规定第 12 条的规定的检验批检查。

有防静电要求的整体面层的找平层施工时，宜在已敷设好导电地网的基层上涂刷混凝土界面剂或用水湿润基面，再用掺入复合导电粉的干性水泥砂浆均匀铺设于导电地网上，确保找平层的平整和密实。

一般项目

(10) 找平层与其下一层结合应牢固，不应有空鼓。

检验方法：用小锤轻击检查。

检查数量：按楼、地面工程一般规定第 12 条规定的检验批检查。

(11) 找平层表面应密实，不应有起砂、蜂窝和裂缝等缺陷。

检验方法：观察检查。

检查数量：按楼、地面工程一般规定第 12 条规定的检验批检查。

(12) 找平层的表面允许偏差应符合表 3-16 的规定。

检验方法：按上表中的检验方法检验。

检查数量：按楼、地面工程一般规定第 12 条规定的检验批和第 13 条的规定检查。

基层表面的允许偏差和检验方法　　表 3-16

项次	项目	允许偏差												检验方法
		基土	垫层			找平层					填充层		隔离层	
						毛地板								
		土	砂、砂石、碎石、碎砖	灰土、三合土、炉渣、水泥、混凝土	木格栅	拼花实木地板、拼花实木复合地板面层	其他种类面层	用沥青玛脂做结合层铺设拼花木板、板块面层	用水泥砂浆做结合层铺设板块面层	用胶粘剂做结合层铺设拼花木板、塑料板、强化复合地板、竹地板面层	松散材料	板、块材料	防水、防潮、防油渗	
1	表面平整度	15	15	10	3	3	5	3	5	2	7	5	3	用 2m 靠尺和楔形塞尺检查
2	标高	0～50	±20	±10	±5	±5	±8	±5	±8	±4	±4		±4	用水准仪检查
3	坡度	≤房间相应尺寸的 2/1000，且≤30												用坡度尺检查
4	厚度	个别地方≤设计厚度的 1/10												ZQ 用钢尺检查

水泥类找平层强度、厚度、配比参考表见表 3-17。

水泥类找平层强度、厚度、配比参考表　　表 3-17

找平层材料	强度等级或配合比	厚度(mm)
水泥砂浆	1∶2～1∶3	15～30
细石混凝土	C20	30～50

3. 隔离层

（1）隔离层材料的防水、防油渗性能应符合设计要求。

（2）隔离层的铺设层数（或道数）、上翻高度应符合设计要求。有种植要求的地面隔离层的防根穿刺等应符合现行行业标准《种植屋面工程技术规程》JGJ 155 的有关规定。

（3）在水泥类找平层上铺设卷材类、涂料类防水、防油渗隔离层时，其表面应坚固、洁净、干燥。铺设前，应涂刷基层处理剂。基层处理剂应采用与卷材性能相容的配套材料或采用与涂料性能相容的同类涂料的底子油。对于可带水作业的新型防水材料，其对基层的干燥度要求应符合产品的技术要求。

（4）当采用掺有防渗外加剂的水泥类隔离层时，其配合比、强度等级、外加剂的复合掺量等应符合设计要求。

（5）铺设隔离层时，在管道穿过楼板面四周，防水、防油渗材料应向上铺涂，并超过套管的上口；在靠近柱、墙处，应高出面层 200～300mm 或按设计要求的高度铺涂。阴阳角和管道穿过楼板面的根部应增加铺涂附加防水、防油渗隔离层。

（6）隔离层兼作面层时，其材料不得对人体及环境产生不利影响，并应符合现行国家标准《食品安全性毒理学评价程序和方法》GB 15193.1 和《生活饮用水卫生标准》GB 5749 的有关规定。

(7) 防水隔离层铺设后，应按楼、地面工程一般规定第15条的规定进行蓄水检验，并做记录。

(8) 隔离层施工质量检验还应符合现行国家标准《屋面工程施工质量验收规范》GB 50207的有关规定。

主控项目

(9) 隔离层材料应符合设计要求和国家现行有关标准的规定。

检验方法：观察检查和检查型式检验报告、出厂检验报告、出厂合格证。

检查数量：同一工程、同一材料、同一生产厂家、同一型号、同一规格、同一批号检查一次。

(10) 卷材类、涂料类隔离层材料进入施工现场，应对材料的主要物理性能指标进行复验。

检验方法：检查复验报告。

检查数量：执行现行国家标准《屋面工程质量验收规范》GB 50207的有关规定。

(11) 厕浴间和有防水要求的建筑地面必须设置防水隔离层。楼层结构必须采用现浇混凝土或整块预制混凝土板。混凝土强度等级不应小于C20；房间的楼板四周除门洞外应做混凝土翻边，高度不应小于200mm，宽同墙厚，混凝土强度等级不应小于C20。施工时结构层标高和预留孔洞位置应准确。严禁乱凿洞。

检验方法：观察和钢尺检查。

检查数量：按楼、地面工程一般规定第12条规定的检验批检查。

本条为强制性条文。

为了防止厕浴间和有防水要求的建筑地面发生渗漏，对楼层结构提出了确保质量的规定，并提出了检验方法、检查数量。

(12) 水泥类防水隔离层的防水等级和强度等级应符合设计要求。

检验方法：观察检查和检查防水等级检测报告、强度等级检测报告。

检查数量：防水等级检测报告、强度等级检测报告均按第10条的规定检查。

(13) 防水隔离层严禁渗漏，排水的坡向应正确、排水通畅。

检验方法：观察检查和蓄水、泼水检验、坡度尺检查及检查验收记录。

检查数量：按楼、地面工程一般规定第12条规定的检验批检查。

本条为强制性条文。严格规定了防水隔离层的施工质量要求和检验方法、检查数量。

一般项目

(14) 隔离层厚度应符合设计要求。

检验方法：观察检查和用钢尺、卡尺检查。

检查数量：按楼、地面工程一般规定第12条规定的检验批检查。对于涂膜防水隔离层，其平均厚度应符合设计要求，最小厚度不得小于设计厚度的80%，检验方法可采取针刺法或割取20mm×20mm的实样用卡尺测量。

(15) 隔离层与其下一层应粘结牢固，不应有空鼓；防水涂层应平整、均匀，无脱皮、起壳、裂缝、鼓泡等缺陷。

检验方法：用小锤轻击检查和观察检查。

检查数量：按楼、地面工程一般规定第12条规定的检验批检查。

（16）隔离层表面的允许偏差应符合表 3-16 的规定。

检验方法：按表 3-16 中的检验方法检验。

检查数量：按楼、地面工程一般规定第 12 条规定的检验批和第 13 条的规定检查。

4. 水泥砂浆面层

（1）水泥砂浆面层的厚度应符合设计要求。

主控项目

（2）水泥宜采用硅酸盐水泥、普通硅酸盐水泥，不同品种、不同强度等级的水泥不应混用；砂应为中粗砂，当采用石屑时，其粒径应为 1～5mm，且含泥量不应大于 3%；防水水泥砂浆采用的砂或石屑，其含泥量不应大于 1%。

检验方法：观察检查和检查质量合格证明文件。

检查数量：同一工程、同一强度等级、同一配合比检查一次。

（3）防水水泥砂浆中掺入的外加剂的技术性能应符合国家现行有关标准的规定，外加剂的品种和掺量应经试验确定。

检验方法：观察检查和检查质量合格证明文件、配合比试验报告。

检查数量：同一工程、同一强度等级、同一配合比、同一外加剂品种、同一掺量检查一次。

（4）水泥砂浆的体积比（强度等级）应符合设计要求，且体积比应为 1∶2，强度等级不应小于 M15。

检验方法：检查强度等级检测报告。

检查数量：按本规范第 10 条的规定检查。

（5）有排水要求的水泥砂浆地面，坡向应正确、排水通畅；防水水泥砂浆面层不应渗漏。

检验方法：观察检查和蓄水、泼水检验或坡度尺检查及检查检验记录。

检查数量：按楼、地面工程一般规定第 12 条规定的检验批检查。

（6）面层与下一层应结合牢固，且应无空鼓和开裂。当出现空鼓时，空鼓面积不应大于 $400cm^2$，且每自然间或标准间不应多于 2 处。

检验方法：观察和用小锤轻击检查。

检查数量：按楼、地面工程一般规定第 12 条规定的检验批检查。

一般项目

（7）面层表面的坡度应符合设计要求，不应有倒泛水和积水现象。

检验方法：观察和采用泼水或坡度尺检查。

检查数量：按楼、地面工程一般规定第 12 条规定的检验批检查。

（8）面层表面应洁净，不应有裂纹、脱皮、麻面、起砂等现象。

检验方法：观察检查。

检查数量：按楼、地面工程一般规定第 12 条规定的检验批检查。

（9）踢脚线与柱、墙面应紧密结合，踢脚线高度及出柱、墙厚度应符合设计要求且均匀一致。当出现空鼓时，局部空鼓长度不应大于 300mm，且每自然间或标准间不应多于 2 处。

检验方法：用小锤轻击、钢尺和观察检查。

检查数量：按楼、地面工程一般规定第 12 条规定的检验批检查。

(10) 楼梯、台阶踏步的宽度、高度应符合设计要求。楼层梯段相邻踏步高度差不应大于 10mm；每踏步两端宽度差不应大于 10mm，旋转楼梯梯段的每踏步两端宽度的允许偏差不应大于 5mm。踏步面层应做防滑处理，齿角应整齐，防滑条应顺直、牢固。

检验方法：观察和用钢尺检查。

检查数量：按楼、地面工程一般规定第 12 条规定的检验批检查。

(11) 水泥砂浆面层的允许偏差应符合表 3-18 的规定。

整体面层的允许偏差和检验方法 **表 3-18**

项次	项目	允许偏差(mm)									检验方法
		水泥混凝土面层	水泥砂浆面层	普通水磨石面层	高级水磨石面层	水泥钢(铁)屑面层	防油渗混凝土和不发火(防爆的)面层	自流平面层	涂料面层	塑胶面层	
1	表面平整度	5	4	3	2	4	5	2	2	2	用 2m 靠尺和楔形塞尺检查
2	踢脚线上口平直	4	4	3	3	4	4	3	3	3	拉 5m 线和用钢尺检查
3	缝格平直	3	3	3	2	3	3	2	2	2	

检验方法：按表 3-18 中的检验方法检验。

检查数量：按楼、地面工程一般规定第 12 条规定的检验批和第 13 条的规定检查。

5. 硬化耐磨面层

(1) 硬化耐磨面层应采用金属渣、屑、纤维或石英砂、金刚砂等，并应与水泥类胶凝材料拌和铺设或在水泥类基层上撒布铺设。

(2) 硬化耐磨面层采用拌和料铺设时，拌和料的配合比应通过试验确定；采用撒布铺设时，耐磨材料的撒布量应符合设计要求，且应在水泥类基层初凝前完成撒布。

(3) 硬化耐磨面层采用拌和料铺设时，宜先铺设一层强度等级不小于 M15、厚度不小于 20mm 的水泥砂浆，或水灰比宜为 0.4 的素水泥浆结合层。

(4) 硬化耐磨面层采用拌和料铺设时，铺设厚度和拌和料强度应符合设计要求。当设计无要求时，水泥钢（铁）屑面层铺设厚度不应小于 30mm，抗压强度不应小于 40MPa；水泥石英砂浆面层铺设厚度不应小于 20mm，抗压强度不应小于 30MPa；钢纤维混凝土面层铺设厚度不应小于 40mm，抗压强度不应小于 40MPa。

(5) 硬化耐磨面层采用撒布铺设时，耐磨材料应撒布均匀，厚度应符合设计要求；混凝土基层或砂浆基层的厚度及强度应符合设计要求。当设计无要求时，混凝土基层的厚度不应小于 50mm，强度等级不应小于 C25；砂浆基层的厚度不应小于 20mm，强度等级不应小于 M15。

(6) 硬化耐磨面层分格缝的间距及缝深、缝宽、填缝材料应符合设计要求。

(7) 硬化耐磨面层铺设后应在湿润条件下静置养护，养护期限应符合材料的技术要求。

(8) 硬化耐磨面层应在强度达到设计强度后方可投入使用。

主控项目

(9) 硬化耐磨面层采用的材料应符合设计要求和国家现行有关标准的规定。

检验方法：观察检查和检查质量合格证明文件。

检查数量：采用拌和料铺设的，按同一工程、同一强度等级检查一次；采用撒布铺设的，按同一工程、同一材料、同一生产厂家、同一型号、同一规格、同一批号检查一次。

(10) 硬化耐磨面层采用拌和料铺设时，水泥的强度不应小于 42.5MPa。金属渣、屑、纤维不应有其他杂质，使用前应去油除锈、冲洗干净并干燥；石英砂应用中粗砂，含泥量不应大于 2%。

检验方法：观察检查和检查质量合格证明文件。

检查数量：同一工程、同一强度等级检查一次。

(11) 硬化耐磨面层的厚度、强度等级、耐磨性能应符合设计要求。

检验方法：用钢尺检查和检查配合比试验报告、强度等级检测报告、耐磨性能检测报告。

检查数量：厚度按楼、地面工程一般规定第 12 条规定的检验批检查；配合比试验报告按同一工程、同一强度等级、同一配合比检查一次；强度等级检测报告按楼、地面工程一般规定第 10 条的规定检查；耐磨性能检测报告按同一工程抽样检查一次。硬化耐磨面层的耐磨性能检验应由检测机构按现行国家标准《无机地面材料耐磨性能试验方法》GB/T 12988—2009 的规定执行，验收时应检查检测报告。

(12) 面层与基层（或下一层）结合应牢固，且应无空鼓、裂缝。当出现空鼓时，空鼓面积不应大于 400cm，且每自然间或标准间不应多于 2 处。

检验方法：观察和用小锤轻击检查。

检查数量：按楼、地面工程一般规定第 12 条规定的检验批检查。

一般项目

(13) 面层表面坡度应符合设计要求，不应有倒泛水和积水现象。

检验方法：观察和采用泼水或用坡度尺检查。

检查数量：按楼、地面工程一般规定第 12 条规定的检验批检查。

(14) 面层表面应色泽一致，切缝应顺直，不应有裂纹、脱皮、麻面、起砂等缺陷。

检验方法：观察检查。

检查数量：按楼、地面工程一般规定第 12 条规定的检验批检查。

(15) 踢脚线与柱、墙面应紧密结合，踢脚线高度及出柱、墙厚度应符合设计要求且均匀一致。当出现空鼓时，局部空鼓长度不应大于 300mm，且每自然间或标准间不应多于 2 处。

检验方法：用小锤轻击、钢尺和观察检查。

检查数量：按楼、地面工程一般规定第 12 条规定的检验批检查。

(16) 硬化耐磨面层的允许偏差应符合上表的规定。

检验方法：按上表中的检查方法检查。

检查数量：按楼、地面工程一般规定第 12 条规定的检验批和第 13 条的规定检查。

6. 饰面砖地面

主控项目

(1) 面层所用的板块的品种、质量必须符合设计要求。

检验方法；观察检查和检查材质合格证明文件及检测报告。

(2) 面层与下一层的结合（粘结）应牢固，无空鼓。

检验方法：用小锤轻击检查。

一般项目

(3) 砖面层的表面应洁净、图案清晰，色泽一致，接缝平整，深浅一致，周边顺直。板块无裂纹、掉角和缺楞等缺陷。

检验方法：观察检查。

(4) 面层邻接处的镶边用料及尺寸应符合设计要求，边角整齐、光滑。

检验方法：观察和用钢尺检查。

(5) 踢脚线表面应洁净、高度一致、结合牢固、出墙厚度一致。

检验方法：观察和用小锤轻击及钢尺检查。

(6) 楼梯踏步和台阶板块的缝隙宽度应一致、齿角整齐；楼层梯段相邻踏步高度差不应大于 10mm；防滑条顺直。

检验方法：观察和用钢尺检查。

(7) 面层表面的坡度应符合设计要求，不倒泛水、无积水；与地漏、管道结合处应严密牢固，无渗漏。检验方法：观察、泼水或坡度尺及蓄水检查。

(8) 砖面层的允许偏差及检验方法应符合表 3-19 的规定。

砖面层的允许偏差和检验方法表 **表 3-19**

项次	项 目	允许偏差(mm)				检验方法
		陶瓷马赛克	缸 砖	陶瓷地砖	水泥花砖	
1	表面平整度	2.0	4.0	2.0	3.0	用 2m 靠尺和塞尺检查
2	缝格平直	3.0	3.0	3.0	3.0	拉 5m 线和用钢直尺检查
3	接缝高低差	0.5	1.5	0.5	0.5	用钢直尺和塞尺检查
4	踢脚上口平直	3.0	4.0	3.0	—	拉 5m 线和用钢直尺检查
5	板块间隙宽度	2.0	2.0	2.0	2.0	用钢直尺检查

7. 石材面层

(1) 石材面层采用天然大理石、花岗石（或碎拼大理石、碎拼花岗石）板材，应在结合层上铺设。鉴于大理石为石灰岩，用于室外易风化；磨光板材用于室外地面易滑伤人。因此，未经防滑处理的磨光大理石、磨光花岗石板材不得用于散水、踏步、台阶、坡道等地面工程。

(2) 板材有裂缝、掉角、翘曲和表面有缺陷时应予剔除，品种不同的板材不得混杂使用；在铺设前，应根据石材的颜色、花纹、图案、纹理等按设计要求，试拼编号。

(3) 铺设大理石、花岗石面层前，板材应浸湿、晾干；结合层与板材应分段同时铺设。

主控项目

(4) 石材面层所用板块产品应符合设计要求和国家现行有关标准的规定。

检验方法：观察检查和检查质量合格证明文件。

检查数量：同一工程、同一材料、同一生产厂家、同一型号、同一规格、同一批号检查一次。

（5）石材面层所用板块产品进入施工现场时，应有放射性限量合格的检测报告。

检验方法：检查检测报告。

检查数量：同一工程、同一材料、同一生产厂家、同一型号、同一规格、同一批号检查一次。

（6）面层与下一层应结合牢固，无空鼓（单块板块边角允许有局部空鼓，但每自然间或标准间的空鼓板块不应超过总数的5%）。

检验方法：用小锤轻击检查。

检查数量：按楼、地面工程一般规定第12条规定的检验批检查。

一般项目

（7）石材面层铺设前，板块的背面和侧面应进行防碱处理。

检验方法：观察检查和检查施工记录。

检查数量：按楼、地面工程一般规定第12条规定的检验批检查。

（8）石材面层的表面应洁净、平整、无磨痕，且应图案清晰，色泽一致，接缝均匀，周边顺直，镶嵌正确，板块应无裂纹、掉角、缺棱等缺陷。

检验方法：观察检查。

检查数量：按楼、地面工程一般规定第12条规定的检验批检查。

（9）踢脚线表面应洁净，与柱、墙面的结合应牢固。踢脚线高度及出柱、墙厚度应符合设计要求，且均匀一致。

检验方法：观察和用小锤轻击及钢尺检查。

检查数量：按楼、地面工程一般规定第12条规定的检验批检查。

（10）楼梯、台阶踏步的宽度、高度应符合设计要求。踏步板块的缝隙宽度应一致；楼层梯段相邻踏步高度差不应大于10mm；每踏步两端宽度差不应大于10mm，旋转楼梯梯段的每踏步两端宽度的允许偏差不应大于5mm。踏步面层应做防滑处理，齿角应整齐，防滑条应顺直、牢固。

检验方法：观察和用钢尺检查。

检查数量：按楼、地面工程一般规定第12条规定的检验批检查。

（11）面层表面的坡度应符合设计要求，不倒泛水、无积水；与地漏、管道结合处应严密牢固，无渗漏。

检验方法：观察、泼水或用坡度尺及蓄水检查。

检查数量：按楼、地面工程一般规定第12条规定的检验批检查。

（12）石材面层（或碎拼大理石面层、碎拼花岗石面层）的允许偏差应符合表3-20的规定。

检验方法：按上表中的检验方法检验。

检查数量：按楼、地面工程一般规定第12条规定的检验批和第13条的规定检查。

8. 自流平面层

（1）自流平面层可采用水泥基、石膏基、合成树脂基等拌合物铺设。

（2）自流平面层与墙、柱等连接处的构造做法应符合设计要求，铺设时应分层施工。

板块面层的允许偏差和检验方法 **表 3-20**

项次	项目	允许偏差(mm)											检验方法
		陶瓷锦砖面层高级水磨石板陶瓷地砖面层	缸砖面层	水泥花砖面层	水磨石板块面层	大理石面层、花岗石面层	塑料板面层	水泥混凝土板块面层	碎拼大理石、花岗石面层	活动地板面层	条石面层	块石面层	
1	表面平整度	2	4	3	3	1	2	4	3	2	10	10	用 2m 靠尺和楔形塞尺检查
2	缝格平直	3	3	3	3	2	3	3	—	2.5	8	8	拉 5m 线和用钢尺检查
3	接缝高低差	0.5	1.5	0.5	1	0.5	0.5	1.5	—	0.4	2	—	用钢尺和楔形塞尺检查
4	踢脚线上口平直	3	4	—	4	1	2	4	1	—	—	—	拉 5m 线和用钢尺检查
5	板块间隙宽度	2	2	2	2	1	—	6	—	0.3	5	—	用钢尺检查

(3) 自流平面层的基层应平整、洁净，基层的含水率应与面层材料的技术要求相一致。

(4) 自流平面屋的构造做法、厚度、颜色等应符合设计要求。当设计无要求时，自流平面层的构造层可分为底涂层、中间层、表面层等。一般情况下，自流平面层的底涂层和表面层的厚度较薄。

(5) 有防水、防潮、防油渗、防尘要求的自流平面层应达到设计要求。

主控项目

(6) 自流平面层的铺涂材料应符合设计要求和国家现行有关标准的规定。

检验方法：观察检查和检查型式检验报告、出厂检验报告、出厂合格证。

检查数量：同一工程、同一材料、同一生产厂家、同一型号、同一规格、同一批号检查一次。

(7) 自流平面层的涂料进入施工现场时，应有以下有害物质限量合格的检测报告：

1) 水性涂料中的挥发性有机化合物（VOC）和游离甲醛；

2) 溶剂型涂料中的苯、甲苯＋二甲苯、挥发性有机化合物（VOC）和游离甲苯二异氰醛酯（TDI）。

检验方法：检查检测报告。

检查数量：同一工程、同一材料、同一生产厂家、同一型号、同一规格、同一批号检查一次。

(8) 自流平面层的基层的强度等级不应小于 C20。

检验方法：检查强度等级检测报告。

检查数量：按楼、地面工程一般规定第 10 条的规定检查。

(9) 自流平面层的各构造层之间应粘结牢固，层与层之间不应出现分离、空鼓现象。

检验方法：用小锤轻击检查。

检查数量：按楼、地面工程一般规定第12条规定的检验批检查。

(10) 自流平面层的表面不应有开裂、漏涂和倒泛水、积水等现象。

检验方法：观察和泼水检查。

检查数量：按楼、地面工程一般规定第12条规定的检验批检查。

一般项目：

(11) 自流平面层应分层施工，面层找平施工时不应留有抹痕。

检验方法：观察检查和检查施工记录。

检查数量：按楼、地面工程一般规定第12条规定的检验批检查。

(12) 自流平面层表面应光洁，色泽应均匀、一致，不应有起泡、泛砂等现象。

检验方法：观察检查。

检查数量：按楼、地面工程一般规定第12条规定的检验批检查。

(13) 自流平面层的允许偏差应符合本标准表10-4的规定。

检验方法：按本标准表10-4中的检验方法检验。

检查数量：按楼、地面工程一般规定第12条规定的检验批和第13条的规定检查。

9. 塑胶面层

(1) 塑胶面层应采用现浇型塑胶材料或塑胶卷材，宜在沥青混凝土或水泥类基层上铺设。

现浇型塑胶面层材料一般是指以聚氨酯为主要材料的混合弹性体以及丙烯酸，采用现浇法施工；卷材型塑胶面层材料一般是指聚氨酯面层（含组合层）、PVC面层（含组合层）、橡胶面层（含组合层）等，采用粘贴法施工。

塑胶面层按使用功能分类，可分为塑胶运动地板（面）和一般塑料面层。用作体育竞赛的塑胶运动地板（面）除应符合本节的要求外，还应符合国家现行体育竞赛场地专业规范的要求；一般塑料面层的施工质量验收应符合塑料板面层的有关规定。

(2) 基层的强度和厚度应符合设计要求，表面应平整、干燥、洁净，无油脂及其他杂质。

对于水泥类基层，可用水泥砂浆或水泥基自流平涂层作为找平层，应视塑胶面层的具体要求而定；沥青混凝土应采用不含蜡或低蜡沥青，沥青混凝土基层应符合现行国家标准《沥青路面施工及验收规范》GB 50092的要求。一般情况下，塑胶运动地板（面）的基层宜采用半刚性的沥青混凝土。

(3) 塑胶面层铺设时的环境温度宜为10～30℃。

主控项目

(4) 塑胶面层采用的材料应符合设计要求和国家现行有关标准的规定。

检验方法：观察检查和检查型式检验报告、出厂检验报告、出厂合格证。

检查数量：现浇型塑胶材料按同一工程、同一配合比检查一次；塑胶卷材按同一工程、同一材料、同一生产厂家、同一型号、同一规格、同一批号检查一次。

(5) 现浇型塑胶面层的配合比应符合设计要求，成品试件应检测合格。

检验方法：检查配合比试验报告、试件检测报告。

检查数量：同一工程、同一配合比检查一次。

对于现浇型塑胶面层材料，除需确认各种原材料是否相互兼容、面层表面是否具有耐久性和运动性能外，还需确认原材料的组合、铺装工艺、长期使用不会对环境造成污染。因此，现浇型塑胶面层的成品试件必须经专业试验室检测合格。

(6) 现浇型塑胶面层与基层应粘结牢固，面层厚度应一致，表面颗粒应均匀，不应有裂痕、分层、气泡、脱（秃）粒等现象；塑胶卷材面层的卷材与基层应粘结牢固，面层不应有断裂、起泡、起鼓、空鼓、脱胶、翘边、溢液等现象。

检验方法：观察和用敲击法检查。

检查数量：按楼、地面工程一般规定第 12 条规定的检验批检查。

一般项目

(7) 塑胶面层的各组合层厚度、坡度、表面平整度应符合设计要求。

检验方法：采用钢尺、坡度尺、2m 或 3m 水平尺检查。

检查数量：按楼、地面工程一般规定第 12 条规定的检验批检查。

(8) 塑胶面层应表面洁净，图案清晰，色泽一致；拼缝处的图案、花纹应吻合，无明显高低差及缝隙，无胶痕；与周边接缝应严密，阴阳角应方正、收边整齐。

检验方法：观察检查。

检查数量：按楼、地面工程一般规定第 12 条规定的检验批检查。

(9) 塑胶卷材面层的焊缝应平整、光洁，无焦化变色、斑点、焊瘤、起鳞等缺陷，焊缝凹凸允许偏差不应大于 0.6mm。

检验方法：观察检查。

检查数量：按楼、地面工程一般规定第 12 条规定的检验批检查。

(10) 塑胶面层的允许偏差应符合本标准表 10-4 的规定。

检验方法：按本标准表 10-4 中的检验方法检验。

检查数量：按楼、地面工程一般规定第 12 条规定的检验批和第 13 条的规定检查。

10. 地毯面层

(1) 地毯面层应采用地毯块材或卷材，以空铺法或实铺法铺设。

(2) 铺设地毯的地面面层（或基层）应坚实、平整、洁净、干燥，无凹坑、麻面、起砂、裂缝，并不得有油污、钉头及其他凸出物。

(3) 地毯衬垫应满铺平整，地毯拼缝处不得露底衬。

(4) 空铺地毯面层应符合下列要求：

1) 块材地毯宜先拼成整块，然后按设计要求铺设；

2) 块材地毯的铺设，块与块之间应挤紧服帖；

3) 卷材地毯宜先长向缝合，然后按设计要求铺设；

4) 地毯面层的周边应压入踢脚线下；

5) 地毯面层与不同类型的建筑地面面层的连接处，其收口做法应符合设计要求。

(5) 实铺地毯面层应符合下列要求：

1) 实铺地毯面层采用的金属卡条（倒刺板）、金属压条、专用双面胶带、胶粘剂等应符合设计要求；

2) 铺设时，地毯的表面层宜张拉适度，四周应采用卡条固定，门口处宜用金属压条或双面胶带等固定；

3）地毯周边应塞入卡条和踢脚线下；

4）地毯面层采用胶粘剂或双面胶带粘结时，应与基层粘贴牢固。

（6）楼梯地毯面层铺设时，梯段顶级（头）地毯应固定于平台上，其宽度应不小于标准楼梯、台阶踏步尺寸；阴角处应固定牢固；梯段末级（头）地毯与水平段地毯的连接处应顺畅、牢固。

主控项目

（7）地毯面层采用的材料应符合设计要求和国家现行有关标准的规定。

检验方法：观察检查和检查型式检验报告、出厂检验报告、出厂合格证。

检查数量：同一工程、同一材料、同一生产厂家、同一型号、同一规格、同一批号检查一次。

（8）地毯面层采用的材料进入施工现场时，应有地毯、衬垫、胶粘剂中的挥发性有机化合物（VOC）和甲醛限量合格的检测报告。

检验方法：检查检测报告。

检查数量：同一工程、同一材料、同一生产厂家、同一型号、同一规格、同一批号检查一次。

（9）地毯表面应平服，拼缝处应粘贴牢固、严密平整、图案吻合。

检验方法：观察检查。

检查数量：按楼、地面工程一般规定第12条规定的检验批检查。

一般项目

（10）地毯表面不应起鼓、起皱、翘边、卷边、显拼缝、露线和毛边，绒面毛应顺光一致，毯面应洁净、无污染和损伤。

检验方法：观察检查。

检查数量：按楼、地面工程一般规定第12条规定的检验批检查。

（11）地毯同其他面层连接处、收口处和墙边、柱子周围应顺直压紧。

检验方法：观察检查。

检查数量：按楼、地面工程一般规定第12条规定的检验批检查。

11. 活动地板面层

（1）活动地板面层宜用于有防尘和防静电要求的专业用房的建筑地面。应采用特制的平压刨花板为基材，表面可饰以装饰板，底层应用镀锌板经粘结胶合形成活动地板块，配以横梁、橡胶垫条和可供调节高度的金属支架组装成架空板，应在水泥类面层（或基层）上铺设。

（2）活动地板所有的支座柱和横梁应构成框架一体，并与基层连接牢固；支架抄平后，高度应符合设计要求。

（3）活动地板面层应包括标准地板、异形地板和地板附件（即支架和横梁组件）。采用的活动地板块应平整、坚实，面层承载力不应小于7.5MPa，A级板的系统电阻应为$1.0\times10^5\sim1.0\times10^8\Omega$，B级板的系统电阻应为$1.0\times10^5\sim1.0\times10^{10}\Omega$。

（4）活动地板面层的金属支架应支承在现浇水泥混凝土基层（或面层）上，基层表面应平整、光洁、不起灰。

（5）当房间的防静电要求较高，需要接地时，应将活动地板面层的金属支架、金属横梁连通跨接，并与接地体相连，接地方法应符合设计要求。如设计未明确接地方式，可选择单点接地、多点接地、混合接地等。

(6) 活动板块与横梁接触搁置处应达到四角平整、严密。

(7) 当活动地板不符合模数时，其不足部分可在现场根据实际尺寸将板块切割后镶补，并应配装相应的可调支撑和横梁。切割边不经处理不得镶补安装，并不得有局部膨胀变形情况。

(8) 活动地板在门口处或预留洞口处应符合设置构造要求，四周侧边应用耐磨硬质板材封闭或用镀锌钢板包裹，胶条封边应符合耐磨要求。

(9) 活动地板与柱、墙面接缝处的处理应符合设计要求，设计无要求时应做木踢脚线；通风口处，应选用异形活动地板铺贴。

(10) 用于电子信息系统机房的活动地板面层，其施工质量检验尚应符合现行国家标准《电子信息系统机房施工及验收规范》GB 50462 的有关规定。

主控项目：

(11) 活动地板应符合设计要求和国家现行有关标准的规定，且应具有耐磨、防潮、阻燃、耐污染、耐老化和导静电等性能。

检验方法：观察检查和检查型式检验报告、出厂检验报告、出厂合格证。

检查数量：同一工程、同一材料、同一生产厂家、同一型号、同一规格、同一批号检查一次。

(12) 活动地板面层应安装牢固，无裂纹、掉角和缺棱等缺陷。

检验方法：观察和行走检查。

检查数量：按楼、地面工程一般规定第 12 条规定的检验批检查。

一般项目：

(13) 活动地板面层应排列整齐、表面洁净、色泽一致、接缝均匀、周边顺直。

检验方法：观察检查。

检查数量：按楼、地面工程一般规定第 12 条规定的检验批检查。

(14) 活动地板面层的允许偏差应符合本标准表 10-6 的规定。

检验方法：按本标准表 10-6 中的检验方法检验。

检查数量：按楼、地面工程一般规定第 12 条规定的检验批和第 13 条的规定检查。

12. 实木地板面层

(1) 实木地板面层应采用条材或块材或拼花，以空铺或实铺方式在基层上铺设。

为了防止实木地板面层整体产生线膨胀效应，规定木搁栅与柱、墙之间应留出 20mm 的缝隙；垫层地板与柱、墙之间应留出 8～12mm 的缝隙；实木地板面层与柱、墙之间应留出 8～12mm 的缝隙。

垫层地板：指在木地板面层下铺设的胶合板、中密度纤维板、细木工板、实木板等。由于铺设垫层地板可改善地板面层的平整度，增加行走时的脚部舒适感，因此常用作体育地板面层、舞台地板面层下的垫层。

(2) 实木地板面层可采用双层面层和单层面层铺设，其厚度应符合设计要求；其选材应符合国家现行有关标准的规定。

(3) 铺设实木地板面层时，其木搁栅的截面尺寸、间距和稳固方法等均应符合设计要求。木搁栅固定时，不得损坏基层和预埋管线。木搁栅应垫实钉牢，与柱、墙之间留出20mm的缝隙，表面应平直，其间距不宜大于300mm。

(4) 当面层下铺设垫层地板时，垫层地板的髓心应向上，板间缝隙不应大于3mm，与柱、墙之间应留8～12mm的空隙，表面应刨平。

(5) 实木地板面层铺设时，相邻板材接头位置应错开不小于300mm的距离；与柱、墙之间应留8～12mm的空隙。

(6) 采用实木制作的踢脚线，背面应抽槽并做防腐处理。

(7) 席纹实木地板面层、拼花实木地板面层的铺设应符合本规范本节的有关要求。

主控项目

(8) 实木地板面层采用的地板、铺设时的木（竹）材含水率、胶粘剂等应符合设计要求和国家现行有关标准的规定。

检验方法：观察检查和检查型式检验报告、出厂检验报告、出厂合格证。

检查数量：同一工程、同一材料、同一生产厂家、同一型号、同一规格、同一批号检查一次。

实木地板应符合现行国家标准《实木地板　第1部分：技术要求》GB/T 15036.1和《实木地板　第2部分：检验方法》GB/T 15036.2的有关规定；胶粘剂应符合现行国家标准《室内装饰装修材料　胶粘剂中有害物质限量》GB 18583的有关规定。

(9) 实木地板面层采用的材料进入施工现场时，应有以下有害物质限量合格的检测报告：

1) 地板中的游离甲醛（释放量或含量）；

2) 溶剂型胶粘剂中的挥发性有机化合物（VOC）、苯、甲苯＋二甲苯；

3) 水性胶粘剂中的挥发性有机化合物（VO）和游离甲醛。

检验方法：检查检测报告。

检查数量：同一工程、同一材料、同一生产厂家、同一型号、同一规格、同一批号检查一次。

(10) 木搁栅、垫木和垫层地板等应做防腐、防蛀处理。

检验方法：观察检查和检查验收记录。

检查数量：按楼、地面工程一般规定第12条规定的检验批检查。

(11) 木搁栅安装应牢固、平直。

检验方法：观察、行走、钢尺测量等检查和检查验收记录。

检查数量：按楼、地面工程一般规定第12条规定的检验批检查。

(12) 面层铺设应牢固；粘结应无空鼓、松动。

检验方法：观察、行走或用小锤轻击检查。

检查数量：按楼、地面工程一般规定第12条规定的检验批检查。

一般项目

(13) 实木地板面层应刨平、磨光，无明显刨痕和毛刺等现象；图案应清晰、颜色应均匀一致。

检验方法：观察、手摸和行走检查。

检查数量：按楼、地面工程一般规定第12条规定的检验批检查。

(14) 面层缝隙应严密；接头位置应错开，表面应平整、洁净。

检验方法：观察检查。

检查数量：按楼、地面工程一般规定第 12 条规定的检验批检查。

(15) 面层采用粘、钉工艺时，接缝应对齐，粘、钉应严密；缝隙宽度应均匀一致；表面应洁净，无溢胶现象。

检验方法：观察检查。

检查数量：按楼、地面工程一般规定第 12 条规定的检验批检查。

(16) 踢脚线应表面光滑，接缝严密，高度一致。

检验方法：观察和用钢尺检查。

检查数量：按楼、地面工程一般规定第 12 条规定的检验批检查。

(17) 实木地板面层的允许偏差应符合表 3-21 的规定。

检验方法：按表 10-7 中的检验方法检验。

检查数量：按楼、地面工程一般规定第 12 条规定的检验批和第 13 条的规定检查。

实木地板的允许偏差和检验方法　　表 3-21

<table>
<tr><th rowspan="4">项次</th><th rowspan="4" colspan="2">项　目</th><th colspan="6">允许偏差(mm)</th><th rowspan="4">检验方法</th></tr>
<tr><th colspan="6">实木地板面层</th></tr>
<tr><th colspan="2">松木地板</th><th colspan="2">硬木地板</th><th colspan="2">拼花地板</th></tr>
<tr><th>国家标准</th><th>项目标准</th><th>国家标准</th><th>项目标准</th><th>国家标准</th><th>项目标准</th></tr>
<tr><td>1</td><td colspan="2">板面缝隙宽度</td><td>1.0</td><td>0.5</td><td>0.5</td><td>0.3</td><td>0.2</td><td>0.1</td><td>用钢尺检查</td></tr>
<tr><td>2</td><td colspan="2">表面平整度</td><td>3.0</td><td>2.0</td><td>2.0</td><td>1.0</td><td>2.0</td><td>1.0</td><td>用 2m 靠尺和楔形塞尺检查</td></tr>
<tr><td>3</td><td colspan="2">踢脚线上口平齐</td><td>3.0</td><td>2.0</td><td>3.0</td><td>2.0</td><td>3.0</td><td>2.0</td><td rowspan="2">拉 5m 通线，不足 5m 拉通线和用钢尺检查</td></tr>
<tr><td>4</td><td colspan="2">板面拼缝平直</td><td>3.0</td><td>2.0</td><td>3.0</td><td>2.0</td><td>3.0</td><td>2.0</td></tr>
<tr><td>5</td><td colspan="2">相邻板高差</td><td>0.5</td><td>0.3</td><td>0.5</td><td>0.3</td><td>0.5</td><td>0.3</td><td>用钢尺和楔形塞尺检查</td></tr>
<tr><td>6</td><td>踢脚线与面层的接缝</td><td>国家标准</td><td colspan="6">1.0</td><td>楔形塞尺检查</td></tr>
</table>

13. 实木复合地板面层

(1) 实木复合地板面层采用的材料、铺设方式、铺设方法、厚度以及垫层地板铺设等，均应符合实木地板第 1～4 条的规定。

(2) 实木复合地板面层应采用空铺法或粘贴法（满粘或点粘）铺设。采用粘贴法铺设时，粘贴材料应按设计要求选用，并应具有耐老化、防水、防菌、无毒等性能。

(3) 实木复合地板面层下衬垫的材料和厚度应符合设计要求。

(4) 实木复合地板面层铺设时，相邻板材接头位置应错开不小于 300mm 的距离；与柱、墙之间应留不小于 10mm 的空隙。当面层采用无龙骨的空铺法铺设时，应在面层与柱、墙之间的空隙内加设金属弹簧卡或木楔子，其间距宜为 200～300mm。

(5) 大面积铺设实木复合地板面层时，应分段铺设，分段缝的处理应符合设计要求。

主控项目

(6) 实木复合地板面层采用的地板、胶粘剂等应符合设计要求和国家现行有关标准的规定。

检验方法：观察检查和检查型式检验报告、出厂检验报告、出厂合格证。

检查数量：同一工程、同一材料、同一生产厂家、同一型号、同一规格、同一批号检查一次。

实木复合地板应符合国家现行标准《复合地板》GB/T 18103 和《实木复合地板用胶合板》LY/T 1738 的有关规定；胶粘剂应符合现行国家标准《室内装饰装修材料 胶粘剂中有害物质限量》GB 18583 的有关规定。

(7) 实木复合地板面层采用的材料进入施工现场时，应有以下有害物质限量合格的检测报告：

1) 地板中的游离甲醛（释放量或含量）；

2) 溶剂型胶粘剂中的挥发性有机化合物（VOC）、苯、甲苯+二甲苯；

3) 水性胶粘剂中的挥发性有机化合物（VOC）和游离甲醛。

检验方法：检查检测报告。

检查数量：同一工程、同一材料、同一生产厂家、同一型号、同一规格、同一批号检查一次。

(8) 木搁栅、垫木和垫层地板等应做防腐、防蛀处理。

检验方法：观察检查和检查验收记录。

检查数量：按楼、地面工程一般规定第 12 条规定的检验批检查。

(9) 木搁栅安装应牢固、平直。

检验方法：观察、行走、钢尺测量等检查和检查验收记录。

检查数量：按楼、地面工程一般规定第 12 条规定的检验批检查。

(10) 面层铺设应牢固；粘贴应无空鼓、松动。

检验方法：观察、行走或用小锤轻击检查。

检查数量：按楼、地面工程一般规定第 12 条规定的检验批检查。

一般项目

(11) 实木复合地板面层图案和颜色应符合设计要求，图案应清晰，颜色应一致，板面应无翘曲。

检验方法：观察、用 2m 靠尺和楔形塞尺检查。

检查数量：按楼、地面工程一般规定第 12 条规定的检验批检查。

(12) 面层缝隙应严密；接头位置应错开，表面应平整、洁净。

检验方法：观察检查。

检查数量：按楼、地面工程一般规定第 12 条规定的检验批检查。

(13) 面层采用粘、钉工艺时，接缝应对齐，粘、钉应严密；缝隙宽度应均匀一致；表面应洁净，无溢胶现象。

检验方法：观察检查。

检查数量：按楼、地面工程一般规定第 12 条规定的检验批检查。

(14) 踢脚线应表面光滑，接缝严密，高度一致。

检验方法：观察和用钢尺检查。

检查数量：按楼、地面工程一般规定第 12 条规定的检验批检查。

(15) 实木复合地板面层的允许偏差应符合表 10-5 的规定。

检验方法：按表 10-5 中的检验方法检验。

检查数量：按楼、地面工程一般规定第 12 条规定的检验批和第 13 条的规定检查。

3.3.5 幕墙工程施工质量控制流程

1. 玻璃幕墙工程

(1) 主控项目

玻璃幕墙工程主控项目质量指标控制，见表 3-22。

玻璃幕墙工程主控项目质量验收 表 3-22

	主控项目	质量要求内容	检验方法	检验批划分及检查数量
1	各种材料、构件、组件	玻璃幕墙工程所使用的各种材料、构件和组件的质量，应符合设计要求及国家现行产品标准和工程技术规范的规定	检查材料、构件、组件的产品合格证书、进场验收记录、性能检测报告和材料的复验报告	
2	造型和立面分格	玻璃幕墙的造型和立面分格应符合设计要求	观察；尺量检查	1. 各分项工程的检验批应按下列规定划分： (1)相同设计、材料、工艺和施工条件的幕墙工程每 500～1000m² 应划分为一个检验批，不足 500m² 也应划分为一个检验批。 (2)同一单位工程的不连续的幕墙工程应单独划分检验批。 (3)对于异形或有特殊要求的幕墙，检验批的划分应根据幕墙的结构、工艺特点及幕墙工程规模，由监理单位(或建设单位)和施工单位协商确定。 2. 检查数量应符合下列规定： (1)每个检验批每 100m² 应至少抽查一处，每处不得小于 10m² (2)对于异形或有特殊要求的幕墙工程，应根据幕墙的结构和工艺特点，由监理单位(或建设单位)和施工单位协商确定
3	玻璃	玻璃幕墙使用的玻璃应符合下列规定：(1)幕墙应使用安全玻璃，玻璃的品种、规格、颜色、光学性能及安装方向应符合设计要求。(2)幕墙玻璃的厚度不应小于 6.0mm。全玻幕墙肋玻璃的厚度不应小于 12mm。(3)幕墙的中空玻璃应采用双道密封。明框幕墙的中空玻璃应采用聚硫密封胶及丁基密封胶；隐框和半隐框幕墙的中空玻璃应采用硅酮结构密封胶及丁基密封胶；镀膜面应在中空玻璃的第 2 或第 3 面上。(4)幕墙的夹层玻璃应采用聚乙烯醇缩丁醛(PVB)胶片干法加工合成的夹层玻璃。点支承玻璃幕墙夹层玻璃的夹层胶片(PVB)厚度不应小于 0～76mm。(5)钢化玻璃表面不得有损伤；8.0mm 以下的钢化玻璃应进行引爆处理。(6)所有幕墙玻璃均应进行边缘处理	观察；尺量检查；检查施工记录	
4	与主体结构连接件	玻璃幕墙与主体结构连接的各种预埋件、连接件、紧固件必须安装牢固，其数量、规格、位置、连接方法和防腐处理应符合设计要求	观察；检查隐蔽工程验收记录和施工记录	
5	连接件紧固件螺栓	各种连接件、紧固件的螺栓应有防松动措施；焊接连接应符合设计要求和焊接规范的规定	观察；检查隐蔽工程验收记录和施工记录	
6	玻璃下端托条	隐框或半隐框玻璃幕墙，每块玻璃下端应设置两个铝合金或不锈钢托条；其长度不应小于 100mm，厚度不应小于 2mm，条外端应低于玻璃外表面 2mm	观察；检查施工记录	

续表

	主控项目	质量要求内容	检验方法	检验批划分及检查数量
7	明框幕墙玻璃安装	明框玻璃幕墙的玻璃安装应符合下列规定:(1)玻璃槽口与玻璃的配合尺寸应符合设计要求和技术标准的规定。(2)玻璃与构件不得直接接触,玻璃四周与构件凹槽底部应,保持一定的空隙,每块玻璃下部应至少放置两块宽度与槽口宽度相同、长度不小于100mm的弹性定位垫块;玻璃两边嵌入量及空隙应符合设计要求。(3)玻璃四周橡胶条的材质、型号应符合设计要求,镶嵌应平整,橡胶条长度应比边框内槽长1.5%～2.0%,橡胶条在转角处应斜面断开,并应用胶粘剂粘结牢固后嵌入槽内	观察;检查施工记录	1. 各分项工程的检验批应按下列规定划分: (1)相同设计、材料、工艺和施工条件的幕墙工程每500～1000m^2应划分为一个检验批,不足500m^2也应划分为一个检验批。 (2)同一单位工程的不连续的幕墙工程应单独划分检验批。 (3)对于异形或有特殊要求的幕墙,检验批的划分应根据幕墙的结构、工艺特点及幕墙工程规模,由监理单位(或建设单位)和施工单位协商确定。 2. 检查数量应符合下列规定: (1)每个检验批每100m^2应至少抽查一处,每处不得小于10m^2 (2)对于异形或有特殊要求的幕墙工程,应根据幕墙的结构和工艺特点,由监理单位(或建设单位)和施工单位协商确定
8	超过4m高全玻璃幕墙安装	高度超过4m的全玻幕墙应吊挂在主体结构上,吊夹具应符合设计要求,玻璃与玻璃、玻璃与玻璃肋之间的缝隙,应采用硅酮结构密封胶填嵌严密	观察;检查隐蔽工程验收记录和施工记录	
9	点支撑幕墙安装	点支承玻璃幕墙应采用带万向头的活动不锈钢爪,其钢爪间的中心距离应大于250mm	观察;尺量检查	
10	细部	玻璃幕墙四周、玻璃幕墙内表面与主体结构之间的连接节点、各种变形缝、墙角的连接节点应符合设计要求和技术标准的规定	观察;检查隐蔽工程验收记录和施下记录	
11	幕墙防水	玻璃幕墙应无渗漏	在易渗漏部位进行淋水检查	
12	结构胶、密封胶打注	玻璃幕墙结构胶和密封胶的打注应饱满、密实、连续、均匀、无气泡,宽度和厚度应符合设计要求和技术标准的规定	观察;尺量检查;检查施工记录	
13	幕墙开启窗	玻璃幕墙开启窗的配件应齐全,安装应牢固,安装位置和开启方向、角度应正确;开启应灵活,关闭应严密	观察;手扳检查;开启和关闭检查	
14	防雷装置	玻璃幕墙的防雷装置必须与主体结构的防雷装置可靠连接	观察;检查隐蔽工程验收记录和施工记录	

(2) 一般项目

玻璃幕墙工程一般项目质量指标控制，见表3-23。

每平方米玻璃的表面质量和检验方法应符合表3-24的规定；一个分格铝合金型材的表面质量和检验方法应符合表3-25的规定。

明框玻璃幕墙安装的允许偏差和检验方法应符合表3-26的规定。

隐框、半隐框玻璃幕墙安装的允许偏差和检验方法应符合表3-27的规定。

玻璃幕墙工程一般项目质量验收 表 3-23

一般项目		质量要求内容	检验方法	检验批划分及检查数量
1	幕墙表面质量	玻璃幕墙表面应平整、洁净；整幅玻璃的色泽应均匀一致；不得有污染和镀膜损坏	观察	1. 各分项工程的检验批应按下列规定划分： (1)相同设计、材料、工艺和施工条件的幕墙工程每 500～1000m² 应划分为一个检验批，不足 500m² 也应划分为一个检验批。 (2)同一单位工程的不连续的幕墙工程应单独划分检验批。 (3)对于异形或有特殊要求的幕墙，检验批的划分应根据幕墙的结构、工艺特点及幕墙工程规模，由监理单位(或建设单位)和施工单位协商确定。 2. 检查数量应符合下列规定： (1)每个检验批每 100m² 应至少抽查一处，每处不得小于 10m²。 (2)对于异形或有特殊要求的幕墙工程，应根据幕墙的结构和工艺特点，由监理单位(或建设单位)和施工单位协商确定
2	玻璃表面质量	每平方米玻璃的表面质量和检验方法应符合表 1-24 的规定		
3	铝合金型材表面质量	一个分格铝合金型材的表面质量和检验方法应符合表 1-25 的规定		
4	明框外露框或压条	明框玻璃幕墙的外露框或压条应横平竖直，颜色、规格；应符合设计要求，压条安装应牢固。单元玻璃幕墙的单元拼缝或隐框玻璃幕墙的分格玻璃拼缝应横平竖直、均匀一致	观察；手扳检查；检查进场验收记录	
5	密封胶条	玻璃幕墙的密封胶缝应横平竖直、深浅一致、宽窄均匀、光滑顺直	观察；手摸检查	
6	防火保温材料	防火、保温材料填充应饱满、均匀，表面应密实、平整	检查隐蔽工程验收记录	
7	隐蔽节点	玻璃幕墙隐蔽节点的遮封装修应牢固、整齐、美观	观察；手扳检查	
8	明框幕墙安装允许偏差	明框玻璃幕墙安装的允许偏差和检验方法应符合表 1-26 的规定		
9	隐框、半隐框幕墙安装允许偏差	隐框、半隐框玻璃幕墙安装的允许偏差和检验方法应符合表 1-27 的规定		

每平方米玻璃的表面质量和检验方法 表 3-24

项　目	质量要求	检验方法
明显划伤和长度＞100mm 的轻微划伤	不允许	观察
长度≤100mm 的轻微划伤	≤8 条	用钢尺检查
擦伤总面积	≤500mm²	用钢尺检查

一个分格铝合金型材的表面质量和检验方法 表 3-25

项　目	质量要求	检验方法
明显划伤和长度＞100mm 的轻微划伤	不允许	观察
长度≤100mm 的轻微划伤	≤2 条	用钢尺检查
擦伤总面积	≤500mm²	用钢尺检查

明框玻璃幕墙安装的允许偏差和检验方法 表 3-26

项次	项　目		允许偏差(mm)	检验方法
1	幕墙垂直度	幕墙高度≤30m	10	用经纬仪检查
		30m＜幕墙高度≤60m	15	
		60m＜幕墙高度≤90m	20	
		幕墙高度＞90m	25	

续表

项次	项目		允许偏差(mm)	检验方法
2	幕墙水平度	幕墙幅宽≤35m	5	用水准仪检查
		幕墙幅宽>35m	7	
3	构件直线度		2	用2m靠尺和塞尺检查
4	构件水平度	构件长度≤2m	2	用水准仪检查
		构件长度>2m	3	
5	相邻构件错位		1	用钢直尺检查
6	分格框、对角线、长度差	对角线长度≤2m	3	用钢尺检查
		对角线长度>2m	4	

隐框、半隐框玻璃幕墙安装的允许偏差和检验方法　　表3-27

项次	项目		允许偏差(mm)	检验方法
1	幕墙垂直度	幕墙高度≤30m	10	用经纬仪检查
		30m<幕墙高度≤60m	15	
		60m<幕墙高度≤90m	20	
		幕墙高度>90m	25	
2	幕墙水平度	层高≤3m	3	用水准仪检查
		层高>3m	5	
3	幕墙表面平整度		2	用2m靠尺和塞尺检查
4	板材立面垂直度		2	用垂直检测尺检查
5	板材上沿水平度		2	用1m水平尺和钢直尺
6	相邻板材板角错位		1	用钢直尺检查
7	阳角方正		2	用直角检测尺检查
8	接缝直线度		3	拉5m线，不足5m拉通线，用钢直尺检查
9	接缝高低差		1	用钢直尺和塞尺检查
10	接缝宽度		1	用钢直尺检查

2. 金属幕墙工程

（1）主控项目

金属幕墙工程主控项目质量指标控制，见表3-28。

（2）一般项目

金属幕墙工程一般项目质量指标控制，见表3-29。

每平方米金属板的表面质量和检验方法应符合表3-30的规定。

金属幕墙安装的允许偏差和检验方法，见表3-31。

3. 石材幕墙工程

（1）主控项目

石材幕墙工程主控项目质量指标控制，见表3-32。

金属幕墙工程主控项目质量验收 **表 3-28**

项次	主控项目	质量要求内容	检验方法	检验批划分及检查数量
1	材料、配件质量	金属幕墙工程所使用的各种材料和配件，应符合设计要求及国家现行产品标准和工程技术规范的规定	检查产品合格证书、性能检测报告、材料进场验收记录和复验报告	1. 各分项工程的检验批应按下列规定划分： (1)相同设计、材料、工艺和施工条件的幕墙工程每 500～1000m^2 应划分为一个检验批，不足 500m^2 也应划分为一个检验批。 (2)同一单位工程的不连续的幕墙工程应单独划分检验批。 (3)对于异形或有特殊要求的幕墙，检验批的划分应根据幕墙的结构、工艺特点及幕墙工程规模，由监理单位(或建设单位)和施工单位协商确定。 2. 检查数量应符合下列规定： (1)每个检验批每 100m^2 应至少抽查一处，每处不得小于 10m^2。 (2)对于异形或有特殊要求的幕墙工程，应根据幕墙的结构和工艺特点，由监理单位(或建设单位)和施工单位协商确定
2	造型和立面分格	金属幕墙的造型和立面分格应符合设计要求	观察；尺量检查	
3	金属面板质量	金属面板的品种、规格、颜色、光泽及安装方向应符合设计要求	观察；检查进场验收记录	
4	预埋件后置埋件	金属幕墙主体结构上的预埋件、后置埋件的数量、位置及后置埋件的拉拔力必须符合设计要求	检查拉拔力检测报告和隐蔽工程验收记录	
5	立柱与预埋件与横梁连接，面板安装	金属幕墙的金属框架立柱与主体结构预埋件的连接、立柱与横梁的连接、金属面板的安装必须符合设计要求，安装必须牢固	手扳检查；检查隐蔽工程验收记录	
6	防火、保温、防潮材料	金属幕墙的防火、保温、防潮材料的设置应符合设计要求，并应密实、均匀、厚度一致	检查隐蔽工程验收记录	
7	框架及连接件防腐	金属框架及连接件的防腐处理应符合设计要求	检查隐蔽工程验收记录和施工记录	
8	防雷装置	金属幕墙的防雷装置必须与主体结构的防雷装置可靠连接	检查隐蔽工程验收记录	
9	连接节点	各种变形缝、墙角的连接节点应符合设计要求和技术标准的规定	观察；检查隐蔽工程验收记录	
10	板缝注胶	金属幕墙的板缝注胶应饱满、密实、连续。均匀、无气泡，宽度和厚度应符合设计要求和技术标准的规定	观察；尺量检查；检查施工记录	
11	防水	金属幕墙应无渗漏	在易渗漏部位进行淋水检查	

金属幕墙工程主控项目质量验收 **表 3-29**

项次	主控项目	质量要求内容	检验方法	检验批划分及检查数量
1	金属板表面质量	金属板表面应平整、洁净、色泽一致	观察	1. 各分项工程的检验批应按下列规定划分： (1)相同设计、材料、工艺和施工条件的幕墙工程每 500～1000m^2 应划分为一个检验批，不足 500m^2 也应划分为一个检验批。 (2)同一单位工程的不连续的幕墙工程应单独划分检验批。 (3)对于异形或有特殊要求的幕墙，检验批的划分应根据幕墙的结构、工艺特点及幕墙工程规模，由监理单位(或建设单位)和施工单位协商确定。 2. 检查数量应符合下列规定： (1)每个检验批每 100m^2 应至少抽查一处，每处不得小于 10m^2。 (2)对于异形或有特殊要求的幕墙工程，应根据幕墙的结构和工艺特点，由监理单位(或建设单位)和施工单位协商确定
2	压条	金属幕墙的压条应平直、洁净、接口严密、安装牢固	观察；手扳检查	
3	密封胶	金属幕墙的密封胶缝应横平竖直、深浅一致、宽窄均匀、光滑顺直	观察	
4	滴水线	金属幕墙上的滴水线、流水坡向应正确、顺直	观察；用水平尺检查	
5	表面质量检验	每平方米金属板的表面质量和检验方法应符合表 1-30 的规定		
6	安装允许偏差	金属幕墙安装的允许偏差和检验方法应符合表 1-31 的规定		

每平方米金属板的表面质量和检验方法 **表 3-30**

项　目	质量要求	检验方法
明显划伤和长度＞100mm 的轻微划伤	不允许	观察
长度≤100mm 的轻微划伤	≤8 条	用钢尺检查
擦伤总面积	≤500mm²	用钢尺检查

金属幕墙安装的允许偏差和检验方法 **表 3-31**

项次	项　目		允许偏差(mm)	检验方法
1	幕墙垂直度	幕墙高度≤30m	10	用经纬仪检查
		30m＜幕墙高度≤60m	15	
		60m＜幕墙高度≤90m	20	
		幕墙高度＞90m	25	
2	幕墙水平度	层高≤3m	3	用水准仪检查
		层高＞3m	5	
3	幕墙表面平整度		2	用 2m 靠尺和塞尺检查
4	板材立面垂直度		3	用垂直检测尺检查
5	板材上沿水平度		2	用 1m 水平尺和钢直尺
6	相邻板材板角错位		1	用钢直尺检查
7	阳角方正		2	用直角检测尺检查
8	接缝直线度		3	拉 5m 线,不足 5m 拉通线,用钢直尺检查
9	接缝高低差		1	用钢直尺和塞尺检查
10	接缝宽度		1	用钢直尺检查

石材幕墙工程主控项目质量验收 **表 3-32**

项次	主控项目	质量要求内容	检验方法	检验批划分及检查数量
1	幕墙材料质量	石材幕墙工程所用材料的品种、规格、性能和等级,应符合设计要求及国家现行产品标准和工程技术规范的规定。石材的弯曲强度不应小于 8.0MPa;吸水率应小于 0.8%。石材幕墙的铝合金挂件厚度不应小于 4.0mm,不锈钢挂件厚度不应小于 3.0mm	观察;尺量检查;检查产品合格证书、性能检测报告、材料进场验收记录和复验报告	1. 各分项工程的检验批应按下列规定划分: (1)相同设计、材料、工艺和施工条件的幕墙工程每 500～1000m² 应划分为一个检验批,不足 500m² 也应划分为一个检验批。 (2)同一单位工程的不连续的幕墙工程应单独划分检验批。 (3)对于异形或有特殊要求的幕墙,检验批的划分应根据幕墙的结构、工艺特点及幕墙工程规模,由监理单位(或建设单位)和施工单位协商确定。 2. 检查数量应符合下列规定: (1)每个检验批每 100m² 应至少抽查一处,每处不得小于 10m²。 (2)对于异形或有特殊要求的幕墙工程,应根据幕墙的结构和工艺特点,由监理单位(或建设单位)和施工单位协商确定
2	造型、分格、颜色、光泽、花纹、图案	石材幕墙的造型、立面分格、颜色、光泽、花纹和图案应符合设计要求	观察	
3	石材孔、槽深度、位置、尺寸	石材孔、槽的数量、深度、位置、尺寸应符合设计要求	检查进场验收记录或施工记录	
4	预埋件和后置埋件	石材幕墙主体结构上的预埋件和后置埋件的位置、数量及后置埋件的拉拔力必须符合设计要求	检查拉拔力检测报告和隐蔽工程验收记录	

续表

项次	主控项目	质量要求内容	检验方法	检验批划分及检查数量
5	各种构件连接	石材幕墙的金属框架立柱与主体结构预埋件的连接、立柱与横梁的连接、连接件与金属框架的连接、连接件与石材面板的连接必须符合设计要求，安装必须牢固	手扳检查；检查隐蔽工程验收记录	1. 各分项工程的检验批应按下列规定划分： (1)相同设计、材料、工艺和施工条件的幕墙工程每 500～1000m² 应划分为一个检验批，不足 500m² 也应划分为一个检验批。 (2)同一单位工程的不连续的幕墙工程应单独划分检验批。 (3)对于异形或有特殊要求的幕墙，检验批的划分应根据幕墙的结构、工艺特点及幕墙工程规模，由监理单位(或建设单位)和施工单位协商确定。 2. 检查数量应符合下列规定： (1)每个检验批每 100m² 应至少抽查一处，每处不得小于 10m²。 (2)对于异形或有特殊要求的幕墙工程，应根据幕墙的结构和工艺特点，由监理单位(或建设单位)和施工单位协商确定
6	防腐处理	金属框架和连接件的防腐处理应符合设计要求	检查隐蔽工程验收记录	
7	防雷装置	石材幕墙的防雷装置必须与主体结构防雷装置可靠连接	观察；检查隐蔽工程验收记录和施工记录	
8	防火、保温、防潮材料	石材幕墙的防火、保温、防潮材料的设置应符合设计要求，填充应密实、均匀、厚度一致	检查隐蔽工程验收记录	
9	连接节点	各种结构变形缝、墙角的连接节点应符合设计要求和技术标准的规定	检查隐蔽工程验收记录和施工记录	
10	表面和板缝	石材表面和板缝的处理应符合设计要求	观察	
11	板缝注胶	石材幕墙的板缝注胶应饱满，密实、连续、均匀、无气泡，板缝宽度和厚度应符合设计要求和技术标准的规定	观察；尺量检查；检查施工记录	
12	防水	石材幕墙应无渗漏	在易渗漏部位进行淋水检查	

(2) 一般项目

石材幕墙工程一般项目质量指标控制，见表 3-33。

石材幕墙工程一般项目质量验收　　表 3-33

项次	主控项目	质量要求内容	检验方法	检验批划分及检查数量
1	表面质量	石材幕墙表面应平整、洁净，无污染、缺损和裂痕。颜色和花纹应协调一致，无明显色差，无明显修痕	观察	1. 各分项工程的检验批应按下列规定划分： (1)相同设计、材料、工艺和施工条件的幕墙工程每 500～1000m² 应划分为一个检验批，不足 500m² 也应划分为一个检验批。 (2)同一单位工程的不连续的幕墙工程应单独划分检验批。 (3)对于异形或有特殊要求的幕墙，检验批的划分应根据幕墙的结构、工艺特点及幕墙工程规模，由监理单位(或建设单位)和施工单位协商确定。 2. 检查数量应符合下列规定： (1)每个检验批每 100m² 应至少抽查一处，每处不得小于 10m²。 (2)对于异形或有特殊要求的幕墙工程，应根据幕墙的结构和工艺特点，由监理单位(或建设单位)和施工单位协商确定
2	压条	石材幕墙的压条应平直、洁净、接口严密、安装牢固	观察；手扳检查	
3	细部质量	石材接缝应横平竖直、宽窄均匀；阴阳角石板压向应正确，板边合缝应顺直；凸凹线出墙厚度应一致，上下口应平直；石材面板上洞口、槽边应套割吻合，边缘应整齐	观察；尺量检查	
4	密封胶缝	石材幕墙的密封胶缝应横平竖直、深浅一致、宽窄均匀、光滑顺直	观察	
5	滴水线	石材幕墙上的滴水线、流水坡向应正确、顺直	观察；用水平尺检查	
6	石材表面质量检验	每平方米石材的表面质量和检验方法应符合表 1-34 的规定		
7	安装允许偏差	石材幕墙安装的允许偏差和检验方法应符合表 1-35 的规定		

每平方米石材的表面质量和检验方法，见表3-34。

每平方米石材的表面质量和检验方法　　　表3-34

项　目	质量要求	检验方法
裂痕、明显划伤和长度＞100mm的轻微划伤	不允许	观察
长度≤100mm的轻微划伤	≤8条	用钢尺检查
擦伤总面积	≤500mm^2	用钢尺检查

石材幕墙安装的允许偏差和检验方法，见表3-35。

石材幕墙安装的允许偏差和检验方法　　　表3-35

<table>
<tr><th rowspan="2">项次</th><th rowspan="2" colspan="2">项　目</th><th colspan="2">允许偏差(mm)</th><th rowspan="2">检验方法</th></tr>
<tr><th>光面</th><th>麻面</th></tr>
<tr><td rowspan="4">1</td><td rowspan="4">幕墙垂直度</td><td>幕墙高度≤30m</td><td colspan="2">10</td><td rowspan="4">用经纬仪检查</td></tr>
<tr><td>30m＜幕墙高度≤60m</td><td colspan="2">15</td></tr>
<tr><td>60m＜幕墙高度≤90m</td><td colspan="2">20</td></tr>
<tr><td>幕墙高度＞90m</td><td colspan="2">25</td></tr>
<tr><td>2</td><td colspan="2">幕墙水平度</td><td colspan="2">3</td><td>用水准仪检查</td></tr>
<tr><td>3</td><td colspan="2">板材里面垂直度</td><td colspan="2">3</td><td>用水准仪检查</td></tr>
<tr><td>4</td><td colspan="2">板材上沿水平度</td><td colspan="2">2</td><td>用1m水平尺和钢直尺检查</td></tr>
<tr><td>5</td><td colspan="2">相邻板材板角错位</td><td colspan="2">1</td><td>用钢直尺检查</td></tr>
<tr><td>6</td><td colspan="2">幕墙表面平整度</td><td>2</td><td>3</td><td>用垂直检测尺检查</td></tr>
<tr><td>7</td><td colspan="2">阳角方正</td><td>2</td><td>4</td><td>用直角检测尺检查</td></tr>
<tr><td>8</td><td colspan="2">接缝直线度</td><td>3</td><td>4</td><td>拉5m线，不足5m拉通线，用钢直尺检查</td></tr>
<tr><td>9</td><td colspan="2">接缝高低差</td><td>1</td><td>1</td><td>用钢直尺和塞尺检查</td></tr>
<tr><td>10</td><td colspan="2">接缝宽度</td><td>1</td><td>2</td><td>用钢直尺检查</td></tr>
</table>

第4章　工程质量的控制方法

4.1　影响建筑装饰工程质量的主要因素

建设工程项目质量的影响因素，主要是指在建设工程项目质量目标策划、决策和实现过程中影响质量形成的各种客观因素和主观因素，包括人的因素、技术因素、管理因素、环境因素和社会因素等。

1. 人的因素

人的因素对建设工程项目质量形成的影响，取决于两个方面：一是指直接履行装饰工程项目质量职能的决策者、管理者和作业者个人的质量意识及质量活动能力；二是指承担建设工程项目策划、决策或实施的建设单位、勘察设计单位、咨询服务机构、工程承包企业等实体组织的质量管理体系及其管理能力。前者是个体的人，后者是群体的人。

我国实行建筑业企业经营资质管理制度、市场准入制度、执业资格注册制度、作业及管理人员持证上岗制度等，从本质上说，都是对从事建设工程活动的人的素质和能力进行必要的考核。此外，《建筑法》和《建设工程质量管理条例》还对建设工程的质量责任制度作出明确规定，如规定按资质等级承包工程任务，不得越级、不得挂靠、不得转包，严禁无证设计、无证施工等，从根本上说也是为了防止因人的资质或资格失控而导致质量活动能力和质量管理能力失控。

2. 技术因素

影响建筑装饰工程项目质量的技术因素涉及的内容十分广泛，包括直接的工程技术和辅助的生产技术，前者如工程勘察技术、设计技术、施工技术、材料技术等，后者如工程检测检验技术、试验技术等。建设工程技术的先进程度，从总体上说取决于国家一定时期的经济发展和科技水平，取决于建筑业及装饰行业的技术进步。对于具体的建设工程项目，主要是通过技术工作的组织与管理、优化技术方案、发挥技术因素对装饰工程项目质量的保证作用。

3. 管理因素

影响建设工程项目质量的管理因素，主要是决策因素和组织因素。其中，决策因素首先是业主方的建设工程项目决策；其次是建设工程项目实施过程中，实施主体的各项技术决策和管理决策。实践证明，没有经过资源论证、市场需求预测，盲目建设、重复建设，建成后不能投入生产或使用，所形成的合格而无用途的建筑产品，从根本上是社会资源的极大浪费，不具备质量的适用性特征。同样，盲目追求高标准，缺乏质量经济性考虑的决策，也将对工程质量的形成产生不利的影响。

管理因素中的组织因素，包括建设工程项目实施的管理组织和任务组织。管理组织指建设工程项目管理的组织架构、管理制度及其运行机制，三者的有机联系构成了一定的组织管理模式，其各项管理职能的运行情况，直接影响着建设工程项目质量目标的实现。任务组织是指对建设工程项目实施的任务及其目标进行分解、发包、委托以及对实施任务所进行的计划、指挥、协调、检查和监督等一系列工作过程，从建设工程项目质量控制的角度看，建设工程项目管理组织系统是否健全，实施任务的组织方式是否科学、合理，无疑将对质量目标控制产生重要的影响。

4. 环境因素

一个建设项目的决策、立项和实施，受到经济、政治、社会、技术等多方面因素的影响。这些因素就是建设项目可行性研究、风险识别与管理所必须考虑的环境因素。对于建设工程项目质量控制而言，直接影响建设工程项目质量的环境因素，一般是指建设工程项目所在地点的水文、地质和气象等自然环境；施工现场的通风、照明、安全、卫生防护设施等劳动作业环境；以及由多单位、多专业交叉协同施工的管理关系、组织协调方式、质量控制系统等构成的管理环境。对这些环境条件的认识与把握，是保证建设工程项目质量的重要工作环节。

5. 社会因素

影响建设工程项目质量的社会因素，表现在建设法律法规的健全程度及其执法力度，建设工程项目法人或业主的理性化程度以及建设工程经营者的经营理念，建筑市场包括建设工程交易市场和建筑生产要素市场的发育程度及交易行为的规范程度，政府的工程质量监督及行业管理成熟程度，建设咨询服务业的发展程度及其服务水准的高低，廉政建设及行风建设的状况等。

必须指出，作为建设工程项目管理者，不仅要系统认识和思考以上各种因素对建设工程项日质量形成的影响及其规律，而且要分清对于建设工程项目质量控制来说，哪些是可控因素，哪些是不可控因素。对于建设工程项目管理者而言，人、技术、管理和环境因素，是可控因素；社会因素存在于建设工程项目系统之外，一般情形下属于不可控因素，但可以通过自身的努力，尽可能做到趋利去弊。

4.2 建筑装饰工程质量控制的基本环节

施工质量控制应贯彻全面、全过程质量管理的思想，运用动态控制原理，进行质量的事前控制、事中控制和事后控制。

1. 事前质量控制

即在正式施工前进行的事前主动质量控制，通过编制施工质量计划，明确质量目标，制定施工方案，设置质量管理点，落实质量责任，分析可能导致质量目标偏离的各种影响因素，针对这些影响因素制定有效的预防措施，防患于未然。

事前质量预控必须充分发挥组织的技术和管理方面的整体优势，把长期形成的先进技术、管理方法和经验智慧，创造性地应用于工程项目。

事前质量预控要求针对质量控制对象的控制目标、活动条件、影响因素进行周密分析，找出薄弱环节，制定有效的控制措施和对策。

2. 事中质量控制

指在施工质量形成过程中，对影响施工质量的各种因素进行全面的动态控制。事中质量控制也称作业活动过程质量控制，包括质量活动主体的自我控制和他人监控的控制方式。自我控制是第一位的，即作业者在作业过程对自己质量活动行为的约束和技术能力的发挥，以完成符合预定质量目标的作业任务。他人监控是指作业者的质量活动过程和结果，接受来自企业内部管理者和企业外部有关方面的检查检验，如工程监理机构、政府质量监督部门等的监控。

事中质量控制的目标是确保工序质量合格，杜绝质量事故发生。控制的关键是坚持质量标准；控制的重点是工序质量、工作质量和质量控制点的控制。

3. 事后质量控制

事后质量控制也称为事后质量把关，以使不合格的工序或最终产品（包括单位工程或整个工程项目）不流入下道工序、不进入市场。事后控制包括对质量活动结果的评价、认定；对工序质量偏差的纠正；对不合格产品进行整改和处理。控制的重点是发现施工质量方面的缺陷，并通过分析提出施工质量改进的措施，保持质量处于受控状态。

以上三大环节不是互相孤立和截然分开的，它们共同构成有机的系统过程，实质上也就是质量管理 PDCA 循环的具体化，在每一次滚动循环中不断提高，达到质量管理和质量控制的持续改进。

4.3 建筑装饰工程施工准备阶段质量控制

4.3.1 施工技术准备工作的质量控制

施工技术准备是指在正式开展施工作业活动前进行的技术准备工作，这类工作内容繁多，主要在室内进行，例如：熟悉施工图，组织设计交底和图纸审查，进行工程项目检查验收的项目划分和编号，审核相关质量文件，细化施工技术方案和施工人员、机具的配置方案，编制施工作业技术指导书，绘制各种施工详图（如测量放线图、大样图及配筋、配板等），进行必要的技术交底和技术培训。如果施工准备工作出错，必然影响施工进度和作业质量，甚至直接导致质量事故的发生。

技术准备工作的质量控制，包括对上述技术准备工作成果的复核审查。检查这些成果是否符合设计图纸和相关技术规范、规程的要求；依据经过审批的质量计划审查、完善施工质量控制措施；针对质量控制点，明确质量控制的重点对象和控制方法，尽可能地提高上述工作成果对施工质量的保证程度等。

4.3.2 现场施工准备工作的质量控制

1. 计量控制

这是施工质量控制的一项重要基础工作。施工过程中的计量，包括施工生产时的投料计量、施工测量、监测计量以及对项目、产品或过程的测试、检验、分析计量等。开工前，要建立和完善施工现场计量管理的规章制度；明确计量控制责任者和配置必要的计量人员；严格按规定对计量器具进行维修和校验；统一计量单位，组织量值传递，保证量值统一，从而保证施工过程中计量的准确。

2. 测量控制

工程测量放线是建设工程产品由设计转化为实物的第一步。施工测量质量的好坏，直接决定工程的定位和标高是否正确，并且制约施工过程有关工序的质量。因此，施工单位在开工前应编制测量控制方案，经项目技术负责人批准后实施。对建设单位提供的原始坐标点、基准线和水准点等测量控制点进行复核，并将复核结果上报监理工程师审核，批准后施工单位才能建立施工测量控制网，进行工程定位和标高基准的控制。

3. 施工平面图控制

建设单位应按照合同约定并充分考虑施工的实际需要，事先划定并提供施工用地和现场临时设施用地的范围，协调平衡和审查批准各施工单位的施工平面设计。施工单位要严格按照批准的施工平面布置图，科学、合理地使用施工场地，正确安装设置施工机械设备和其他临时设施，维护现场施工道路畅通无阻和通信设施完好，合理控制材料的进场与堆放，保持良好的防洪排水能力，保证充分的给水和供电。建设（监理）单位应会同施工单位制定严格的施工场地管理制度、施工纪律和相应的奖惩措施，严禁乱占场地和擅自断水、断电、断路，及时制止和处理各种违纪行为，并做好施工现场的质量检查记录。

4. 工程质量检查验收的项目划分

一个建设工程项目从施工准备开始到竣工交付使用，要经过若干工序、工种的配合施工。施工质量的优劣，取决于各个施工工序、工种的管理水平和操作质量。因此，为了便于控制、检查、评定和监督每个工序和工种的工作质量，就要把整个项目逐级划分为若干个子项目，并分级进行编号，在施工过程中据此来进行质量控制和检查验收。这是进行施工质量控制的一项重要准备工作，应在项目施工开始之前进行。项目划分合理，有利于分清质量责任，便于施工人员进行质量自控和检查监督人员检查验收，也有利于质量记录等资料的填写、整理和归档。

根据《建筑工程施工质量验收统一标准》GB 50300—2013 的规定，建筑工程质量验收应逐级划分为单位（子单位）工程、分部（子分部）工程、分项工程和检验批。

4.4 装饰工程施工阶段的质量控制

施工过程的作业质量控制，是在工程项目质量实际形成过程中的事中质量控制。

建设工程项目施工是由一系列相互关联、相互制约的作业过程（工序）构成，因此施工质量控制，必须对全部作业过程，即各道工序的作业质量进行控制。从项目管理的角度看，工序作业质量的控制，首先是质量生产者即作业者的自控，在施工生产要素合格的条件下，作业者能力及其发挥的状况是决定作业质量的关键；其次，是来自作业者外部的各种作业质量检查、验收和对质量行为的监督，也是不可缺少的设防和把关的管理措施。

4.4.1 装饰工序施工质量控制

工序是人、材料、机械设备、施工方法和环境因素对工程质量综合起作用的过程，所以对施工过程的质量控制，必须以工序作业质量控制为基础和核心。因此，工序的质量控制是施工阶段质量控制的重点。只有严格控制工序质量，才能确保施工项目的实体质量。工序施工质量控制主要包括工序施工条件质量控制和工序施工效果质量控制。

1. 工序施工条件控制

工序施工条件是指从事工序活动的各生产要素质量及生产环境条件。工序施工条件控制就是控制工序活动的各种投入要素质量和环境条件质量。控制的手段主要有：检查、测试、试验、跟踪监督等。控制的依据主要是：设计质量标准、材料质量标准、机械设备技术性能标准、施工工艺标准以及操作规程等。

2. 工序施工效果控制

工序施工效果主要反映工序产品的质量特征和特性指标。对工序施工效果的控制就是控制工序产品的质量特征和特性指标能否达到设计质量标准以及施工质量验收标准的要求。工序施工效果控制属于事后质量控制，其控制的主要途径是：实测获取数据、统计分析所获取的数据、判断认定质量等级和纠正质量偏差。

按有关施工验收规范规定，在装饰装修工程中，幕墙工程的下列工序质量必须进行现场质量检测，合格后才能进行下道工序。

(1) 铝塑复合板的剥离强度检验。

(2) 石材的弯曲强度、室内用花岗石的放射性检测、寒冷地区石材的耐冻性。

(3) 玻璃幕墙用结构胶的邵氏硬度、标准条件拉伸粘结强度、石材用密封胶的污染性检测。

(4) 建筑幕墙的气密性、水密性、风压变形性能、层间变位性能检测。

(5) 硅酮结构胶相容性检测。

4.4.2 装饰工程施工作业质量的自控

1. 施工作业质量自控的意义

施工作业质量的自控，从经营的层面上说，强调的是作为建筑产品生产者和经营者的施工企业，应全面履行企业的质量责任，向顾客提供质量合格的工程产品；从生产的过程来说，强调施工作业者的岗位质量责任，向后道工序提供合格的作业成果（中间产品）。同理，供货厂商必须按照供货合同约定的质量标准和要求，对材料（设备）物资的供应过程实施产品质量自控。因此，施工承包方和供应方在施工阶段是质量自控主体，他们不能因为监控主体的存在和监控责任的实施而减轻或免除其质量责任。我国《建筑法》和《建设工程质量管理条例》规定：建筑施工企业对工程的施工质量负责，建筑施工企业必须按照工程设计要求、施工技术标准和合同的约定，对建筑装饰材料、建筑构配件和设备进行检验，不合格的不得使用。

施工方作为工程施工质量的自控主体，既要遵循本企业质量管理体系的要求，也要根据其在所承建的工程项目质量控制系统中的地位和责任，通过具体项目质量计划的编制与实施，有效地实现施工质量的自控目标。

2. 施工作业质量自控的程序

施工作业质量的自控过程是由施工作业组织的成员进行的，其基本的控制程序包括：作业技术交底、作业活动的实施和作业质量的自检自查、互检互查以及专职管理人员的质量检查等。

(1) 施工作业技术的交底

技术交底是施工组织设计和施工方案的具体化，施工作业技术交底的内容必须具有可行性和可操作性。从建设工程项目的施工组织设计到分部分项工程的作业计划，在实施之前都必须逐级进行交底，其目的是使管理者的计划和决策为实施人员所理解。施工作业交底是最基层的技术和管理交底活动，施工总承包方和工程监理机构都要对施工作业交底进行监督。作业交底的内容包括作业范围、施工依据、作业程序、技术标准和要领、质量目标以及其他与安全、进度、成本、环境等目标管理有关的要求和注意事项。

（2）施工作业活动的实施

施工作业活动是由一系列工序所组成的。为了保证工序质量的受控，首先要对作业条件进行再确认，即按照作业计划检查作业准备状态是否落实到位，其中包括对施工程序和作业工艺顺序的检查确认。在此基础上，严格按作业计划的程序、步骤和质量要求展开工序作业活动。

（3）施工工程质量的检验

施工工程质量的质量检查，是贯穿整个施工过程的最基本的质量控制活动，包括施工单位内部的工序作业质量自检、互检、专检和交接检查，以及现场监理机构的旁站检查、平行检测等。施工工程质量检查是施工质量验收的基础，已完检验批及分部分项工程的施工质量，必须在施工单位完成质量自检并确认合格之后，才能报请现场监理机构进行检查验收。

前道工序工程质量经验收合格后，才可进入下道工序施工。未经验收合格的工序，不得进入下道工序施工。

3. 施工工程质量自控的要求

工序施工质量是直接形成工程质量的基础，为达到对工序施工质量控制的效果，在加强工序管理和质量目标控制方面应坚持以下要求。

（1）预防为主

严格按照施工质量计划的要求，进行各分部分项施工作业的部署，同时，根据施工作业的内容、范围和特点，制定施工质量控制计划，明确施工质量目标和工程质量技术要领，认真进行工程质量技术交底，落实各项技术组织措施。

（2）重点控制

在施工作业计划中，一方面要认真贯彻实施施工质量计划中的质量控制点的控制措施；同时，要根据作业活动的实际需要，进一步建立工序质量控制点，深化工序质量的重点控制。

（3）坚持标准工序施工人员在工序施工过程应严格进行质量自检，通过自检不断改进作业质量，并创造条件开展工序质量互检，通过互检加强技术与经验的交流。对已完工序的产品，即检验批或分部分项工程，应严格坚持质量标准。对不合格的施工质量，不得进行验收签证，必须按照规定的程序进行处理。

《建筑工程施工质量验收统一标准》GB 50300—2013、《建筑装饰装修工程质量验收规范》GB 50210—2001 及配套使用的专业质量验收规范，是施工质量自控的合格标准。有条件的施工企业或项目经理部应结合自己的条件编制高于国家标准的企业内控标准或工程项目内控标准，或采用施工承包合同明确规定的更高标准列入质量计划中，努力提升工程质量水平。

（4）记录完整

施工图纸、质量计划、作业指导书、材料质保书、检验试验及检测报告、质量验收记录等，是形成可追溯性的质量保证依据，也是工程竣工验收所不可缺少的质量控制资料。因此，对工序作业质量，应有计划、有步骤地按照施工管理规范的要求进行填写记载，做到及时、准确、完整、有效，并具有可追溯性。

4. 施工质量自控的有效制度

施工质量自控的有效制度根据实践经验的总结，有以下几种：

（1）质量自检制度；

（2）质量例会制度；

（3）质量会诊制度；

（4）质量样板制度；

（5）质量挂牌制度；

（6）每月质量讲评制度等。

4.4.3 施工质量的监控

1. 施工质量的监控主体

我国《建设工程质量管理条例》规定，国家实行建设工程质量监督管理制度。建设单位、监理单位、设计单位及政府的工程质量监督部门，在施工阶段依据法律法规和工程施工承包合同，对施工单位的质量行为和质量状况实施监督控制。

设计单位应当就审查合格的施工图纸设计文件向施工单位作出详细说明；应当参与建设工程质量事故分析，并对因设计造成的质量事故，提出相应的技术处理方案。

建设单位在领取施工许可证或者开工报告前，应当按照国家有关规定办理工程质量监督手续。

作为监控主体之一的项目监理机构，在施工作业实施过程中，根据其监理规划与实施细则，采取现场旁站、巡视、平行检验等形式，对施工质量进行监督检查，如发现工程施工不符合工程设计要求、施工技术标准和合同约定的，有权要求建筑施工企业改正。监理机构应进行检查而没有检查或没有按规定进行检查的，给建设单位造成损失时应承担赔偿责任。

必须强调，施工质量的自控主体和监控主体，在施工全过程相互依存、各尽其责，共同推动着施工质量控制过程的展开和最终实现工程项目的质量总目标。

2. 现场质量检查

现场质量检查是施工质量的监控的主要手段。

（1）现场质量检查的内容；

（2）现场质量检查的方法；

（3）技术核定与见证取样送检；

（4）技术核定。

在建设工程项目施工过程中，因施工方对施工图纸的某些要求不甚明白，或图纸内部存在某些矛盾，或工程材料调整与代用，改变建筑节点构造、管线位置或走向等，需要通过设计单位明确或确认的，施工方必须以技术核定单的方式向监理工程师提出，报送设计单位核准确认。

3. 见证取样送检

为了保证建设工程质量，我国规定对工程所使用的主要材料、半成品、构配件以及施工过程留置的试块、试件等应实行现场见证取样送检。见证人员由建设单位及工程监理机构中有相关专业知识的人员担任，送检的试验室应具备经国家或地方工程检验检测主管部门核准的相关资质；见证取样送检必须严格按执行规定的程序进行，包括取样见证记录、样本编号、填单、封箱、送试验室、核对、交接、试验检测、报告等。

检测机构应当建立档案管理制度。检测合同、委托单、原始记录、检测报告应当按年度统一编号，编号应当连续，不得随意抽撤、涂改。

4.4.4 隐蔽工程验收与成品质量保护

1. 隐蔽工程验收

凡被后续施工所覆盖的施工内容，如地基基础工程、钢筋工程、预埋管线等均属隐蔽工程。加强隐蔽工程质量验收，是施工质量控制的重要环节，其程序要求施工方首先应完成自检并合格，然后填写专用的《隐蔽工程验收单》。验收单所列的验收内容应与已完的隐蔽工程实物相一致，并事先通知监理机构及有关方面，按约定时间验收。验收合格的隐蔽工程由各方共同签署验收记录；验收不合格的隐蔽工程，应按验收整改意见进行整改后重新验收。严格隐蔽工程验收的程序和记录，对于预防工程质量隐患，提供可追溯质量记录具有重要作用。

2. 施工成品质量保护

建设工程项目已完施工的成品保护，目的是避免已完施工成品受到来自后续施工以及其他方面的污染或损坏。已完施工的成品保护问题和相应措施，在工程施工组织设计与计划阶段就应该在施工顺序上进行考虑，防止施工顺序不当或交叉作业造成相互干扰、污染和损坏；成品形成后可采取防护、覆盖、封闭、包裹等相应措施进行保护。

4.5 设置装饰工程施工的质量控制点的原则和方法

施工质量控制点的设置是施工质量计划的重要组成内容，施工质量控制点是施工质量控制的重点对象。

4.5.1 质量控制点的设置原则

质量控制点应选择那些技术要求高、施工难度大、对工程质量影响大或是发生质量问题时危害大的对象进行设置。一般选择下列部位或环节作为质量控制点：

(1) 对工程质量形成过程产生直接影响的关键部位、工序、环节及隐蔽工程。

(2) 施工过程中的薄弱环节，或者质量不稳定的工序、部位或对象。

(3) 对下道工序有较大影响的上道工序。

(4) 采用新技术、新工艺、新材料的部位或环节。

(5) 施工质量无把握的、施工条件困难的或技术难度大的工序或环节。

(6) 用户反馈指出的和过去有过返工的不良工序。

一般建筑工程质量控制点的设置可参考表4-1。

建筑工程质量控制点　表 4-1

分项工程	质量控制点设置
工程测量定位	标准轴线桩、水平桩、龙门板、定位轴线、标高
地基、基础（含设备基础）	基坑（槽）尺寸、标高、土质、地基承载力，基础垫层标高，基础位置、尺寸、标高，预留洞孔的位置、标高、规格、数量，基础杯口弹线
砌体	砌体轴线，皮数杆，砂浆配合比，预留洞孔、预埋件的位置、数量，砌块排列
模板	位置、标高、尺寸，预留洞孔位置、尺寸，预埋件的位置，模板的承载力、刚度和稳定性，模板内部清理及润湿情况
钢筋混凝土	水泥品种、强度等级，砂石质量，混凝土配合比，外加剂掺量，混凝土振捣，钢筋品种、规格、尺寸、搭接长度，钢筋焊接、机械连接，预留洞、孔及预埋件规格、位置、尺寸、数量，预制构件吊装或出厂（脱模）强度，吊装位置、标高、支承长度、焊缝长度
吊装	吊装设备的起重能力、吊具、索具、地锚
钢结构	翻样图、放大样
焊接	焊接条件、焊接工艺
装修	视具体情况而定

4.5.2　质量控制点的重点控制对象

质量控制点的选择要准确，还要根据对重要质量特性进行重点控制的要求，选择质量控制点的重点部位、重点工序和重点的质量因素作为质量控制点的控制对象，进行重点预控和监控，从而有效地控制和保证施工质量。质量控制点的重点控制对象主要包括以下几个方面。

（1）人的行为：某些操作或工序，成以人为重点的控制对象，如高空、高温、水下、易燃易爆、重型构件吊装作业以及操作要求高的工序和技术难度大的工序等，都应从人的生理、心理、技术能力等方面进行控制。

（2）材料的质量与性能：这是直接影响工程质量的重要因素，在某些工程中应作为控制的重点，如钢结构工程中使用的高强度螺栓、某些特殊焊接使用的焊条，都应重点控制其材质与性能；又如，水泥的质量是直接影响抹灰工程质量的关键因素，施工中就应对进场的水泥质量进行重点控制，必须检查核对其出厂合格证，并按要求进行凝结时间和安定性的复验等。

（3）施工方法与关键操作：某些直接影响工程质量的关键操作为控制的重点，如吊顶工程中对吊杆的控制，吊杆的位置、间距、规格及连接方式是保证吊顶质量的关键点；同时，那些易对工程质量产生重大影响的施工方法，也应列为控制的重点，如天然石材饰面安装的方法是采用湿贴法还是干挂法。

（4）施工技术参数：如混凝土的外加剂掺量、水灰比，回填土的含水量，砌体的砂浆饱满度，防水混凝土的抗渗等级，建筑物沉降与基坑边坡稳定监测数据，大体积混凝土内外温差及混凝土冬期施工受冻临界强度等技术参数，都是应重点控制的质量参数与指标。

（5）技术间歇：有些工序之间必须留有必要的技术间歇时间，如砌筑与抹灰之间，应在墙体砌筑后留置 28d 时间，让墙体充分沉降、稳定、干燥，然后再抹灰，抹灰层干燥后，才能喷白、刷浆；混凝土浇筑与模板拆除之间，应保证混凝土有一定的硬化时间，达到规定拆模强度后方可拆除等。

（6）施工顺序：对于某些工序之间必须严格控制先后的施工顺序。

（7）易发生或常见的质量通病：如混凝土工程的蜂窝、麻面、空洞，墙、地面、屋面工程渗水、漏水、空鼓、起砂、裂缝等，都与工序操作有关，均应事先研究对策，提出预防措施。

（8）新技术、新材料及新工艺的应用：由于缺乏经验，施工时应将其作为重点进行控制。

（9）产品质量不稳定和不合格率较高的工序，应列为重点，认真分析，严格控制。

（10）特殊地基或特种结构：对于湿陷性黄土、膨胀土等特殊土地基的处理，以及大跨度结构、高耸结构等技术难度较大的施工环节和重要部位，均应予以特别的重视。

4.5.3 质量控制点的管理

设定了质量控制点，质量控制的目标及工作重点就更加明晰。

首先，要做好施工质量控制点的事前质量预控工作，包括：明确质量控制的目标与控制参数；编制作业指导书和质量控制措施；确定质量检查检验方式及抽样的数量与方法；明确检查结果的判断标准及质量记录与信息反馈要求等。

其次，要向施工作业班组进行认真交底，使每一个控制点上的作业人员明白作业规程及质量检验评定标准，掌握施工操作要领。施工过程中，相关技术管理和质量控制人员要在现场进行重点指导和检查验收。

同时，还要做好施工质量控制点的动态设置和动态跟踪管理。所谓动态设置，是指在工程开工前、设计交底和图纸会审时，可确定项目的质量控制点，随着工程的展开、施工条件的变化，随时或定期进行控制点的调整和更新。动态跟踪是应用动态控制原理，落实专人负责跟踪和记录控制点质量控制的状态和效果，并及时向企业管理组织的高层管理者反馈质量控制信息，保持施工质量控制点的受控状态。

对于危险性较大的分部分项工程或特殊施工过程，除按一般过程质量控制的规定执行外，还应由专业技术人员编制专项施工方案或作业指导书，经项目技术负责人审批及监理工程师签字后执行。超过一定规模的危险性较大的分部分项工程，还要组织专家对专项方案进行论证。作业前，施工员、技术员做好交底和记录，使操作人员在明确工艺标准、质量要求的基础上作业。为保证质量控制点的目标实现，应严格按照三检制进行检查控制。在施工中发现质量控制点有异常时，成立即停止施工，召开分析会，查找原因采取对策予以解决。

施工单位应积极主动地支持、配合监理工程师的工作，应根据现场工程监理机构的要求，对施工作业质量控制点，按照不同的性质和管理要求，细分为“见证点”和“待检点”进行施工质量的监督和检查。凡属“见证点”的施工作业，如重要部位、特种作业、专门工艺等，施工方必须在该项作业开始前 48h，书面通知现场监理机构到位旁站，见证施工作业过程；凡属“待检点”的施工作业，如隐蔽工程等，施工方必须在完成施工质量自检的基础上，提前 48h 通知项目监理机构进行检查验收，然后才能进行工程隐蔽或下道工序的施工。未经项目监理机构检查验收合格，不得进行工程隐藏或下道工序的施工。

第5章　施工质量计划的内容和编制方法

按照《质量管理体系 基础和术语》GB/T 19000—2008/ISO 9000：2005，质量计划是质量管理体系文件的组成内容。在合同环境下，质量计划是企业向顾客表明质量管理方针、目标及其具体实现的方法、手段和措施的文件。体现企业对质量责任的承诺和实施的具体步骤。

5.1　施工质量计划的形式和内容

在建筑施工企业的质量管理体系中，以施工项目为对象的质量计划称为施工质量计划。

1. 施工质量计划的形式

目前，我国除了已经建立质量管理体系的施工企业直接采用施工质量计划的形式外，通常还采用在工程项目施工组织设计或施工项目管理实施规划中包含质量计划内容的形式。因此，现行的施工质量计划有三种形式：

（1）工程项目施工质量计划；

（2）工程项目施工组织设计（含施工质量计划）；

（3）工程项目管理实施规划（含施工质量计划）。

施工组织计划或施工项目管理实施规划之所以能发挥施工质量计划的作用，这是因为根据建筑生产的技术经济特点，每个工程项目都需要进行施工生产过程的组织与计划，包括施工质量、进度、成本、安全等目标的设定，实现目标的计划和控制措施的安排等。因此，施工质量计划所要求的内容，理所当然地被包含于施工组织设计或项目管理实施规划中，而且能够充分体现施工项目管理目标（质量、进度、成本、安全）的关联性、制约性和整体性，这也和全面质量管理的思想方法相一致。

2. 装饰工程施工质量计划的内容

在已经建立质量管理体系的情况下，质量计划的内容必须全面体现和落实企业质量管理体系文件的要求（也可引用质量体系文件中的相关条文），编制程序、内容和编制依据符合有关规定，同时结合本工程的特点，在质量计划中编写专项管理要求。施工质量计划的基本内容一般应包括：

（1）工程特点及施工条件（合同条件、法规条件和环境条件等）分析；

（2）质量总目标及其分解目标；

（3）质量管理组织机构和职责，人员及资源配置计划；

（4）确定施工工艺与操作方法的技术方案和施工组织方案；

（5）施工材料、设备等物资的质量管理及控制措施；

（6）施工质量检验、检测、试验工作的计划安排及其实施方法与接收准则；

（7）施工质量控制点及其跟踪控制的方式与要求；

（8）质量记录的要求等。

5.2 施工质量计划的编制和审批

建设工程项目施工任务的组织，无论业主方采用平行发包还是总分包方式，都将涉及多方参与主体的质量责任。也就是说，建筑产品的直接生产过程，是在协同方式下进行的，因此，在工程项目质量控制系统中，要按照谁实施、谁负责的原则，明确施工质量控制的主体构成及其各自的控制范围。

1. 施工质量计划的编制主体

施工质量计划应由自控主体即施工承包企业进行编制。在平行发包方式下，各承包单位应分别编制施工质量计划；在总分包模式下，施工总承包单位应编制总承包工程范围的施工质量计划，各分包单位编制相应分包范围的施工质量计划，作为施工总承包方质量计划的深化和组成部分。施工总承包方有责任对各分包施工质量计划的编制进行指导和审核，并承担相应施工质量的连带责任。

2. 施工质量计划涵盖的范围

施工质量计划涵盖的范围，按整个工程项目质量控制的要求，应与建筑安装工程施工任务的实施范围相一致，以此保证整个项目建筑安装工程的施工质量总体受控；对具体施工任务承包单位而言，施工质量计划涵盖的范围，应能满足其履行工程承包合同质量责任的要求。项目的施工质量计划，应在施工程序、控制组织、控制措施、控制方式等方面，形成一个有机的质量计划系统，确保实现项目质量总目标和各分解目标的控制能力。

3. 施工质量计划编制依据

（1）工程承包合同、设计图纸及相关文件；

（2）企业的质量管理体系文件及其对项目部的管理要求；

（3）国家和地方相关的法律、法规、技术标准、规范及有关施工操作规程；

（4）施工组织设计、专项施工方案；

（5）安全施工管理条例等。

4. 施工质量计划编制要求

（1）施工质量计划应在项目策划过程中编制，经审批后作为对外质量保证和对内质量控制的依据；

（2）施工质量计划是将质量保证标准、质量管理手册和程序文件的通用要求与项目质量联系起来的文件，应保持与现行质量文件要求的一致性；

（3）施工质量计划应高于且不低于通用质量体系文件所规定的要求；

（4）施工质量计划应明确所涉及的质量活动，并对其责任和权限进行分配；同时，应考虑相互间的协调性和可操作性；

（5）质量计划应体现从检验批、分项工程、分部工程到单位工程的过程控制，且应体现从资源投入到完成工程质量最终检验和试验的全过程管理与控制要求；

（6）施工质量计划应由项目经理部组织编写，须报企业相关管理部门批准并征得发包方和监理方认可后实施；

（7）施工企业应对质量计划实施动态管理，及时调整相关文件并监督实施。

施工质量计划编制要求 **表 5-1**

序号	项　目	编　制　要　求
1	质量目标	质量目标一般由企业技术负责人、项目经理部管理层经认真分析施工项目特点、项目经理部情况及企业生产经营总目标后决定。其基本要求是施工项目竣工交付业主(用户)使用时，质量要达到合同范围内的全部工程的所有使用功能符合设计(或变更)图纸要求；检验批、分部、分项、单位工程质量达到施工质量验收统一标准
2	管理职责	施工质量计划应规定项目经理部管理人员及操作人员的岗位职责； 项目经理是施工项目的最高负责人，对工程符合设计(或变更)、质量验收标准、各阶段按期交工负责，以保证整个工程项目质量符合合同要求。项目经理可委托项目质量副经理(或技术负责人)负责施工项目质量计划和质量文件的实施及日常质量管理工作； 项目生产副经理要对施工项目的施工进度负责，调配人力、物力保证按图纸和规范施工，协调同业主(用户)、分包商的关系，负责审核结果、整改措施和质量纠正措施的实施； 施工队长、工长、测量员、试验员、计算员在项目质量副经理的直接指导下负责所管部位和分项施工全过程的质量，使其符合图纸和规范要求、有变更的要符合变更要求，有特殊规定的要符合特殊要求； 材料员、机械员对进场的材料、构件、机械设备进行质量验收和退货、索赔，对业主或分包商提供的物资和机械设备要按合同规定进行验收
3	资源提供	施工质量计划要规定项目经理部管理人员及操作人员的岗位职责标准及考核认定方法； 规定施工项目人员流动的管理程序； 规定施工项目人员进场培训的内容、考核和记录；规定新技术、新工艺、新材料、新设备的操作方法和操作人员的培训内容； 规定施工项目所需的临时设施、支持性服务手段、施工设备及通信设施； 规定为保证施工环境所需要的其他资源供给等
4	施工项目实现过程的策划	施工质量计划中要规定施工组织设计或专项质量计划的编制要点及接口关系； 规定重要施工过程技术交底的质量策划要求； 规定新技术、新材料、新工艺、新设备的策划要求； 规定重要过程验收的准则或工艺评定方法
5	业主提供的材料、机械设备等产品的过程控制	施工项目上需用的材料、机械设备在许多情况下是由业主提出的。对这种情况要作出如下规定： 业主如何标识、控制其提供产品的质量； 检查、检验、验证业主提供产品满足规定要求的方法； 对不合格的处理方法
6	材料、机械设备等采购过程的控制	施工质量计划对施工项目所需的材料、设备等要规定供方产品标准及质量管理体系的要求、采购的法规要求，有可追溯性要求时，要明确其记录、标志的主要方法等
7	产品标识和可追溯性控制	隐蔽工程、分部分项工程的验收、特殊要求的工程等必须做可追溯性记录，施工项目的质量计划要对其可追溯性的范围、程序、标识、所需记录及如何控制和分发这些记录等内容作出规定； 坐标控制点、标高控制点、编号、安全标志、标牌等是施工项目的重要标识记录，质量计划要对这些标识的准确性控制措施、记录等内容作出详细规定； 重要材料(如钢材、构件等)及重要施工设备的运作必须具有可追溯性

续表

序号	项 目	编 制 要 求
8	施工工艺过程控制	施工质量计划要对工程从合同签订到交付全过程的控制方法作出相应的规定。具体包括： 施工项目的各种进度计划的过程识别和管理规定； 施工项目实施全过程各阶段的控制方案、措施及特殊要求； 施工项目实施过程需用的程序文件、作业指导书； 隐蔽工程、特殊工程进行控制、检查、鉴定验收、中间交付的方法及人员上岗条件和要求等； 施工项目实施工过程需使用的主要施工机械设备、工具的技术和工作条件、运行方案等
9	搬运、存储、包装、成品保护和交付过程的控制	施工质量计划要对搬运、存储、包装、成品保护和交付过程的控制方法作出相应的规定。具体包括： 施工项目实施过程所形成的分部、分项、单位工程的半成品、成品保护方案、措施、交接方式等内容的规定； 工程中间交付、竣工交付工程的收尾、维护、验收、后续工作处理的方案、措施、方法的规定； 材料、构件、机械设备的运输、装卸、存收的控制方案、措施的规定等
10	安装和调试的过程控制	对于工程水、电、暖、电信、通风、机械设备等安装、检测、调试、验评、交付、不合格的处置等内容规定方案、措施、方式。由于这些工作同土建施工交叉配合较多，因此对于交叉接口程序、验证哪些特性、交接验收、检测、试验设备要求、特殊要求等内容要作明确规定，以便各方面实施时遵循
11	检验、试验和测量过程及设备的控制	施工质量计划要对施工项目所进行和使用的所有检验、试验、测量和计量过程及设备的控制、管理制度等作出相应的规定
12	不合格品的控制	施工质量计划要编制作业、分项、分部工程不合格品出现的补救方案和预防措施，规定合格品与不合品之间的标识，并制定隔离措施

5. 施工质量计划的审批

施工单位的项目施工质量计划或施工组织设计文件编成后，应按照工程施工管理程序进行审批，包括施工企业内部的审批和项目监理机构的审查。

（1）企业内部的审批

施工单位的项目施工质量计划或施工组织设计的编制与内部审批，应根据企业质量管理程序性文件规定的权限和流程进行。通常由项目经理部主持编制，报企业组织管理层批准。

施工质量计划或施工组织设计文件的内部审批过程，是施工企业自主技术决策和管理决策的过程，也是发挥企业职能部门与施工项目管理团队的智慧和经验的过程。

（2）项目监理机构的审查

实施工程监理的施工项目，按照我国建设工程监理规范的规定，施工承包单位必须在工程开工前填写《施工组织设计/(专项）施工方案报审表》并附施工组织设计（含施工质量计划)，报送项目监理机构审查。项目监理机构应审查施工单位报审的施工组织设计，符合要求时，应由总监理工程师签认后报建设单位。施工组织设计需要调整时，应按程序重新审查。

(3) 审批关系的处理原则

正确执行施工质量计划的审批程序，是正确理解工程质量目标和要求，保证施工部署、技术工艺方案和组织管理措施的合理性、先进性和经济性的重要环节，也是进行施工质量事前预控的重要方法。因此，在执行审批程序时，必须正确处理施工企业内部审批和监理机构审批的关系，其基本原则如下：

1）充分发挥质量自控主体和监控主体的共同作用，在坚持项目质量标准和质量控制能力的前提下，正确处理承包人利益和项目利益的关系；施工企业内部的审批首先应从履行工程承包合同的角度，审查实现合同质量目标的合理性和可行性，以项目质量计划向发包方提供可信任的依据。

2）施工质量计划在审批过程中，对监理机构审查所提出的建议、希望、要求等意见是否采纳以及采纳的程度，应由负责质量计划编制的施工单位自主决策。在满足合同和相关法规要求的情况下，确定质量计划的调整、修改和优化，并对相应执行结果承担责任。

3）经过按规定程序审查批准的施工质量计划，在实施过程中如因条件变化需要对某些重要决定进行修改时，其修改内容仍应按照相应程序经过审批后执行。

第 6 章　装饰工程质量问题的分析、预防及处理方法

6.1　施工质量问题的分类与识别

工程质量问题一般分为工程质量缺陷、工程质量通病、工程质量事故。

1. 工程质量缺陷

工程质量缺陷是指工程达不到技术标准允许的技术指标的现象。

2. 工程质量通病

工程质量通病是指各类影响工程结构、使用功能和外形观感的常见性质量损伤，犹如“多发病”一样，而称为质量通病。

常见的质量通病主要有：

(1) 砂浆、混凝土配合比控制不严，任意加水，强度得不到保证；

(2) 卫生间、厨房渗水、漏水；

(3) 墙面抹灰起壳、裂缝、起麻点、不平整；

(4) 地面及楼面起砂、起壳、开裂；

(5) 门窗变形、缝隙过大、密封不严；

(6) 金属栏杆、管道、配件锈蚀；

(7) 壁纸粘贴不牢、空鼓、折皱、压平起光；

(8) 饰面板、饰面砖拼缝不平、不直、空鼓、脱落；

(9) 喷浆不均匀、脱色、掉粉等。

3. 工程质量事故

工程质量事故是指在工程建设过程中或交付使用后，对工程结构安全、使用功能和外形观感影响较大的质量损伤。它的特点是：

(1) 经济损失达到较大的金额；

(2) 有时造成人员伤亡；

(3) 后果严重，影响结构安全；

(4) 无法降级使用，难以修复时，必须推倒重建。

4. 工程质量事故的分类

各门类、各专业工程，各地区、不同时期界定建设工程质量事故的标准尺度不一。《关于做好房屋建筑和市政基础设施工程质量事故报告和调查处理工作的通知》（建质［2010］111 号）对工程质量事故通常采用按造成的人员伤亡或者直接经济损失程度进行分类，其基本分类见表 6-1。

工程质量事故的分类 表 6-1

事故类型	具备条件（满足条件之一即为该类型）
一般事故	1. 造成 3 人以下死亡，或者 10 以下重伤的； 2. 直接经济损失 100 万元以上 1000 万元以下的
较大事故	1. 造成 3 人以上 10 以下死亡，或者 10 人以上 50 人以下重伤的； 2. 直接经济损失 1000 万元以上 5000 万元以下的
重大事故	1. 造成 10 人以上 30 人以下死亡，或者 50 人以上 100 人以下重伤的； 2. 直接经济损失 5000 万以上 1 亿元以下的
特别重大事故	1. 造成 30 人以上死亡，或者 100 人以上重伤的； 2. 直接经济损失 1 亿元以上的

注：本等级划分所称的"以上"包括本数，所称的"以下"不包括本数。

6.2 形成质量问题的原因分析

施工质量事故发生的原因大致有如下四类：

1. 技术原因

技术原因指引发质量事故是由于在项目设计、施工中技术上的失误。例如，结构设计方案不正确，计算失误，构造设计不符合规范要求；施工管理及实际操作人员的技术素质差，采用了不合适的施工方法或施工工艺等。这些技术上的失误是造成质量事故的常见原因。

2. 管理原因

管理原因是指引发质量事故是由于管理上的不完善或失误。例如，施工单位或监理单位的质量管理体系不完善，质量管理措施落实不力，施工管理混乱，不遵守相关规范，违章作业，检验制度不严密，质量控制不严格，检测仪器设备管理不善而失准，以及材料质量检验不严等原因引起质量事故。

3. 社会、经济原因

社会、经济原因是指引发的质量事故是由于社会上存在的不正之风及经济上的原因，滋长了建设中的违法违规行为，而导致出现质量事故。例如，违反基本建设程序，无立项、无报建、无开工许可、无招标投标、无资质、无监理、无验收的"七无"工程，边勘察、边设计、边施工的"三边"工程，屡见不鲜，几乎所有的重大施工质量事故都能从这个方面找到原因；某些施工企业盲目追求利润而不顾工程质量，在投标报价中随意压低标价，中标后则依靠违法的手段或修改方案追加工程款，甚至偷工减料等，这些因素都会导致发生重大工程质量事故。

4. 人为事故和自然灾害原因

人为事故和自然灾害原因是指造成质量事故是由于人为的设备事故、安全事故，导致连带发生质量事故，以及严重的自然灾害等不可抗力造成质量事故。

6.3 施工质量事故预防的具体措施

1. 严格按照基本建设程序办事

杜绝无证设计、无图施工；禁止任意修改设计和不按图纸施工；工程竣工不进行不经验收不得交付使用。

2. 进行必要的设计审查复核

要请具有合格专业资质的审图机构对施工图进行审查复核，防止因设计考虑不周、结构构造不合理、设计计算错误、沉降缝及伸缩缝设置或处理不当等原因导致质量事故的发生。

3. 严格把好建筑材料及制品的质量关

要从采购订货、进场验收、质量复验、存储和使用等几个环节，严格控制建筑材料及制品的质量，防止不合格或变质、损坏的材料和制品用到工程上。

4. 对施工人员进行必要的技术培训

要通过技术培训使施工人员掌握基本的建筑结构和建筑材料知识，懂得遵守施工验收规范对保证工程质量的重要性，从而在施工中自觉遵守操作规程，不蛮干，不违章操作，不偷工减料。

5. 依法进行施工组织管理

施工管理人员要认真学习、严格遵守国家相关政策法规和施工技术标准，依法进行施工组织管理；施工人员首先要熟悉图纸，对工程的难点和关键工序、关键部位应编制专项施工方案并严格执行；施工作业必须按照图纸和施工验收规范、操作规程进行；施工技术措施要正确，施工顺序不可搞错，脚手架和楼面不可超载堆放构件和材料；要严格按照制度进行质量检查和验收。

6. 做好应对不利施工条件和各种灾害的预案

要根据当地气象资料的分析和预测，事先针对可能出现的风、雨、高温、严寒、雷电等不利施工条件，制定相应的施工技术措施；还要对不可预见的人为事故和严重自然灾害做好应急预案，并有相应的人力、物力储备。

7. 加强施工安全与环境管理

许多施工安全和环境事故都会连带发生质量事故，加强施工安全与环境管理，也是预防施工质量事故的重要措施。

6.4 质量问题的处理方法

1. 返修处理

当项目的某些部分的质量虽未达到规范、标准或设计规定的要求，存在一定的缺陷，但经过采取整修等措施后可以达到要求的质量标准，又不影响使用功能或外观的要求时，可采取返修处理的方法。例如某些混凝土结构表面出现蜂窝、麻面等轻微缺陷，当这些缺陷或损伤仅仅在结构的表面或局部，不影响其使用和外观，可进行返修处理。再比如对混凝土结构出现裂缝，经分析研究后如果不影响结构的安全和使用功能时，也可采取返修处理。当裂缝宽度不大于 0.2mm 时，可采用表面密封法；当裂缝宽度大于 0.3mm 时，采用嵌缝密闭法；当裂缝较深时，则应采取灌浆修补的方法。

2. 加固处理

主要是针对危及结构承载力的质量缺陷的处理。通过加固处理，使建筑结构恢复或提高承载力，重新满足结构安全性与可靠性的要求，使结构能继续使用或改作其他用途。对混凝土结构常用的加固方法主要有：增大截面加固法、外包角钢加固法、粘钢加固法、增设支点加固法、增设剪力墙加固法、预应力加固法等。

3. 返工处理

当工程质量缺陷经过返修、加固处理后仍不能满足规定的质量标准要求，或不具备补救可能性，则必须采取重新制作、重新施工的返工处理措施。例如，某高层住宅施工中，有几层的混凝土结构误用了安定性不合格的水泥，无法采用其他补救办法，不得不爆破拆除重新浇筑。

4. 限制使用

当工程质量缺陷按修补方法处理后无法保证达到规定的使用要求和安全要求，而又无法返工处理的情况下，不得已时可作出诸如结构卸荷以及限制使用的决定。

5. 不作处理

某些工程质量问题虽然达不到规定的要求或标准，但其情况不严重，对结构安全或使用功能影响很小，经过分析、论证、法定检测单位鉴定和设计单位等认可后可不作专门处理。一般可不作专门处理的情况有以下几种：

（1）不影响结构安全和使用功能的。例如，某些部位的混凝土表面裂缝，经检查分析，属于表面养护不够的干缩微裂，不影响安全和外观，也可不作处理。

（2）后道工序可以弥补的质量缺陷。例如，混凝土结构表面的轻微麻面，可通过后续的抹灰、刮涂、喷涂等弥补，也可不作处理。再比如，混凝土现浇楼面的平整度偏差达到 10mm，但由于后续垫层和面层的施工可以弥补，所以也可不作处理。

（3）法定检测单位鉴定合格的。例如，某检验批混凝土土试块强度值不满足规范要求，强度不足，但经法定检测单位对混凝土实体强度进行实际检测后，其实际强度达到规范允许和设计要求值时，可不作处理。对经检测未达到要求值，但相差不多，经分析论证，只要使用前经再次检检测达到设计强度，也可不作处理，但应严格控制施工荷载。

（4）出现的质量缺陷，经检测鉴定达不到设计要求，但经原设计单位核算，仍能满足结构安全和使用功能的。例如，某一结构构件截面尺寸不足，或材料强度不足，影响结构承载力，但按实际情况进行复核验算后仍能满足设计要求的承载力时，可不进行专门处理，这种做法实际上还是挖掘设计潜力或降低设计的安全系数，应谨慎处理。

6. 报废处理

出现质量事故的项目，通过分析或实践，采取上述处理方法后仍不能满足规定的质量要求或标准，则必须予以报废处理。

6.5 装饰装修工程中常见的质量问题

装饰装修工程中常见的质量问题见表 6-2。

装饰装修工程常见质量问题　　表 6-2

名称	现象	原因分析	预防措施	治理方法
金属门窗安装	翘曲变形：金属门窗框翘曲；框、扇料弯曲变形，关闭不严密，或者扇与框摩擦和卡住	1. 制作质量粗糙，本身翘曲不平； 2. 搬运、装卸不慎造成局部变形； 3. 施工时在门窗框上搭架子或脚手板，致使窗子弯曲	1. 安装前逐樘检查，保证质量； 2. 搬运堆放时轻搬轻放； 3. 施工时不准用门窗作为受力、受压点	1. 调直处理； 2. 全部校正
内墙饰面砖工程	1. 墙面不平、不垂直； 2. 空鼓、脱落； 3. 接缝不直，缝隙不均匀； 4. 饰面砖裂缝、变色、表面污染	1. 结构施工中和内隔墙砌筑时，控制的不好，造成墙面的垂直和平整度偏差太大； 2. 装修抹灰时控制不严； 3. 基层处理不好； 4. 饰面砖浸泡的时间短，或浸泡后没有晾干； 5. 镶贴的砂浆薄厚不匀	1. 抹灰前检查墙面的垂直度； 2. 贴面砖严格控制和随时检查； 3. 基层处理； 4. 保证底灰平整； 5. 勾缝灰浆密实	在施工中注意按要求操作
石材饰面工程	1. 大理石墙面板块接缝不平，板面纹理不通顺，色泽深浅不匀； 2. 大理石在色纹暗缝及其他处出现不规则的裂缝； 3. 大理石墙面褪色和失去光泽，产生麻点、局部开裂和脱落、空鼓	1. 基层处理不好； 2. 板块在使用前没有严格挑选、试拼、编号； 3. 大理石材质较差，受到结构沉降压缩变形的影响； 4. 镶贴墙面的上下板块空隙较小，结构受压变形	1. 对偏差较大的基层应事先凿平或修补、清扫并浇水湿润； 2. 及时清理板面，不准水泥浆污染板面； 3. 应剔除有裂痕、暗伤、缺棱掉角等缺陷； 4. 待结构沉降稳定后进行大理石墙的贴面，在顶部和底部留一定的缝隙	1. 在施工中注意按要求操作； 2. 安装前进行隐蔽验收
金属饰面工程	1. 表面不平整； 2. 线条不通顺，不清晰	1. 龙骨安装不到位； 2. 金属板在安装前没有严格挑选、试拼及编号； 3. 操作不当； 4. 板块安装不到位，致使打胶时线条不通顺	1. 对偏差大的基层应事先凿平和修补； 2. 大面积安装时要试拼及编号	1. 安装前进行隐蔽验收； 2. 按操作规范进行
涂料饰面	1. 流坠、流挂； 2. 涂膜发花； 3. 涂膜开裂、脱落	1. 涂饰面凹凸不平，凹处积油过多，施工时气温又太高，成膜中流动性太大； 2. 涂料黏度不够，刷涂时醮油过多，喷涂时喷枪口径太大，或喷涂时压力大小不均，喷枪与施涂面距离不一致等； 3. 含有多种颜料的复色涂料，如果各种颜料的相对密度差异较大，施工中颜料分层离析，就会造成浮色现象，即涂膜发花； 4. 刷涂时，刷毛太粗、太硬或未将已沉淀的颜料搅拌均匀，都可能出现涂膜发花的现象； 5. 基层处理不净，有潮湿、霉染、灰尘等，涂料与基层粘结不牢； 6. 面层涂料硬度过高，柔韧性差或涂料中挥发成分太多，影响成膜的结合力； 7. 涂层过厚，表干里不干	1. 基层尽量平整，刷涂时用力均匀，每遍涂料厚度控制合理，选择匹配的稀释剂； 2. 空压机压力稳定均匀，喷枪嘴的口径要调整合适，操作时离施涂面保持相等距离，均匀移动； 3. 颜料相对密度差异较大的复色涂料中应适当的加入甲基硅油，刷涂的刷子毛要软，且在刷涂过程中经常搅拌，使其均匀； 4. 基层必须处理干净，要选用柔韧适宜的涂料，注意催干剂的用量和搭配的适当，涂层厚度要恰到好处	在施工中注意按要求操作

续表

名 称	现 象	原因分析	预防措施	治理方法
木地板安装	走廊与房间、相邻两房间或两种不同材料的地面相交处高低不平，以及整个房间不水平等	1. 房间内水平线弹得不准，造成累积误差大，使每一房间实际标高不一； 2. 或者木格栅不平、粘贴的水泥类楼地面基层不平整等	1. 木格栅铺设后，应经隐蔽验收，合格后方可铺设毛地板或面层； 2. 粘贴拼花地板的基层平整度应符合要求； 3. 施工前校正一下水平线，有误差要先调整； 4. 相邻房间的地面标高应以先施工的为准； 5. 人工修边要尽量找平	在施工中注意按要求操作

第7章　参与编制施工项目质量计划

7.1　施工质量的影响因素及质量管理原则

7.1.1　施工质量的影响因素

建设工程项目质量的影响因素，主要是指在项目质量目标策划、决策和实现过程中影响质量形成的各种客观因素和主观因素，包括人的因素、机械因素、材料因素、方法因素和环境因素（简称人、机、料、法、环）等。

1. 人的因素

在工程项目质量管理中，人的因素起决定性的作用。项目质量控制应以控制人的因素为基本出发点。影响项目质量的人的因素，包括两个方面：一是指直接履行项目质量职能的决策者、管理者和作业者的质量意识及质量活动能力；二是指承担项目策划、决策或实施的建设单位、勘察设计单位、咨询服务机构、工程承包企业等实体组织的质量管理体系及其管理能力。前者是个体的人，后者是群体的人。我国实行建筑业企业经营资质管理制度、市场准入制度、执业资格注册制度、作业及管理人员持证上岗制度等。从本质上说，都是对从事建设工程活动的人的素质和能力进行必要的控制。人，作为控制对象，人的工作应避免失误；作为控制动力，应充分调动人的积极性，发挥人的主导作用。因此，必须有效控制项目参与各方的人员素质，不断提高人的质量活动能力，才能保证项目质量。

2. 机械因素

机械包括工程设备、施工机械和各类施工工器具。工程设备是指组成工程实体的工艺设备和各类机具，如各类生产设备、装置和辅助配套的电梯、泵机，以及通风空调、消防、环保设备等，它们是工程项目的重要组成部分，其质量的优劣直接影响到工程使用功能的发挥。施工机械和各类工器具是指施工过程中使用的各类机具设备，包括运输设备、吊装设备、操作工具、测量仪器、计量器具以及施工安全设施等。施工机械设备是所有施工方案和工法得以实施的重要物质基础，合理选择和正确使用施工机械设备是保证项目施工质量和安全的重要条件。

3. 材料因素

材料包括工程材料和施工用料，又包括原材料、半成品、成品、构配件和周转材料等。各类材料是工程施工的基本物质条件，材料质量是工程质量的基础，材料质量不符合要求，工程质量就不可能达到标准。所以加强对材料的质量控制，是保证工程质量的基础。

4. 方法因素

方法因素也可以称为技术因素，包括勘察、设计、施工所采用的技术和方法，以及工程检测、试验的技术和方法等。从某种程度上说，技术方案和工艺水平的高低，决定了项目质量的优劣。依据科学的理论，采用先进、合理的技术方案和措施，按照规范进行勘察、设计、施工，必将对保证项目的结构安全和满足使用功能，对组成质量因素的产品精度、强度、平整度、清洁度、耐久性等物理、化学特性等方面起到良好的推进作用。

5. 环境因素

影响项目质量的环境因素，又包括项目的自然环境因素、社会环境因素、管理环境因素和作业环境因素。

(1) 自然环境因素。主要指工程地质、水文、气象条件和地下障碍物以及其他不可抗力等影响项目质量的因素。例如，在寒冷地区冬期施工措施不当，工程会因受到冻融而影响质量；在基层未干燥或大风天开窗进行壁纸等卷材施工时，会导致粘贴不牢及空鼓等质量问题。

(2) 社会环境因素。主要是指会对项目质量造成影响的各种社会环境因素，包括国家建设法律法规的健全程度及其执法力度；建设工程项目法人决策的理性化程度以及建筑业经营者的经营管理理念；建筑市场包括建设工程交易市场和建筑生产要素市场的发育程度及交易行为的规范程度；政府的工程质量监督及行业管理成熟程度；建设咨询服务业的发展程度及其服务水准的高低；廉政管理及行风建设的状况等。

(3) 管理环境因素。主要是指项目参建单位的质量管理体系、质量管理制度和各参建单位之间的协调等因素。比如，参建单位的质量管理体系是否健全，运行是否有效，决定了该单位的质量管理能力；在项目施工中根据承发包的合同结构，理顺管理关系，建立统一的现场施工组织系统和质量管理的综合进行机制、确保工程项目质量保证体系处于良好的状态，创造良好的质量管理环境和氛围，则是施工顺利进行、提高施工质量的保证。

(4) 作业环境因素。主要指项目实施现场平面和空间环境条件，各种能源介质供应，施工照明、通风、安全防护设施，施工场地给水排水，以及交通运输和道路条件等因素。这些条件是否良好，都直接影响到施工能否顺利进行，以及施工质量能否得到保证。

上述因素对项目质量的影响，具有复杂多变和不确定性的特点。对这些因素进行控制，是项目质量控制的主要内容。

7.1.2 施工质量的管理原则

成功地领导和运作一个组织，需要采用系统和透明的方式进行管理。针对所有相关方的需求，实施并保持持续改进其业绩的管理体系，可使组织获得成功。质量管理是组织各项管理的内容之一。

在《质量管理体系 基础和术语》GB/T 19000—2008 中提出八项质量管理原则，分别是：

(1) 以顾客为关注焦点。组织依存于顾客。因此，组织应当理解顾客当前和未来的需求，满足顾客要求并争取超越顾客期望。

(2) 领导作用。领导者应确保组织的目的与方向的一致。他们应当创造并保持良好的内部环境，使员工能充分参与实现组织目标的活动。

(3) 全员参与。各级人员都是组织之本，唯有其充分参与，才能使他们为组织的利益发挥其才干。

（4）过程方法。将活动和相关资源作为过程进行管理，可以更高效地得到期望的结果。

（5）管理的系统方法。将相互关联的过程作为体系来看待、理解和管理，有助于组织提高实现目标的有效性和效率。

（6）持续改进。持续改进总体业绩应当是组织的永恒目标。

（7）基于事实的决策方法。有效决策建立在数据和信息分析的基础上。

（8）与供方互利的关系。组织与供方相互依存，互利的关系可增强双方创造价值的能力。

7.2　建筑装饰装修工程的子分部工程、分项工程划分

建筑工程质量验收应划分为单位（子单位）工程、分部（子分部）工程、分项工程和检验批，装饰装修工程是建筑工程的一个分部工程，当建筑工程只有装饰装修分部时，该工程应作为单位工程验收。建筑装饰装修工程的子分部工程、分项工程划分见表 7-1。

建筑装饰装修工程的子分部工程、分项工程划分　　表 7-1

项次	子分部工程	分项工程
1	建筑地面	基层铺设，整体面层铺设，板块面层铺设，木、竹面层铺设
2	抹灰	一般抹灰，保温层薄抹灰，装饰抹灰，清水砌体勾缝
3	外墙防水	外墙砂浆防水，涂膜防水，透气膜防水
4	门窗	木门窗安装，金属门窗安装，塑料门窗安装，特种门安装，门窗玻璃安装
5	吊顶	整体面层吊顶，板块面层吊顶，格栅吊顶
6	轻质隔墙	板材隔墙，骨架隔墙，活动隔墙，玻璃隔墙
7	饰面板	石材安装，陶瓷板安装，木板安装，金属板安装，塑料板安装
8	饰面砖	外墙饰面砖粘贴，内墙饰面砖粘贴
9	幕墙	玻璃幕墙安装，金属幕墙安装，石材幕墙安装，陶板幕墙安装
10	涂饰	水性涂料涂饰，溶剂型涂料涂饰，美术涂饰
11	裱糊与软包	裱糊，软包
12	细部	橱柜制作与安装，窗帘盒和窗台板制作安装，门窗套制作与安装，护栏和扶手制作与安装，花饰制作与安装

7.3　建筑装饰装修工程检验批划分

1. 抹灰工程

各分项工程的检验批应按下列规定划分：

（1）相同材料工艺和施工条件的室外抹灰工程每 500～1000m² 应划分为一个检验批，不足 500m² 也应划分为一个检验批。

（2）相同材料工艺和施工条件的室内抹灰工程每 50 个自然间（大面积房间和走廊按抹灰面积 30m² 为一间）应划分为一个检验批，不足 50 间也应划分为一个检验批。

室外抹灰一般是上下层连续作业，两层之间是完整的装饰面，没有层与层之间的界限，如果按楼层划分检验批不便于检查。另一方面，各建筑物的体量和层高不一致，即使是同一建筑，其层高也不完全一致，按楼层划分检验批量的概念难以确定。因此规定，室外按相同材料工艺和施工条件每 500～1000m² 划分为一个检验批。

2. 门窗工程

各分项工程的检验批应按下列规定划分：

（1）同一品种、类型和规格的木门窗、金属门窗、塑料门窗及门窗玻璃每 100 樘应划分为一个检验批，不足 100 樘也应划分为一个检验批。

（2）同一品种、类型和规格的特种门每 50 樘应划分为一个检验批，不足 50 樘也应划分为一个检验批。

3. 吊顶工程

各分项工程的检验批应按下列规定划分：

同一品种的吊顶工程每 50 间（大面积房间和走廊按吊顶面积 30m² 为一间）应划分为一个检验批，不足 50 间也应划分为一个检验批。

4. 轻质隔墙工程

各分项工程的检验批应按下列规定划分：

同一品种的轻质隔墙工程每 50 间（大面积房间和走廊按轻质隔墙的墙面 30m² 为一间）应划分为一个检验批，不足 50 间也应划分为一个检验批。

5. 饰面板（砖）工程

各分项工程的检验批应按下列规定划分：

（1）相同材料、工艺和施工条件的室内饰面板（砖）工程每 50 间（大面积房间和走廊按施工面积 30m² 为一间）应划分为一个检验批，不足 50 间也应划分为一个检验批。

（2）相同材料、工艺和施工条件的室外饰面板（砖）工程每 500～1000m² 应划分为一个检验批，不足 500m² 也应划分为一个检验批。

6. 幕墙工程

各分项工程的检验批应按下列规定划分：

（1）相同设计、材料、工艺和施工条件的幕墙工程每 500～1000m² 应划分为一个检验批，不足 500m² 也应划分为一个检验批。

（2）同一单位工程的不连续的幕墙工程应单独划分检验批。

（3）对于异型或有特殊要求的幕墙，检验批的划分应根据幕墙的结构、工艺特点及幕墙工程规模，由监理单位（或建设单位）和施工单位协商确定。

7. 涂饰工程

各分项工程的检验批应按下列规定划分：

（1）室外涂饰工程每一栋楼的同类涂料涂饰的墙面每 500～1000m² 应划分为一个检验批，不足 500m² 也应划分为一个检验批。

（2）室内涂饰工程同类涂料涂饰的墙面每 50 间（大面积房间和走廊按涂饰面积 30m² 为一间）应划分为一个检验批，不足 50 间也应划分为一个检验批。

8. 裱糊与软包工程

各分项工程的检验批应按下列规定划分：

同一品种的裱糊或软包工程每50间（大面积房间和走廊按施工面积30m² 为一间）应划分为一个检验批，不足50间也应划分为一个检验批。

9. 细部工程

各分项工程的检验批应按下列规定划分：

(1) 同类制品每50间（处）应划分为一个检验批，不足50间（处）也应划分为一个检验批。

(2) 每部楼梯应划分为一个检验批。

10. 建筑地面工程

各分项工程的检验批应按下列规定划分：

(1) 基层（各构造层）和各类面层的分项工程的施工质量验收应按每一层次或每层施工段（或变形缝）划分检验批，高层建筑的标准层可按每三层（不足三层按三层计）划分检验批。

(2) 每检验批应以各子分部工程的基层（各构造层）和各类面层所划分的分项工程按自然间（或标准间）检验，抽查数量应随机检验不应少于3间；不足3间，应全数检查；其中，走廊（过道）应以10延长米为1间，工业厂房（按单跨计）、礼堂、门厅应以两个轴线为1间计算。

(3) 有防水要求的建筑地面子分部工程的分项工程施工质量验收，每检验批抽查数量应按其房间总数随机检验，不应少于4间，不足4间应全数检查。

建筑地面工程子分部工程和分项工程检验批不是按抽查总数的5%计，而是采用随机抽查自然间或标准间和最低量，其中考虑了高层建筑中建筑地面工程量较大、较繁，改为除裙楼外按高层标准间以每三层划作为检验批较为合适。对于有防水要求的房间，虽已做蓄水检验，但为保证不渗漏，随机抽查数略有提高，以保证可靠性。

7.4 施工项目质量计划编写

在已经建立质量管理体系的情况下，质量计划的内容必须全面体现和落实企业质量管理体系文件的要求（也可引用质量体系文件中的相关条文），编制程序、内容和编制依据符合有关规定，同时结合本工程的特点，在质量计划中编写专项管理要求。

1. 工程特点及施工条件（合同条件、法规条件和环境条件等）分析

(1) 工程概况

重点阐明工程名称、工程地点、工程规模等。

(2) 合同概要

重点阐明合同类型、工程招标内容及范围、质量要求、工程工期要求、保修期限等。

(3) 工程施工特点

重点阐明建筑类型、结构形式、所在地气候条件、所在地的公共设施、资源环境、施工现场及周边环境的具体情况、施工关键点等。

2. 质量总目标及其分解目标

(1) 质量总目标

重点阐明合同中规定的本工程应达到的质量目标，例如市优质工程、全国建筑工程装饰奖等。

(2) 质量方针

重点阐明施工单位为达到质量总目标需进行的保障措施、质量体系、组织措施、管理措施、经济措施等。

(3) 质量分解目标

通常情况下，质量总目标是一个宏观的概念。为达到质量总目标，施工单位、项目经理部需要将总目标分解成针对不同阶段、不同区域、不同工序的一系列质量目标。这些分解目标是实现总目标的基础。

3. 质量管理组织机构和职责，人员及资源配置计划

(1) 质量管理组织机构和职责

通常情况下，质量管理组织机构分为以施工单位技术负责人为核心的质量管理组织、以项目经理为核心的质量管理组织、以工长为核心的质量管理组织的三级形式。每个管理组织内的人员配置及其相应的职责都应明确，分解到位、全面覆盖，保证质量目标的实现。

(2) 人员及资源配置计划

重点阐明保证质量目标实现的人员计划、材料计划、设备计划、技术资源计划、环境保障措施等。

4. 确定施工工艺与操作方法的技术方案和施工组织方案

重点阐明各阶段、各区域、各道工序施工工艺与操作方法的技术方案，“新材料、新设备、新工艺、新技术”的技术方案和施工组织方案等，特殊情况下的施工工艺与操作方法。

5. 施工材料、设备等物资的质量管理及控制措施

重点阐明施工材料、设备采购标准的建立、市场考查、合同签订、质量检验、存储和使用等一系列的质量管理及控制措施。

6. 施工质量检验、检测、试验工作的计划安排及其实施方法与接收准则

重点阐明施工质量检验、检测、试验标准体系、组织体系的建立、管理和实施，对关键工序、影响质量的重要因素及特殊情况的管理，质量改进措施等。

7. 施工质量控制点及其跟踪控制的方式与要求

重点阐明施工质量控制点的设置、跟踪及控制方式，质量风险的分析与控制等。

8. 质量记录的要求等

重点阐明对质量记录的要求。

第 8 章　建筑装饰材料的评价

所有材料进场时应对品种、规格、外观和尺寸进行验收。材料包装应完好，应有产品合格证书、中文说明书及相关性能的检测报告；进口产品应按规定进行商品检验。进场后需要进行复验的材料种类及项目应符合《建筑装饰装修工程质量验收规范》GB 50210—2001 的规定，见表 8-1。同一厂家生产的同一品种、同一类型的进场材料应至少抽取一组样品进行复验，当合同另有约定时应按合同执行。

主要材料复试项目表　　**表 8-1**

项次	子分部工程	复 试 项 目
1	抹灰工程	水泥的凝结时间和安定性
2	门窗工程	(1)人造木板的甲醛含量； (2)建筑外墙金属窗、塑料窗的抗风压性能、空气渗透性能和雨水渗漏性能
3	吊顶工程、轻质隔墙工程、细部工程	人造木板的甲醛含量
4	饰面板(砖)工程	(1)室内用花岗石的放射性；(2)粘贴用水泥的凝结时间、安定性和抗压强度； (3)外墙陶瓷面砖的吸水率；(4)寒冷地区外墙陶瓷面砖的抗冻性
5	建筑地面工程	(1)粘贴用水泥的凝结时间、安定性和抗压强度；(2)天然石材以及砖的放射性检测； (3)地毯、人造板材、胶粘剂、涂料等材料有害物质限量检测
6	幕墙工程	(1)铝塑复合板的剥离强度；(2)石材的弯曲强度；寒冷地区石材的耐冻融性能；室内用花岗石的放射性能；(3)玻璃幕墙用结构胶的邵氏硬度、标准条件拉伸粘结强度、相容性试验；石材用结构胶的粘结强度；石材用密封胶的污染性

8.1　石材及石材制品

评价主要依据：饰面石材的外观质量、质量证明文件、复验报告。

8.1.1　天然石材

(1) 花岗石质量应符合《天然花岗石建筑板材》GB/T 18601 标准的要求；放射性须符合《建筑材料放射性核素限量》GB 6566 中分类使用的规定。

天然花岗石普型板按规格尺寸偏差、平面度公差、角度公差及外观质量等，圆弧板按规格尺寸偏差、直线度公差、线轮廓度公差及外观质量等，分为优等品（A）、一等品（B）和合格品（C）三个等级。

天然花岗石板材的技术要求包括规格尺寸允许偏差、平面度允许公差、角度允许公差、外观质量和物理性能，其中物理力学性能的要求为，体积密度应不小于 2.56g/cm³，吸水率不大于 0.6%，干燥压缩强度不小于 100MPa，弯曲强度不小于 8MPa，镜面板材的镜向光泽值应不低于 80 光泽单位或按供需双方协商规定。

（2）大理石质量应符合《天然大理石建筑板材》GB/T 19766 标准的要求。

天然大理石板材按板材的规格尺寸偏差、平面度公差、角度公差及外观质量分为优等品（A）、一等品（B）、合格品（C）三个等级。

天然大理石板材的技术要求包括规格尺寸允许偏差、平面度允许公差、角度允许公差、外观质量和物理性能，其中物理性能的要求为：体积密度应不小于 2.30g/c 时，吸水率不大于 0.50%，干燥压缩强度不小于 50MPa，弯曲强度不小于 7MPa，耐磨度不小于 10（1/cm³），镜面板材的镜向光泽值应不低于 70 光泽单位。

（3）天然砂岩质量应符合《天然砂岩建筑板材》GB/T 23452 标准的要求。

（4）天然石灰石质量应符合《天然石灰石建筑板材》GB/T 23453 标准的要求。

（5）板石质量应符合《天然板石》GB/T 18600 的规定。

（6）干挂石材应符合《干挂饰面石材及其金属挂件　第一部分：干挂饰面石材》JC 830.1 标准的要求。

（7）异型石材质量应符合《异型石材》JC/T 847 标准的要求。

8.1.2 复合石材

（1）复合石材的物理力学性能应符合我国相关标准的规定。

（2）以花岗石为面材的复合石材的加工质量和外观质量可参照《天然花岗石建筑板材》GB/T 18601 标准。

（3）以大理石为面材的复合石材的力加日工质量和外观质量可参照《天然大理石建筑板材》GB/T 19766 标准。

（4）地面使用复合板时，宜采用陶瓷基复合板或石材基复合板，石材面板厚度不宜小于 5mm。

（5）超薄石材蜂窝板质量应符合以下要求：

1）表面应无裂纹、变形、局部缺陷及层间开裂现象。

2）同一批产品的颜色、花纹应基本一致。

3）背板表面须根据耐久设计年限进行防腐处理，并应符合：

① 背板为铝合金板时，铝合金板厚度不应小于 0.5mm，板材表面宜做耐指纹处理，涂层厚度不应小于 5μm 。

② 背板为镀铝锌钢板时，镀铝锌钢板基板厚度不应小于 0.35mm，板材表面的铝锌涂层厚度不应小于 15μm 。

③ 各类涂层均应无起泡、裂纹、剥落等现象。

4）超薄石材蜂窝板用于幕墙时，总厚度不宜小于 20mm。

5）石材面板宜进行防护处理。

6）地面用超薄石材蜂窝板面板厚度不宜小于 5mm。

7）吊顶用超薄石材蜂窝板面板厚度不宜大于 3mm。

8）背板为镀铝合金板超薄石材蜂窝板的主要性能应符合表 8-2 规定。

背板为镀铝合金板超薄石材蜂窝板的主要性能表　　表 8-2

序号	性　能	单 位	指　标	检测标准和方法	备　注
1	面密度	kg/m^2	≤16.2		
2	弯曲强度	MPa	≥17.9	GB/T 17748	石材面朝上
3	压缩强度	MPa	≥1.31	GJB 130	
4	剪切强度	MPa	≥0.67	GJB 130	
5	粘结强度	MPa	≥1.23	GJB 130	
6	螺栓拉拔力	kN	≥3.2	GB 11718	
7	温度稳定性	120 个循环	表面及粘合层无异常	(−25+2)℃ 2h～(50+2)℃ 2h 循环	
8	防火级别	级	B1	GB 8624	
9	抗疲劳性	1×10^6 次	无破坏	GB/T 3075	螺栓直径 M8
10	抗冲击性	10 次	无破坏	GB 15763.2	钢球 1kg；高度 1m
11	平均隔声量	dB	32	GBJ 75—1984，面密度为 16.2 kg/m^2	
12	热阻	(m^2·K)/W	1.527	GB/T 10294	

9）背板为镀铝锌钢板超薄石材蜂窝板的主要性能应符合表 8-3 规定。

背板为镀铝锌钢板超薄石材蜂窝板的主要性能表　　表 8-3

序号	性　能	单 位	指　标	检测标准和方法	备　注
1	面 密 度	kg/m^2	≤19.0		
2	弯曲强度	MPa	≥32.4	GB/T 17748	石材面朝上
3	压缩强度	MPa	≥1.37	GJB 130	
4	剪切强度	MPa	≥0.68	GJB 130	
5	粘结强度	MPa	≥2.56	GJB 130	
6	螺栓拉拔力	kN	≥3.5	GB 11718	
7	温度稳定性	120 个循环	表面及粘合层无异常	(−35+2)℃ 2h～(801−2)℃ 2h 循环	
8	防火级别	级	B1	GB 8624	
9	抗疲劳性	1×10^6 次	无破坏	GB/T 3075	螺栓直径 M8
10	抗冲击性	10 次	无破坏	GB 15763.2	钢球 1kg；高度 1m

8.1.3　人造石材

（1）微晶玻璃应符合《建筑装饰用微晶玻璃》JC/T 872 标准的规定。室外地面不宜选用微晶玻璃。

（2）水磨石宜采用耐光、耐碱的矿物颜料，不得使用酸性颜料。

（3）预制水磨石制品应符合《建筑水磨石制品》JC/T 507 标准的规定。

（4）现制水磨石地面宜选用强度等级不低于 32.5 级的水泥，美术水磨石宜选白水泥，防静电水磨石宜选用强度等级不低于 42.5 级的水泥。

（5）现制水磨石地面宜选用白云石、大理石为石粒原料。石粒质量应符合《建筑用卵石、碎石》GB/T 14685 的要求。

(6) 防静电水磨石的力学性能应符合《建筑水磨石制品》JC/T 507 标准的规定，防静电性能应达到《防静电工作区技术要求》GJB 3007A 标准要求。

(7) 防静电水磨石的专用材料包括 1MΩ 限流电阻；耐压 500V 压敏电阻；铜质接地端子，正六面体对边距 20～22mm，高 10mm，中间为 $\phi 8$ 螺扣；表面电阻小于 1×1030 且不溶于水的导电涂料，预制水磨石镀锡铜质导电带，有效截面积不小于 $2.5mm^2$，厚度 1.2mm。

(8) 防静电水磨石的其他材料包括：不溶于水的绝缘材料；现制水磨石需要 4mm×40mm 镀锌扁钢；酸性清洗剂；特强封地剂，高级免擦面蜡；防静电蜡。

(9) 不发火水磨石制品用石粒应符合《建筑地面工程施工质量验收规范》GB 50209 要求。

(10) 实体面材应符合《实体面材》JC/T 908 标准的规定。

(11) PC 合成石板、PMC 聚合物改性水泥基合成石板、人造砂岩（砂雕）技术指标应符合表 8-4 的要求。

PC 合成石板、PMC 聚合物改性水泥基合成石板、人造砂岩（砂雕）主要性能表　表 8-4

性能指标	PC 合成石板	水泥基合成石板	PMC 聚合物改性水泥基合成石板	人造砂岩(砂雕)
抗弯强度(MPa)	≥10	≥8	≥10	≥20
抗压强度(MPa)	≥90	≥40	≥40	≥8
吸水率(%)	≤0.4	≤6.0	≤6.0	≤0.2
密度(g/cm^3)	≥2.35	≥2.45	≥2.40	≥2.00

注：PC 合成石板、PMC 聚合物改性水泥基合成石板、人造砂岩（砂雕）目前国内尚无产品标准，其性能指标可依据 EN. ISO. UNI 相关标准。

8.1.4 示例：天然花岗石的检查评价

1. 天然花岗石外观质量判定

(1) 同一批板材的色调应基本调和，花纹应基本一致。

(2) 板材正面的外观缺陷应符合表 8-5 规定，毛光板外观缺陷不包括缺棱和缺角。

板材正面的外观缺陷表　表 8-5

<table>
<tr><th rowspan="2">缺陷名称</th><th rowspan="2">规定内容</th><th colspan="3">技术指标</th></tr>
<tr><th>优等品</th><th>一等品</th><th>合格品</th></tr>
<tr><td>缺棱</td><td>长度≤10mm、宽度≤1.2mm(长度≤5mm、宽度≤1.0mm 不计)，周边每米长允许个数(个)</td><td rowspan="5">0</td><td rowspan="3">1</td><td rowspan="3">2</td></tr>
<tr><td>缺角</td><td>沿板材边长长度≤3mm、宽度≤3mm(长度≤2mm，宽度≤2mm 不计)，每块板允许个数(个)</td></tr>
<tr><td>裂纹</td><td>长度不超过两端顺延至板边总长度的 1/10(长度<20mm 不计)每块板允许条数(条)</td></tr>
<tr><td>色斑</td><td>面积≤15 mm×30mm(面积<10mm×10mm 不计)，每块板允许个数(个)</td><td rowspan="2">2</td><td rowspan="2">3</td></tr>
<tr><td>色线</td><td>长度不超过两端顺延至板边总长度的 1/10(长度<40mm 不计)每块板允许条数(条)</td></tr>
</table>

注：干挂板材不允许有裂纹存在。

2. 天然花岗石外观质量的检测方法

（1）花纹色调：将样品板与被检板材并列平放在地上，距板材 1.5m 站立目测。

（2）外观缺陷：用游标卡尺或能满足要求的测量器具测量缺陷的长度、宽度，测量值精确到 0.01mm。

8.2 木材及木制品

评价主要依据：木材及木制品的外观质量、质量证明文件、复验报告。

8.2.1 人造木板

（1）胶合板质量应符合《胶合板》GB/T 9846 的要求。普通胶合板按成品板上可见的材质缺陷和加工缺陷的数量和范围分为三个等级，即优等品、一等品和合格品。按使用环境条件分为Ⅰ类、Ⅱ类、Ⅲ类胶合板，Ⅰ类胶合板即耐气候胶合板，供室外条件下使用，能通过煮沸试验；Ⅱ类胶合板即耐水胶合板，供潮湿条件下使用，能通过 63±3℃热水浸渍试验；Ⅲ类胶合板即不耐潮胶合板，供干燥条件下使用，能通过干燥试验。

室内用胶合板按甲醛释放限量分为 E0（可直接用于室内）、E1（可直接用于室内）、E2（必须饰面处理后方可允许用于室内）三个级别。

（2）纤维板可分为硬质、中密度、软质三种。中密度纤维板是在装饰工程中广泛应用的纤维板品种，分为普通型、家具型和承重型，质量应符合《中密度纤维板》GB/T 11718 的要求。

（3）刨花板质量应符合《刨花板》GB/T 4897 的要求。

（4）细木工板质量应符合《细木工板》GB/T 5849 的要求。

8.2.2 实木地板

实木地板质量应符合《实木地板 第 1 部分：技术要求》GB/T 15036.1 的规定。实木地板的技术要求有分等级、外观质量、加工精度、物理性能。其中物理力学性能指标有：含水率（7%≤含水率≤我国各地区的平衡含水率。同批地板试件间平均含水率最大值与最小值之差不得超过 4.0，同一板内含水率最大值与最小值之差不得超过 4.0）、漆板表面耐磨、漆膜附着力和漆膜硬度。实木地板的活节、死节、蚀孔、加工波纹等外观要满足相应的质量要求，但仿古地板对此不做要求。根据产品的外观质量、物理性能，实木地板分为优等品、一等品和合格品。

8.2.3 人造木地板

（1）实木复合地板可分为三层复合实木地板、多层复合实木地板、细木工板复合实木地板。按质量等级分为优等品、一等品和合格品。实木复合地板质量应符合《实木复合地板》GB/T 18103 和《室内装饰装修材料人造板及其制品甲醛释放限量》GB 18580 的规定。

（2）浸渍纸层压木质地板（强化木地板）按材质分为高密度板、中密度板、刨花板为基材的强化木地板。按用途分为公共场所用（耐磨转数≥9000 转）、家庭用（耐磨转数

≥6000转）。按质量等级分为优等品、一等品和合格品。质量应符合《浸渍纸层压木质地板》GB/T 18102 和《室内装饰装修材料人造板及其制品甲醛释放限量》GB 18580 的规定。

(3) 软木地板和软木复合地板应符合《软木类地板》LY/T 1657 和《室内装饰装修材料人造板及其制品甲醛释放限量》GB 18580 的规定。

(4) 人造木地板按甲醛释放量分为 A 类（甲醛释放量≤9mg/100g），B 类（甲醛释放量＞9～40mg/100g），采用穿孔法测试。按环保控制标准，Ⅰ类民用建筑的室内装修必须采用 E1 类人造木地板。E1 类的甲醛释放量≤0.12mg/m³，采用气候箱法测试。

8.2.4 示例：细木工板的检查评价

1. 分等级

按外观质量和翘曲度分为优等品、一等品和合格品。

2. 外观质量

主要根据面板的材质缺陷和加工缺陷判定等级。以阔叶树材单板为表板的各等级细木工板允许缺陷见表 8-6。

浅色斑条按变色计算；一等品板深色斑条宽度不允许超过 2mm，长度不允许超过 20mm；桦木除优等品板外，允许有伪心材，但一等品板的色泽应调和，桦木一等品板不允许有密集的褐色或黑色髓斑；优等品和一等品板的异色边心材按变色计。

阔叶树材细木工板外观分等的允许缺陷表　　表 8-6

<table>
<tr><th rowspan="3">检量缺陷名称</th><th rowspan="3" colspan="2">检量项目</th><th colspan="3">面板</th><th rowspan="3">背板</th></tr>
<tr><th colspan="3">细木工板等级</th></tr>
<tr><th>优等品</th><th>一等品</th><th>合格品</th></tr>
<tr><td>1. 针节</td><td colspan="2">—</td><td colspan="4">允许</td></tr>
<tr><td>2. 活节</td><td colspan="2">最大单个直径(mm)</td><td>10</td><td>20</td><td colspan="2">不限</td></tr>
<tr><td></td><td colspan="2">每平方米板面上总个数</td><td rowspan="4">不允许</td><td>4</td><td>6</td><td>不限</td></tr>
<tr><td rowspan="3">3. 半活节、死节、夹皮</td><td>半活节</td><td rowspan="3">最大单个直径(mm)</td><td>15(自5以下不计)</td><td colspan="2">不限</td></tr>
<tr><td>死节</td><td>4(自2以下不计)</td><td>15</td><td>不限</td></tr>
<tr><td>夹皮</td><td>20(自5以下不计)</td><td colspan="2">不限</td></tr>
<tr><td>4. 木材异常结构</td><td colspan="2"></td><td colspan="4">允许</td></tr>
<tr><td rowspan="3">5. 裂缝</td><td colspan="2">每米板宽内条数</td><td rowspan="3">不允许</td><td>1</td><td>2</td><td></td></tr>
<tr><td colspan="2">最大单个宽度(mm)</td><td>1.5</td><td>3</td><td>6</td></tr>
<tr><td colspan="2">最大单个长度为板长的百分比(%)</td><td>10</td><td>15</td><td>20</td></tr>
<tr><td rowspan="2">6. 虫孔、排钉孔、孔洞</td><td colspan="2">最大单个直径(mm)</td><td></td><td>4</td><td>8</td><td>15</td></tr>
<tr><td colspan="2">每平方米板面上个数</td><td>不允许</td><td>4</td><td colspan="2">不呈筛孔状不限</td></tr>
<tr><td>7. 变色</td><td colspan="2">不超过板面积的百分比(%)</td><td>不允许</td><td>30</td><td colspan="2">不限</td></tr>
<tr><td>8. 腐朽</td><td colspan="2">—</td><td colspan="2">不允许</td><td>允许初腐，但面积不超过板面积的1%</td><td>允许初腐</td></tr>
</table>

续表

检量缺陷名称	检量项目	面板 细木工板等级 优等品	一等品	合格品	背板
9. 表板拼接离缝	最大单个宽度(mm)	不允许	0.5	1	2
	最大单个长度为板长的百分比(%)		10	30	50
	每米板宽内条数		1	2	不限
10. 表板叠层	最大单个宽度(mm)	不允许		8	10
	最大单个长度为板长的百分比(%)			20	不限
11. 芯板叠离	紧贴表板的芯板叠离 最大单个宽度(mm)	不允许	2	8	10
	紧贴表板的芯板叠离 每米板长内条数		2	不限	
	其他各层离缝的最大宽度(mm)		10		不限
12. 鼓泡、分层	—	不允许			
13. 凹陷、压痕、鼓包	最大单个面积(171II12)	不允许	50	400	
	每平方米板面上个数		1	4	不限
14. 毛刺沟痕	不超过板面积的百分比(%)	不允许	1	20	不限
	深度		不允许穿透		
15. 表板砂透	每平方米板面上不超过(mm²)	不允许	400	10000	
16. 透胶及其他人为污染	不超过板面积的百分比(%)	不允许	0.5	10	30
17. 补片、补条	允许制作适当且填补牢固的，每平方米板面上的数	不允许	3	不限	不限
	不超过板面积的百分比(%)		0.5	3	
	缝隙不超过(mm)		0.5	1	2
18. 内含铝质书钉	—	不允许			
19. 板边缺损	自基本幅面内不超过(mm)	不允许		10	
20. 其他缺陷	—	不允许	按最类似缺陷考虑		

8.3 玻璃及玻璃制品

评价主要依据：建筑玻璃的外观质量、质量证明文件、复验报告。

建筑玻璃的外观质量和性能应符合下列国家现行标准的规定：

《平板玻璃》GB 11614；

《建筑用安全玻璃　第 3 部分：夹层玻璃》GB 15763.3；

《建筑用安全玻璃　第 2 部分：钢化玻璃》GB 15763.2；

《中空玻璃》GB 11944；

《夹丝玻璃》JC 433；

《防弹玻璃》GB 17840；

《建筑用安全玻璃　第1部分：防火玻璃》GB 15763.1。

以普通平板玻璃为例，其技术要求如下：

（1）普通平板玻璃按厚度分：2mm、3mm、4mm、5mm 四类，按等级分：优等品、一等品、合格品三类。

（2）厚度偏差应符合表 8-7 规定。

厚度偏差表　　**表 8-7**

厚度(mm)	允许偏差(mm)
2	±0.20
3	±0.20
4	±0.20
5	±0.25

（3）尺寸偏差，长 1500mm 以内（含 1500mm）不得超过±3mm，长超过 1500mm 不得超过±4mm。

（4）尺寸偏斜，长 1000mm，不得超过±2mm。

（5）弯曲度不得超过 0.3％。

（6）边部凸出残缺部分不得超过 3mm，一片玻璃只许有一个缺角，沿原角等分线测量不得超过 5mm。

（7）可见光总透过率不得低于表 8-8 规定。

玻璃表面不许有擦不掉的白雾状或棕黄色的附着物。

（8）外观质量应符合表 8-9 的分等级要求。

（9）玻璃 15mm 边部，一等品、合格品允许有任何非破坏性缺陷。

（10）玻璃不允许有裂口存在。

可见光总透过率　　**表 8-8**

厚度(mm)	可见光透射(％)
2	88
3	87
4	86
5	84

外观质量表　　**表 8-9**

缺陷种类	说明	一等品	合格品
波筋 （包括波纹辊子花）	不产生变形的最大入射角	45° 50mm 边部，30°	30° 100mm，0°
气泡	长度 1mm 以下	集中的不许有	不限
	长度大于 1mm 的每平方米允许个数	＜8mm，8 ＞8～10mm，2	≤10mm，12＞10～20mm，2 ＞20～25mm，1

续表

缺陷种类	说明	一等品	合格品
划伤	宽≤0.1mm,每平方米允许条数	长≤100mm,5	不限
	宽>0.1mm,每平方米允许条数	宽≤0.4mm,长<100mm,1	宽≤0.8mm,长<100mm,3
砂粒	非破坏性的,直径0.5～2mm,每平方米允许个数	3	8
疙瘩	非破坏性的疙瘩波及范围直径不大于3mm,每平方米允许个数	1	3
线道	正面可以看到的每片玻璃允许条数	30mm边部宽≤0.5mm,1	宽≤0.5mm,2
麻点	表现呈现的集中麻点	不许有	每平方米不超过3处
	稀疏的麻点	15	30

8.4 金属及金属制品

评价主要依据：建筑装饰装修用金属材料的外观质量、质量证明文件、复验报告。

8.4.1 建筑用轻钢龙骨

1. 产品分类

(1) 墙体龙骨主要规格分Q50、Q75、Q100。

(2) 吊顶龙骨主要规格分D38、D45、D50、D60。

2. 外观质量

龙骨外形要求平整、棱角清晰，切口不允许有毛刺和变形。镀锌层不允许有起皮、起瘤、脱落等缺陷。对于腐蚀、损伤、黑斑、麻点等缺陷，按照规定方法检测时，应符合表8-10的规定。

建筑用轻钢龙骨外观质量 **表8-10**

缺陷种类	优等品	一级品	合格品
腐蚀、损伤、黑斑、麻点	不允许	无较严重的腐蚀、损伤、麻点。 面积不大于1cm^2的黑斑每米长度内不多于3处	

3. 表面防锈

表面防锈龙骨表面应进行防锈，其双面镀锌量和双面镀锌层厚度应不小于表8-11规定。

双面镀锌量和双面镀锌层厚度 **表8-11**

项目	优等品	一级品	合格品
双面镀锌量(g/cm^2)	120	100	80
双面镀锌层厚度(μm)	16	14	12

注：镀锌防锈的最终裁定以双面镀锌量为准。

8.4.2 铝合金型材

1. 产品尺寸允许偏差

型材尺寸允许偏差分为普通级、高精级、超高精级三个等级。具体偏差见《铝合金建筑型材　第2部分：阳极氧化型材》GB 5237.2。

2. 外观质量

(1) 型材表面应整洁，不允许有裂纹、起皮、腐蚀和气泡等缺陷存在。

(2) 型材表面允许有轻微的压坑、碰伤、擦伤和划伤存在，但其允许深度见表8-12；由模具造成的纵向挤压痕深度，见表8-13。

型材表面缺陷允许深度　　**表8-12**

状态	缺陷允许深度，不大于(mm)	
	装饰面	非装饰面
T5	0.03	0.07
T4、T6	0.06	0.10

模具挤压痕允许深度　　**表8-13**

合金牌号	模具挤压痕深度，不大于(mm)
6005、6061	0.06
6060、6063、6063A、6463、6463A	0.03

(3) 型材端头允许有因锯切产生的局部变形，其纵向长度不应超过10mm。

3. 检验结果的判定及处理

(1) 化学成分不合格时，判该批不合格。

(2) 尺寸偏差不合格时，判该批不合格，但允许逐根检验，合格者交货。

(3) 外观质量不合格时，判该件不合格。

(4) 力学性能试验结果有任一试样不合格时，应从该批（炉）型材（包括原不合格的型材）中重取双倍数量的试样重复试验，重复试验结果全部合格，则判整批型材合格，若重复试验结果仍有试样不合格时，则判该批型材不合格，或进行重复热处理，重新取样。

8.5 建筑陶瓷材料

评价主要依据：建筑陶瓷材料的外观质量、质量证明文件、复验报告。

8.5.1 陶瓷砖

根据《陶瓷砖》GB/T 4100，陶瓷砖按材质分为瓷质砖（吸水率≤0.5%）、炻瓷砖（0.5%＜吸水率≤3%）、细炻砖（3%＜吸水率≤6%）、炻质砖（6%＜吸水率≤10%）、陶质砖（吸水率＞10%）。按成型方法分挤压砖、干压砖、其他方法成型的砖。以挤压陶瓷砖为例，见表8-14。

挤压陶瓷砖（$E\leqslant 3\%$，AⅠ类）外观质量　　　　表 8-14

尺寸和表面质量		精 细	普 通	试验方法
长度和宽度	每块砖(2 条或 4 条边)的平均尺寸相对于工作尺寸(w)的允许偏差(%)	±1.0%，最大±2mm	±2.0%，最大±4mm	
	每块砖(2 条或 4 条边)的平均尺寸相对于 10 块砖(20 条或 40 条边)平均尺寸的允许偏差(%)	±1.0%	±1.5%	
	制造商选择工作尺寸应满足以下要求：1. 模数砖名义尺寸连接宽度允许在 3～11mm 之间；2. 非模数砖工作尺寸与名义尺寸之间的偏差不大于±3mm			
厚度	1. 厚度由制造商确定。 2. 每块砖厚度的平均值相对于工作尺寸厚度的允许偏差(%)	±10%	±10%	GB/T 3810.2
边直度(正面)	相对于工作尺寸的最大允许偏差(%)	±0.5%	±0.6%	
直角度	相对于工作尺寸的最大允许偏差(%)	±1.0%	±1.0%	
表面平整度最大允许偏差	1. 相对于由工作尺寸计算的对角线的中心弯曲度	±0.5%	±1.5%	
	2. 相对于工作尺寸的边弯曲度	±0.5%	±1.5%	
	3. 相对于由工作尺寸计算的对角线的翘曲度	±0.8%	±1.5%	
表面质量	至少 95% 的砖主要区域无明显缺陷			

8.5.2 陶瓷卫生产品

根据《卫生陶瓷》GB 6952，陶瓷卫生产品根据材质分为瓷质卫生陶瓷（吸水率要求≤0.5%）和陶质卫生陶瓷（8.0%≤吸水率<15.0%）。陶瓷卫生产品的技术要求分为一般要求、功能要求和便器配套性技术要求。

（1）陶瓷卫生产品的主要技术指标是吸水率，它直接影响到洁具的清洗性和耐污性。普通卫生陶瓷吸水率在 1%以下，高档卫生陶瓷吸水率要求≤0.5%。

（2）耐急冷急热要求必须达到标准要求。

（3）节水型和普通型坐便器的用水量（便器用水量是指一个冲水周期所用的水量）分别≤6L 和 9L；节水型和普通型蹲便器的用水量分别≤8L 和 11L，小便器的用水量分别≤3L 和 5L。

（4）卫生洁具要有光滑的表面，不宜沾污。便器与水箱配件应成套供应。

（5）水龙头合金材料中的铅等金属的含量符合《卫生陶瓷》GB 6952 的要求。

（6）大便器安装要注意排污口安装距（下排式便器排污口中心至完成墙的距离；后排式便器排污口中心至完成地面的距离），小便器安装要注意安装高度。

8.6 建筑胶粘剂

评价主要依据：建筑胶粘剂的外观质量、质量证明文件、复验报告。

建筑装饰装修用胶粘剂可以分为水基型胶粘剂、溶剂型胶粘剂及其他胶粘剂。其中水基型胶粘剂包含了聚乙酸乙烯酯乳液胶粘剂（俗称白乳胶）、水溶性聚乙烯醇建筑胶粘剂（俗称 108 胶、801 胶）和其他水基型胶粘剂；溶剂型胶粘剂包含了橡胶胶粘剂、聚氨酯胶粘剂（俗称 PU 胶）和其他溶剂型胶粘剂，见表 8-15。室内装饰装修材料胶粘剂中有害物质限量应符合 GB 18583 的规定，见表 8-16、表 8-17。

产品种类及其标准

表 8-15

产品种类名称		产品标准
水基型胶粘剂	聚乙酸乙烯酯乳液胶粘剂	GB 18583—2008，HG/T 2727—2010
	水溶性聚乙烯醇建筑胶粘剂	GB 18583—2008，JC/T 438—2006
	其他水基型胶粘剂	GB 18583—2008
产品种类名称		产品标准
溶剂型胶粘剂	橡胶胶粘剂	GB 18583—2008，HG/T 3738—2004，LY/T 1206—2008
	聚氨酯胶粘剂	GB 18583－2008，HG/T 2814—2009
	其他溶剂型胶粘剂	GB 18583—2008
其他胶粘剂		GB 18583—2008

溶剂型胶粘剂中有害物质限量值应符合表 8-16 的规定。

水基型胶粘剂中有害物质限量值应符合表 8-17 的规定。

用于室内装饰装修材料的胶粘剂产品，必须在包装上标明标准规定的有害物质名称及其含量。

溶剂型胶粘剂中有害物质限量值 **表 8-16**

项目	指标		
	橡胶胶粘剂	聚氨酯类胶粘剂	其他胶粘剂
游离甲醛(g/kg) ≤	0.5	—	—
苯(g/kg) ≤	5		
甲苯十二甲苯(g/kg) ≤	200		
甲苯二异氰酸酯(g/kg) ≤	—	10	—
总挥发性有机物(g/L)≤	750		

注：苯不能作为溶剂使用，作为杂质其最高含量不得大于表的规定。

水基型胶粘剂中有害物质限量值 **表 8-17**

项目	指标				
	缩甲醛类胶粘剂	聚乙酸乙烯酯胶粘剂	橡胶类胶粘剂	聚氨酯类胶粘类	其他胶粘剂
游离甲醇(g/kg)≤	1	1	1	—	1
苯(g/kg) ≤	0.2				
甲苯十二甲苯(g/kg) ≤	10				
总挥发性有机物(g/L) ≤	50				

8.7 无机胶凝材料

评价主要依据：无机胶凝材料的外观质量、质量证明文件、复验报告。

8.7.1 水泥

(1) 必须是由有国家批准的生产厂家，具有资质证明；每批供应的水泥必须具有出厂合格证；进口的水泥必须有商检报告；

(2) 同一生产厂家、同一等级、同一品种、同一批号且连续进场的水泥，袋装不超过200t为一批，散装不超过500t为一批，不足时也按一批计。进入现场的每一批水泥必须封样送检复试；

(3) 存放期超过3个月必须进行复检；

(4) 复验项目：水泥的凝结时间、安定性和抗压强度；

(5) 进入施工现场每一批水泥应标识品种、规格、数量、生产厂家、日期、检验状态和使用部位，并码放整齐。

8.7.2 石灰

石灰膏在使用前应进行陈伏。由块状生石灰熟化而成的石灰膏，一般应在储灰坑中陈伏2周左右。石灰膏在陈伏期间，表面应覆盖有一层水，以隔绝空气，避免与空气中的二氧化碳发生碳化反应。

8.7.3 石膏板

石膏板的质量应符合《装饰石膏板》JC/T 799—2007、《纸面石膏板》GB/T 9775—2008、《嵌装式装饰石膏板》JC/T 800—2007的规定。

8.7.4 示例：纸面石膏板

1. 外观质量

(1) 纸面石膏板板面平整，不应有影响使用的波纹、沟槽、亏料、漏料和划伤、破损、污痕等缺陷。

(2) 在光照明亮的条件下，在距试样0.5m处进行检查，记录每张板材上影响使用的外观质量情况，以五张板材中缺陷最严重的那张板材的情况作为该组试样的外观质量。

2. 尺寸偏差

板材的尺寸偏差应符合表8-18的规定。

纸面石膏板的偏差　　表8-18

项　目	长度(mm)	宽度(mm)	厚　度(mm)	
			9.5	≥12
尺寸偏差	−6～0	−5～0	±0.5	±0.6

8.8 装饰织物

装饰织物用的纤维有天然纤维、化学纤维和无机玻璃纤维等。纤维装饰织物与制品是现代室内重要的装饰材料之一，主要包括地毯、挂毯、墙布、窗帘等纤维织物以及岩棉、矿物棉、玻璃棉制品等。纤维装饰织物具有色彩丰富、质地柔软、富有弹性等特点，通过直接影响室内的景观、光线、色彩产生各种不同的装饰效果。矿物纤维制品则同时具有吸声、耐火、保温等特性。

地毯是一种装饰效果很好的地面装饰材料。地毯作为一种比较华贵的装饰品，较多用于高级宾馆、礼宾场所、会堂等地面装饰。近年来，随着化学纤维、玻璃纤维及塑料等品种地毯的研制及生产，地毯正逐步走向千家万户，并将成为一种广泛应用的地面装饰材料。

地毯的品质，除了纤维的特性和加工处理外，与毛绒纤维的密度、重量、搓捻方法都很有关系。毛绒越密越厚，单位面积毛绒的重量越重，地毯的质地和外观就越能保持得好，而基本上，短毛而密织的地毯是较为耐用的。

铺砌地毯前要事先检查地板的平整度，彻底清洁地面，铺砌满铺地毯时，最好在地毯下加铺底垫。底垫除了可增加地毯的柔软度，以及减慢地毯的耗损，使地毯更为耐用外，也可以增强地毯的吸声的能力。底垫常用的质料有橡胶，发泡胶和缩绒等，底垫的密度越高，效能越好。

墙面装饰织物主要是指以纺织物和编织物为面料制成的壁纸或墙布，其原料可以是丝、羊毛、棉、麻、化纤等纤维，也可以是草、树叶等天然材料。

装饰织物还包括由其制成的其他装饰类产品，如软（硬）包、墙纸墙布等。因装饰织物涉及的品种及类型很多，具体材料的评价需要参考许多相关的国家及行业规范规程，因篇幅有限不再编列。

8.9 五金材料

评价主要依据：五金的外观质量、质量证明文件、复验报告。

五金：传统的五金制品，也称“小五金”。指金、银、铜、铁、锡五种金属。经人工加工可以制成刀、剑等艺术品或金属器件。五金类产品种类繁多，规格各异，但是五金类产品在装饰中又起着不可替代的作用。

涉及建筑装饰工程的五金分类有：锁类、拉手类、门窗类、家具附件类、水暖类、装饰类、工具类、卫浴类厨房用品类等。

装饰工程用的五金材料主要通过其产品的外观质量、质量证明文件、复验报告等评价其质量的好坏优劣；从其性能上主要从以下几方面判断其品质：

8.9.1 机械性能

机械性能是指金属材料在外力作用下所表现出来的特性。

(1) 强度：材料在外力（载荷）作用下，抵抗变形和断裂的能力。材料单位面积受载荷称应力。

(2) 屈服点（σ_s）：称屈服强度，指材料在拉伸过程中，材料所受应力达到某一临界值时，载荷不再增加变形却继续增加或产生 0.2%L 时应力值，单位用"N/mm^2"表示。

(3) 抗拉强度（σ_b）：也叫强度极限指材料在拉断前承受最大应力值。单位用"N/mm^2"表示。

(4) 延伸率（δ）：材料在拉伸断裂后，总伸长与原始标距长度的百分比。

(5) 断面收缩率（Ψ）：材料在拉伸断裂后、断面最大缩小面积与原断面积百分比。

(6) 硬度：指材料抵抗其他更硬物压力其表面的能力，常用硬度按其范围测定分布氏硬度（HBS、HBW）和洛氏硬度（HKA、HKB、HRC）。

(7) 冲击韧性（A_k）：材料抵抗冲击载荷的能力，单位为"J/cm^2"。

8.9.2 拉伸的应力及阶段

1. 应力

(1) 弹性：$\varepsilon_e=\sigma_e/E$，指标 σ_e，E；

(2) 刚性：$\Delta L=P\cdot L/E\cdot F$，抵抗弹性变形的能力强度；

(3) 强度：σ_s—屈服强度，σ_b—抗拉强度；

(4) 韧性：冲击吸收功 A_k；

(5) 疲劳强度：交变负荷 $\sigma-1<\sigma_s$；

(6) 硬度：HR、HV、HB。

2. 阶段

(1) 线弹性阶段，拉伸初期，应力—应变曲线为一直线，此阶段应力最高限称为材料的比例极限 σ_e。

(2) 屈服阶段，当应力增加至一定值时，应力—应变曲线出现水平线段（有微小波动），在此阶段内，应力几乎不变，而变形却急剧增长，材料失去抵抗变形的能力，这种现象称屈服，相应的应力称为屈服应力或屈服极限，并用 σ_s 表示。

(3) 强化阶段，经过屈服后，材料又增强了抵抗变形的能力。强化阶段的最高点所对应的应力，称材料的强度极限。用 σ_b 表示，强度极限是材料所能承受的最大应力。

(4) 颈缩阶段，当应力增至最大值 σ_b 后，试件的某一局部显著收缩，最后在缩颈处断裂。

对低碳钢 σ_s 与 σ_b 为衡量其强度的主要指标。刚性：$\Delta L=P\cdot L/E\cdot F$，抵抗弹性变形的能力。$P$——拉力，$L$——材料原长，$E$——弹性模量，$F$——截面面积。

8.9.3 工艺性能

指材料承受各种加工、处理的能力的那些性能。

(1) 铸造性能：指金属或合金是否适合铸造的一些工艺性能，主要包括流性能、充满铸模能力；收缩性、铸件凝固时体积收缩的能力；偏析指化学成分不均性。

(2) 焊接性能：指金属材料通过加热或加热和加压焊接方法，把两个或两个以上金属材料焊接到一起，接口处能满足使用目的的特性。

(3) 顶锻性能：指金属材料能承受预顶锻而不破裂的性能。

(4) 冷弯性能：指金属材料在常温下能承受弯曲而不破裂性能。弯曲程度一般用弯曲角度 α（外角）或弯心直径 d 对材料厚度 a 的比值表示，a 愈大或 d/a 愈小，则材料的冷弯性愈好。

(5) 冲压性能：金属材料承受冲压变形加工而不破裂的能力。在常温进行冲压叫冷冲压。检验方法用杯突试验进行检验。

(6) 锻造性能：金属材料在锻压加工中能承受塑性变形而不破裂的能力。

8.9.4 化学性能

指金属材料与周围介质扫触时抵抗发生化学或电化学反应的性能。

(1) 耐腐蚀性：指金属材料抵抗各种介质侵蚀的能力。

(2) 抗氧化性：指金属材料在高温下，抵抗产生氧化皮能力。

8.10 防水材料

评价的主要依据：防水材料的外观质量、质量证明文件、复验报告。

建筑物的围护结构要防止雨水、雪水和地下水的渗透；要防止空气中的湿气、蒸汽和其他有害气体与液体的侵蚀；分隔结构要防止给水排水的渗翻。这些防渗透、渗漏和侵蚀的材料统称为防水材料。

市场上的防水材料有两大类：一是聚氨酯类防水涂料。这类材料一般是由聚氨酯与煤焦油作为原材料制成。它所挥发的焦油气毒性大，且不容易清除，因此于 2000 年在中国被禁止使用。另一类为聚合物水泥基防水涂料。它由多种水性聚合物合成的乳液与掺有各种添加剂的优质水泥组成，聚合物（树脂）的柔性与水泥的刚性结为一体，使得它在抗渗性与稳定性方面表现优异。它的优点是施工方便、综合造价低，工期短，且无毒环保。因此，聚合物水泥基已经成为防水涂料市场的主角。

防水涂料是指涂料形成的涂膜能够防止雨水或地下水渗漏的一种涂料。

防水涂料可按涂料状态和形式分为：乳液型、溶剂型、反应型和改性沥青。

第一类溶剂型涂料：这类涂料种类繁多，质量也好，但是成本高，安全性差，使用不是很普遍。

第二类是水乳型及反应型高分子涂料：这类涂料在工艺上很难将各种补强剂、填充剂、高分子弹性体使其均匀分散于胶体中，只能用研磨法加入少量配合剂，反应型聚氨酯为双组分，易变质，成本高。

第三类塑料型改性沥青：这类产品能抗紫外线，耐高温性好，但断裂延伸性略差。

防水涂料的使用应考虑建筑的特点、环境条件和使用条件等因素，结合防水涂料的特点和性能指标选择。

1. 沥青基防水涂料

沥青基防水涂料指以沥青为基料配制而成的水乳型或溶剂型防水涂料。这类涂料对沥青基本没有改性或改性作用不大，有石灰乳化沥青、膨润土沥青乳液和水性石棉沥青防水涂料等。它主要适用于Ⅲ级和Ⅳ级防水等级的工业与民用建筑屋面、混凝土地下室和卫生间防水。

2. 高聚物改性沥青防水涂料

高聚物改性沥青防水涂料指以沥青为基料，用合成高分子聚合物进行改性，制成的水乳型或溶剂型防水涂料。这类涂料在柔韧性、抗裂性、拉伸强度、耐高低温性能和使用寿命等方面比沥青基涂料有很大改善。品种有再生橡胶改性沥青防水涂料、水乳型氯丁橡胶沥青防水涂料和SBS橡胶改性沥青防水涂料等。它适用于Ⅱ级、Ⅲ级、Ⅳ级防水等级的屋面、地面、混凝土地下室和卫生间等的防水工程。涂膜厚度选用应符合表8-19的规定。

涂膜厚度 **表8-19**

屋面防水等级	设防道数	高聚物改性沥青防水涂料	合成高分子防水涂料
Ⅰ级	三道或三道以上设防	—	不应小于1.5mm
Ⅱ级	二道设防	不应小于3.0mm	不应小于1.5mm
Ⅲ级	一道设防	不应小于3.0mm	不应小于2.0mm
Ⅲ级	一道设防	不应小于2.0mm	—

3. 合成高分子防水涂料

合成高分子防水涂料指以合成橡胶或合成树脂为主要成膜物质制成的单组分或多组分的防水涂料。这类涂料具有高弹性、高耐久性及优良的耐高低温性能，品种有聚氨酯防水涂料、丙烯酸酯防水涂料、聚合物水泥涂料和有机硅防水涂料等。它适用于Ⅰ级、Ⅱ级和Ⅲ级防水等级的屋面、地下室、水池及卫生间等的防水工程。

8.11 建筑涂料

评价主要依据：建筑涂料的外观质量、质量证明文件、复验报告。

建筑装饰涂料种类较多，涂饰工程所选用的建筑涂料的各项性能应符合下述产品标准的技术指标：

(1)《合成树脂乳液砂壁状建筑涂料》JG/T 24；

(2)《合成树脂乳液外墙涂料》GB/T 9755；

(3)《合成树脂乳液内墙涂料》GB/T 9756；

(4)《溶剂型外墙涂料》GB/T 9757；

(5)《复层建筑涂料》GB/T 9779；

(6)《外墙无机建筑涂料》JG/T 26；

(7)《饰面型防火涂料》GB 12441；

(8)《水泥地板用漆》HG/T 2004；

(9)《水溶性内墙涂料》JC/T 423；

(10)《多彩内墙涂料》JG/T 3003；

(11)《溶剂型聚氨酯涂料（双组分）》HG/T 2454。

8.11.1 木器涂料

木器涂料必须符合《室内装饰装修材料溶剂型木棒涂料中有害物质限量》GB 18581、

《室内装饰装修材料水性木器涂料中有害物质限量》GB 24410 国家标准的要求。

8.11.2 内墙涂料

内墙涂料可分为乳液型内墙涂料（包括丙烯酸酣乳胶漆、苯丙乳胶漆、乙烯醋酸乙烯乳胶漆）和其他类型内墙涂料（包括复层内墙涂料、纤维质内墙涂料、绒面内墙涂料等）。内墙涂料必须符合《室内装饰装修材料　内墙涂料中有害物质限量》GB 18582 国家标准的要求。

8.11.3 外墙涂料

外墙涂料分为溶剂型外墙涂料（包括过氯乙烯、苯乙烯焦油、聚乙烯醇缩丁酸、丙烯酸酸、丙烯酸醋复合型、聚氨酯系外墙涂料）、乳液型外墙涂料（包括薄质涂料纯丙乳胶漆、苯-丙乳胶漆、乙-丙乳胶漆和厚质涂料、乙-丙乳液厚涂料、氯-偏共聚乳液厚涂料）、水溶性外墙涂料（以硅溶胶外墙涂料为代表）、其他类型外墙涂料（包括复层外墙涂料和砂壁状涂料）。外墙涂料必须符合《建筑用外墙涂料中有害物质限量》GB 24408 国家标准的要求。

8.12 其他装饰材料

评价主要依据：建筑装饰材料的外观质量、质量证明文件、复验报告。

装饰工程涉及材料繁多，市场新材料层出不穷，篇幅有限，仅以塑料装饰板材、塑料壁纸为例。

8.12.1 塑料装饰板材

按原材料的不同，可分为塑料金属复合板、硬质 PVC 板、三聚氨胶层压板、玻璃钢板、塑铝板、聚碳酸酯采光板、有机玻璃装饰板等。按结构和断面形式可分为平板、波形板、实体异形断面板、中空异畸形断面板、格子板、夹芯板等类型。

8.12.2 塑料壁纸

以聚氯乙烯壁纸为例，具体如下。

1. 宽度和每卷长度

成品壁纸的宽度多数为 530±5mm 或（900～1000）±10mm（定制类有其他规格宽度尺寸如 1300mm 等）。530mm 宽的成品壁纸每卷长度为 10＋0.05m。900～1000mm 宽的成品壁纸每卷长度为 50＋0.50m。

其他规格尺寸由供需双方协商或以标准尺寸的倍数供应。

2. 每卷段数和段长

10m/卷的成品壁纸每卷为一段。

50m/卷的成品壁纸每卷的段数及其段长应符合表 8-20 的规定。

聚氯乙烯壁纸成品壁纸每卷的段数及其段长 **表 8-20**

级　别	每卷段数不多于	最小段长不小于
优等品	2段	10m
一等品	3段	3m
合格品	6段	3m

3. 外观质量要求

应符合表 8-21 的规定。

聚氯乙烯壁纸外观质量要求 **表 8-21**

等级 \ 名称	优等品	一等品	合　格　品
色差	不允许有	不允许有明显差异	允许有差异，但不影响使用
伤痕和皱折	不允许有		允许基纸有明显折印，但壁纸表面不许有死折
气泡	不允许有		不允许有影响外观的气泡
套印精度	偏差≤0.7mm	偏差≤1mm	偏差≤2mm
露底	不允许有		允许有 2mm 的露底，但不允许密集
漏印	不允许有		不允许有影响外观的漏印
污染点	不允许有	不允许有目视明显的污染点	允许有目视明显的污染点，但不允许密集

矿物纤维制品主要用于吸声材料领域，包括用岩棉、矿物棉、玻璃棉制成的装饰吸声板以及用玻璃棉制成的吸声毡等。

第 9 章　施工试验结果的判断

9.1　室内防水工程蓄水试验

有防水要求地面蓄水试验、泼水试验（以厕浴间为例）：

厕浴间防水层施工完毕，检查防水隔离层应采用蓄水方法，蓄水深度最浅处不得小于10mm，蓄水时间不得少于 24h；蓄水前临时堵严地漏或排水口部位，确认无渗漏时再做保护层或面层。饰面层完工后还应在其上继续做第二次 24h 蓄水试验，以最终无渗漏时为合格方可验收。检查有防水要求的建筑地面的面层应采用泼水方法，不得有倒坡积水现象。

9.2　外墙饰面砖粘结强度检验

9.2.1　预制墙板饰面砖要求

带饰面砖的预制墙板进入施工现场后，应对饰面砖粘结强度进行复验，复验应以每 $1000m^2$ 同类带饰面砖的预制墙板为一个检验批，不足 $1000m^2$ 应按 $1000m^2$ 计，每批应取一组，每组应为 3 块板，每块板应制取 1 个试样对饰面砖粘结强度进行检验。

9.2.2　现场粘贴外墙饰面砖要求

（1）施工前应对饰面砖样板件粘结强度进行检验。监理单位应从粘贴外墙饰面砖的施工人员中随机抽选一人，在每种类型的基层上应各粘贴至少 $1m^2$ 饰面砖样板件，每种类型的样板件应各制取一组 3 个饰面砖粘结强度试样。应按饰面砖样板件粘结强度合格后的粘结料配合比和施工工艺严格控制施工过程。

（2）现场粘贴的外墙饰面砖工程完工后，应对饰面砖粘结强度进行检验。现场粘贴饰面砖粘结强度检验应以每 $1000m^2$ 同类墙体饰面砖为一个检验批，不足 $1000m^2$ 应按 $1000m^2$ 计，每批应取一组 3 个试样，每相邻的三个楼层应至少取一组试样，试样应随机抽取，取样间距不得小于 500mm。

9.2.3　粘结强度检验评定

（1）现场粘贴的同类饰面砖，当一组试样均符合下列两项指标要求时，其粘结强度应定为合格，当一组试样均不符合下列两项指标要求时，其粘结强度应定为不合格；当一组试样只符合下列两项指标的一项要求时，应在该组试样原取样区域内重新抽取两组试样检验，若检验结果仍有一项不符合下列指标要求时，则该组饰面砖粘结强度应定为不合格：

1）每组试样平均粘结强度不应小于 0.4MPa；

2）每组可有一个试样的粘结强度小于 0.4MPa，但不应小于 0.3MPa。

（2）带饰面砖的预制墙板，当一组试样均符合下列两项指标要求时，其粘结强度应定为合格；当一组试样均不符合下列两项指标要求时，其粘结强度应定为不合格；当一组试样只符合下列两项指标的一项要求时，应在该组试样原取样区域内重新抽取两组试样检验，若检验结果仍有一项不符合下列指标要求时，则该组饰面砖粘结强度应定为不合格。

1）每组试样平均粘结强度不应小于 0.6MPa；

2）每组可有一个试样的粘结强度小于 0.6MPa，但不应小于 0.4MPa。

9.3 饰面板安装工程预埋件的现场拉拔强度试验

混凝土结构后锚固工程质量应进行抗拔承载力的现场检验。锚栓抗拔承载力现场检验可分为非破坏性检验和破坏性检验。对于一般结构构件及非结构构件，可采用非破坏性检验；对于重要结构构件及生命线工程非结构构件，应采用破坏性检验。

1. 试件选取

同规格、同型号，基本相同部位的锚栓组成一个检验批。抽取数量按每批锚栓总数的1‰计算，且不少于 3 根。

2. 检验结果评定

非破坏性检验荷载下，以混凝土基材无裂缝、锚栓或植筋无滑移等宏观裂损现象，且2min 持荷期间荷载降低≤5％时为合格。当非破坏性检验为不合格时，应另抽不少于 3 个锚栓做破坏性检验判断。

9.4 饰面板安装工程钢材焊接缝质量检验

焊缝缺陷的存在将削弱焊缝的受力面积，在缺陷处引起应力集中，故对连接的强度、冲击韧性及冷弯性能等均有不利影响。因此，焊缝质量检验极为重要。

焊缝质量检验一般可用外观检查及内部无损检验，前者检查外观缺陷和几何尺寸，后者检查内部缺陷。内部无损检验目前广泛采用超声波检验。该方法使用灵活、经济，对内部缺陷反应灵敏，但不易识别缺陷性质；有时还用磁粉检验、荧光检验等较简单的方法作为辅助。此外还可采用 X 射线或 γ 射线透照或拍片。

现行国家标准《钢结构工程施工质量验收规范》GB 50205 规定焊缝按其检验方法和质量要求分为一级、二级和三级。三级焊缝只要求对全部焊缝作外观检查且符合三级质量标准；设计要求全焊透的一级、二级焊缝则除外观检查外，还要求用超声波探伤进行内部缺陷的检验，超声波探伤不能对缺陷作出判断时，应采用射线探伤检验，并应符合国家相应质量标准的要求。一级焊缝超声波和射线探伤的比例均为 100％，二级焊缝超声波探伤和射线探伤的比例均为 20％且均不小于 200mm。当焊缝长度小于 200mm 时，应对整条焊缝探伤。

焊缝质量等级的规定：

《钢结构设计规范》GB 50017 规定，焊缝应根据结构的重要性、荷载特性、焊缝形式、工作环境以及应力状态等情况，按下述原则分别选用不同的质量等级：

（1）在需要进行疲劳计算的构件中，凡对接焊缝均应焊透，其质量等级为：

1）作用力垂直于焊缝长度方向的横向对接焊缝或T型对接与角接组合焊缝，受拉时应为一级，受压时应为二级；

2）作用力平行于焊缝长度方向的纵向对接焊缝应为二级。

（2）不需要计算疲劳的构件中，凡要求与母材等强的对接焊缝应予焊透，其质量等级当受拉时应不低于二级，受压时宜为二级。

（3）重级工作制和起重量 $Q \geq 50t$ 的中级工作制吊车梁的腹板与上翼缘之间以及吊车桁架上弦杆与节点板之间的T形接头焊缝均要求焊透。焊缝形式一般为对接与角接的组合焊缝，其质量等级不应低于二级。

（4）不要求焊透的T形接头采用的角焊缝或部分焊透的对接与角接组合焊缝，以及搭接连接采用的角焊缝，其质量等级为：

1）对直接承受动力荷载且需要验算疲劳的结构和吊车起重量等于或大于50t的中级工作制吊车梁，焊缝的外观质量标准应符合二级；

2）对其他结构，焊缝的外观质量标准可为三级。

钢结构中一般采用三级焊缝，可满足通常的强度要求，但其中对接焊缝的抗拉强度有较大的变异性，其设计值仅为主体钢材的85%左右。因而对有较大拉应力的对接焊缝，以及直接承受动力荷载的重要焊缝，可部分采用二级焊缝，对抗动力和疲劳性能有较高要求处可采用一级焊缝。焊缝质量等级须在施工图中标注，但三级焊缝不需标注。

9.5 幕墙“三性”试验

建筑外门窗气密性、水密性、抗风压性能现场检测。

1. 试件数量

相同类型、结构及规格尺寸的试件，应至少检测三樘。

2. 气密性能

（1）分级指标

采用在标准状态下，压力差为10Pa时的单位开启缝长空气渗透量 q_1 和单位面积空气渗透量作 q_2 为分级指标。

（2）分级指标值

分级指标绝对值 q_1 和 q_2 的分级见表9-1。

建筑外门窗气密性能分级表 **表9-1**

分级	1	2	3	4	5	6	7	8
单位缝长分级指标值 $q_1[m^3/(m \cdot h)]$	$4.0 \geq q_1 > 3.5$	$3.5 \geq q_1 > 3.0$	$3.0 \geq q_1 > 2.5$	$2.5 \geq q_1 > 2.0$	$2.0 \geq q_1 > 1.5$	$1.5 \geq q_1 > 1.0$	$0 \geq q_1 > 0.5$	$q_1 \leq 0.5$
单位缝长分级指标值 $q_2[m^3/(m \cdot h)]$	$12 \geq q_2 > 10.5$	$10.5 \geq q_2 > 9.0$	$9.0 \geq q_2 > 7.5$	$7.5 \geq q_2 > 6.0$	$6.0 \geq q_2 > 4.5$	$4.5 \geq q_2 > 3.0$	$3.0 \geq q_2 > 1.5$	$q_2 \leq 1.5$

3. 水密性能

（1）分级指标采用严重渗漏压力差值的前一级压力差值作为分级指标。

（2）分级指标值分级指标值 AP 的分级见表 9-2。

建筑外门窗水密性能分级表（单位：Pa） **表 9-2**

分级	1	2	3	4	5	6
分级指标值(AP)	$100 \leqslant AP < 150$	$150 \leqslant AP < 250$	$250 \leqslant AP < 350$	$350 \leqslant AP < 500$	$500 \leqslant AP < 700$	$AP \geqslant 700$

注：第 6 级应在分级后同时注明具体检测压力差值。

4. 抗风压性能

（1）分级指标：采用定级检测压力差值 P_3 为分级指标。

（2）分级指标值：分级指标值 P_3 的分级见表 9-3。

建筑外门窗抗风压性能分级表（单位：kPa） **表 9-3**

分 级	1	2	3	4	5	6	7	8	9
分级指标值(P_3)	$1.0 \leqslant P_3 < 1.5$	$1.5 \leqslant P_3 < 2.0$	$2.0 \leqslant P_3 < 2.5$	$2.5 \leqslant P_3 < 3.0$	$3.0 \leqslant P_3 < 3.5$	$3.5 \leqslant P_3 < 4.0$	$4.0 \leqslant P_3 < 4.5$	$4.5 \leqslant P_3 < 5.0$	$P_3 \geqslant 5.0$

注：第 9 级应在分级后同时注明具体检测压力差值。

第10章 施工图识读、绘制的基本知识

工程图纸是工程招标投标、设计、施工及审计等环节最重要的技术文件。图纸是工程师的语言，是一种将设计构思中的三维空间信息等价转换成二维、三维几何信息的表示形式。工程识图是装饰施工员的一项基本功。要看懂图纸，必须了解投影的基本知识、基本的制图规范。装饰施工员应该了解工程图纸的种类，能较准确、快速地识别图纸所要表达的内容。本章主要以建筑室内装饰设计图为例介绍制图的基本概念、识图知识，以及深化设计的概念。

10.1 制图的基本知识

10.1.1 投影

物体在光线照射下，会在地面或墙面上产生影子，就是物体的一种图形，同一物体如果照射的光线不同，影子也不同，因此用不同光线去照射物体就会产生不同的图形。所以，要识图必须先了解工程图是怎样画出来的，懂得制图的基本原理，从而识读建筑装饰图样。

假定光线可以穿透物体（物体的面是透明的，而物体的轮廓线是不透的），并规定在影子当中，光线直接照射到的轮廓线画成实线，光线间接照射到的轮廓线画成虚线，则经过抽象后的“影子”称为投影。投影通常分为中心投影和平行投影两类，见图10-1、图10-2。

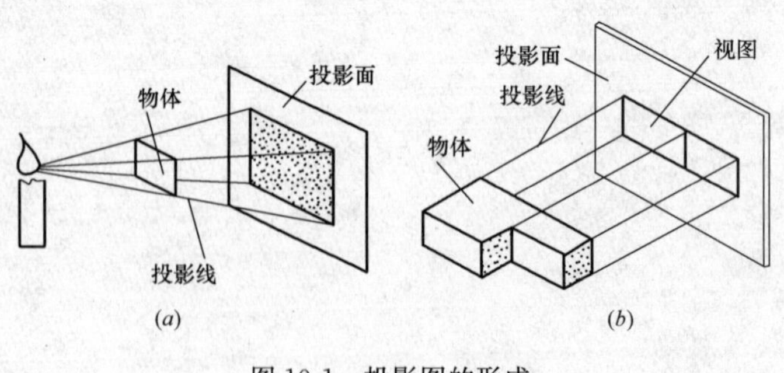

图10-1 投影图的形成

(*a*) 中心投影；(*b*) 平行投影

10.1.2 平面、立面、剖面图

建筑图纸最普遍运用的就是用于正投影的平行投影图，如通常的平面、立面、剖面图都是用平行投影法原理绘制的。在图10-3中，自 *B* 的投影应为平面图；自 *C*、*D*、*E*、*F*

的投影应为立面图；A 的投影镜像图应为顶棚平面图（镜像投影法原理见图 10-4）。

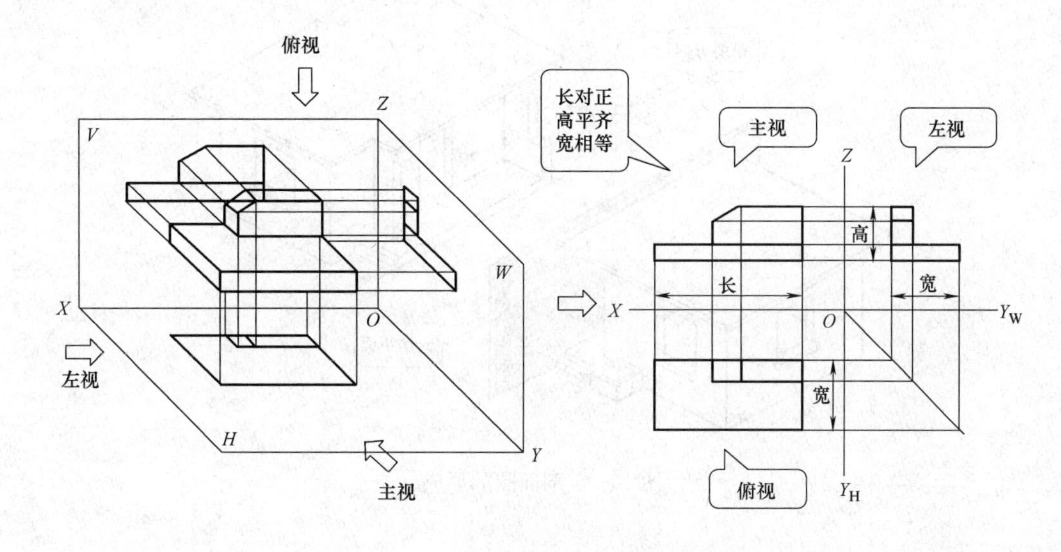

图 10-2 物体在三个投影面上的投影

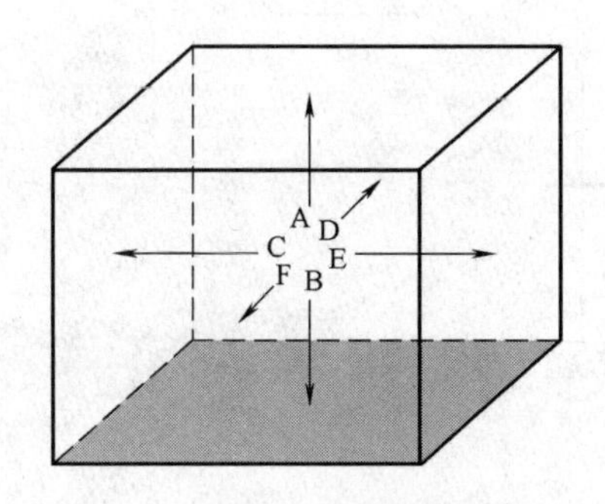

图 10-3 平面、立面图投影方向

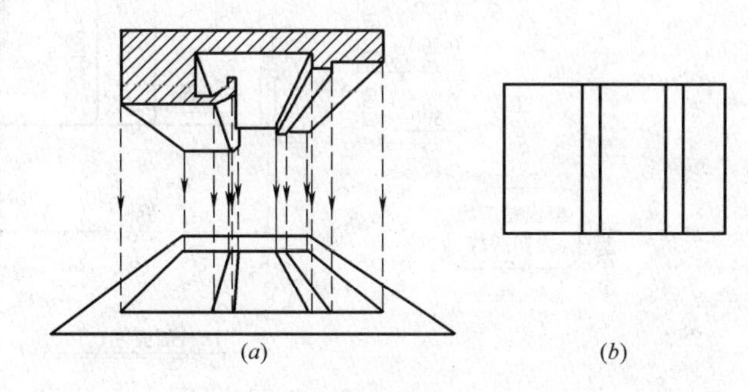

图 10-4 吊顶平面图采用镜像投影法

(*a*) 镜像投影法；(*b*) 顶棚平面

而如果把墙体、梁柱、楼板等构造均在同一平面或立面图中表达出来时，我们也称之为水平剖面图或剖立面图。剖面图的定义是：假想用一个平面把建筑或物体剖开，让它内部的构造显示出来，向某一方向正投影，绘制出形状及其构造。

我们可以这样理解，如图 10-5 所示，如果把建筑墙体或楼板隐藏，其内部的图纸完全是我们通常认为的立面图，而通常我们绘制室内立面图时也会把墙体及楼板表现出来，可见我们通常所说的室内立面图就是剖立面图。如图 10-6 所示。对于我们通常所说的平面图也就是水平剖面图，也是一个道理。而吊顶（顶棚）平面图就是镜像投影的水平剖面图。剖切到部分的轮廓线应该用粗实线表示，没有剖切到但是在投射方向看到的部分用细实线表示。

对于构造节点图（详图），其实是一种放大的局部剖面图，在表达建筑构造或局部造型的细部做法时会采用。如图 10-7 所示。

平行正投影只是一种假想的投影图，虽然可以反映空间或建筑构件长、宽、高等准确的尺寸，但对于人通常的视觉感受来说直观性较差。作为补充还有一些三维投影图形，如

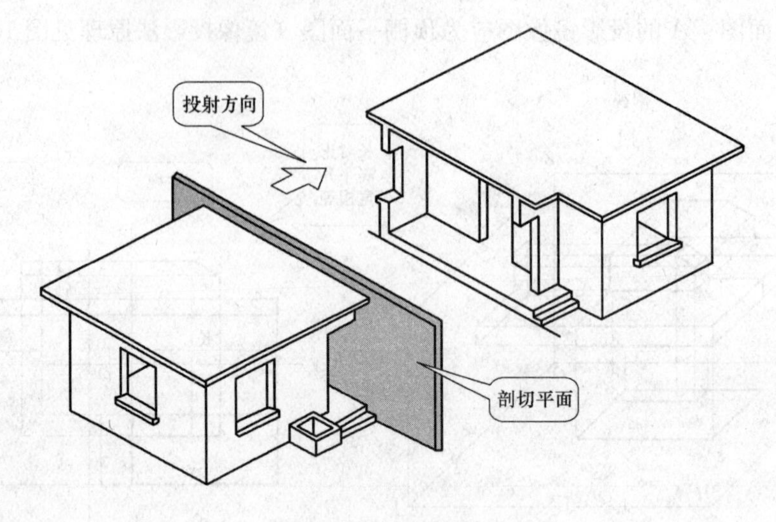

图 10-5　剖面图的形成

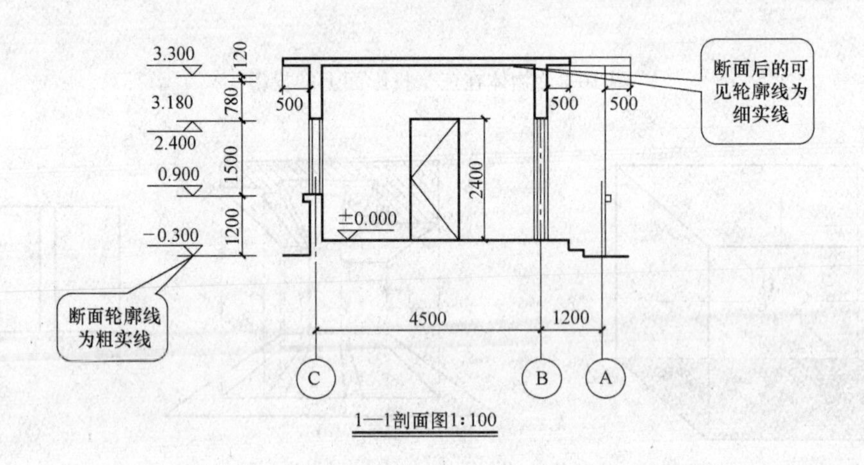

图 10-6　剖面图的识读

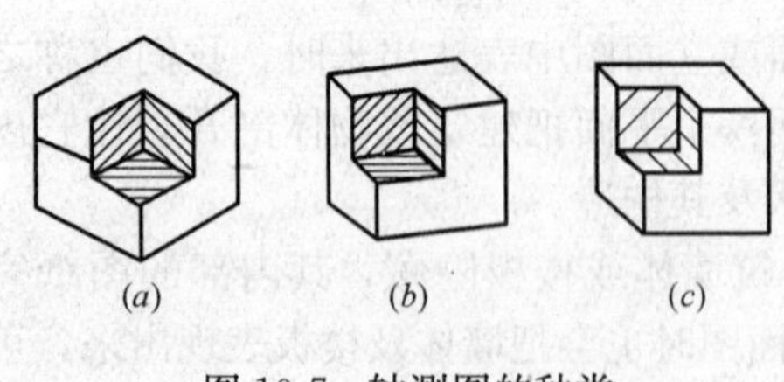

图 10-7　轴测图的种类
(a) 正等测；(b) 正二测；(c) 正面斜二测

轴测图（平行投影，远近尺寸相同，是一种抽象的三维图形）或透视图（中心投影，特征是近大远小。如人的正常视角或相机拍摄，根据透视原理绘制或建模设置）。三维图形较为逼真、直观，接近于人们通常的视觉习惯，见图 10-8、图 10-9。轴测图或透视图在表达复杂构造或节点时有其独特的优势，能比较清楚地表达设计意图和正确地传递设计信息。

10.1.3　绘制工程图

1. 装饰平面布置图的绘制

(1) 选比例、定图幅。装饰施工图绘制的常用比例见表 10-1。

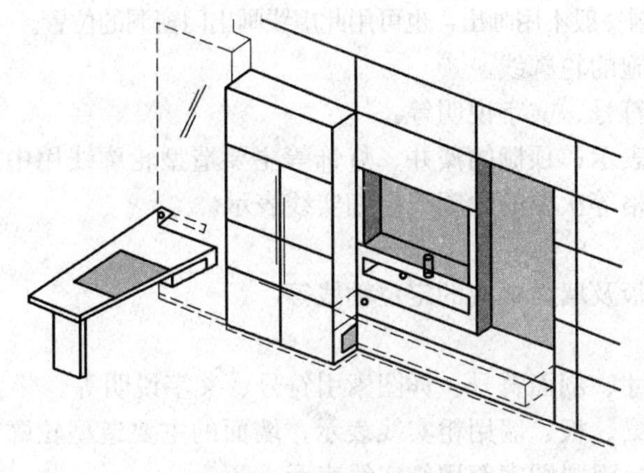

图 10-8　轴测图示例

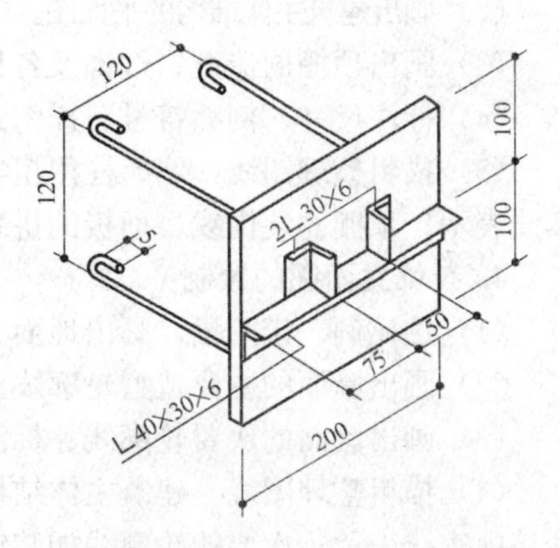

图 10-9　轴测图的尺寸标注

装饰施工图绘制的常用比例　　**表 10-1**

比 例	部 位	图纸内容
1∶200～1∶100	总平面、总顶面	总平面布置图、总顶棚平面布置图
1∶100～1∶50	局部平面、局部顶棚平面	局部平面布置图、局部顶棚平面布置图
	不复杂的立面	立面图、剖面图
1∶50 ～1∶30	较复杂的立面	立面图、剖面图
1∶30 ～1∶10	复杂的立面	立面放大图、剖面图
1∶10 ～1∶1	平面及立面中需要详细表示的部位	详图
	重点部位的构造	节点图

（2）画出建筑主体结构（如墙、柱、门、窗等）的平面图，比例为 1∶50 或大于 1∶50 时，应用细实线画出墙身饰面材料轮廓线。

（3）画出家具、厨房设备、卫生间洁具、电器设备、隔断、装饰构件等的布置。

（4）标注尺寸、剖面符号、详图索引符号、图例名称、文字说明等。

（5）画出在面的拼花造型图案、绿化等。

（6）描粗整理图线。墙、柱用粗实线表示，门窗、楼梯等用中实线表示；装饰轮廓线如隔断、家具、洁具、电器等主要轮廓线用中实线表示；地面拼花等次要轮廓线用细实线表示。

2. 地面铺装图的绘制

（1）选比例、定图幅。

（2）画出建筑主体结构（如墙、柱、门、窗等）的平面图和现场制作的固定家具、隔断、装饰构件等。

墙、柱用粗实线表示；门窗、楼梯、台阶、固定家具、铺地之前安装的洁具等轮廓线用中实线表示；地面拼花分割线等用细实线表示。

（3）画出客厅、过道、餐厅、卧室、厨房、卫生间、阳台等的地面材料拼装分格线。

（4）标注尺寸、剖面符号、详图索引符号、文字说明等。

3. 顶棚平面图的绘制

（1）选比例、定图幅。

（2）画出建筑主体结构的平面图。门窗洞一般不用画出，也可用此虚线画出门窗洞的位置。

（3）画出顶棚的造型、灯饰及各种设施的轮廓线。

（4）标注尺寸、剖面符号、详图索引符号、文字说明等。

（5）描粗整理图线：墙、柱用粗实线表示；顶棚的藻井、灯饰等主要造型轮廓线用中实线表示；顶棚的装饰线、面板的拼装分格等次要的轮廓线用细实线表示。

4. 装饰立面图的绘制

（1）选比例、定图幅，画出地面、楼板及墙面两端的定位轴线等。

（2）画出墙面的主要造型轮廓线。

（3）画出墙面的次要轮廓线、标注尺寸、剖面符号、详图索引符号、文字说明等。

（4）描粗整理图线。建筑主体结构的梁、板、墙用粗实线表示；墙面的主要造型轮廓线用中实线表示；次要的轮廓线如装饰线、浮雕图案等用细实线表示。

5. 装饰详图的绘制

（1）选比例、定图幅。

（2）画出精品柜结构的主要轮廓线，如木龙骨、夹板、玻璃侧板、玻璃门、玻璃镜等。

（3）画出精品柜结构的次要轮廓线，标注尺寸、文字说明等。

（4）描粗整理图线。建筑主体结构墙、梁、板等用粗实线表示；主要造型轮廓线如龙骨、夹板、玻璃等用中实线表示，次要轮廓线用细实线表示。

10.2 建筑装饰设计的基本程序

10.2.1 设计文件概述

建筑工程设计文件一般包括设计说明、设计图纸、计算书、物料表等。通常我们所说的设计图纸，往往是特指以图样、设计说明为主的设计文件。建筑工程图，一般包括各个专业的图纸，如建筑图、结构图、设备图（给水排水图、电气图、空调通风图、消防专业图等）、装饰图。

对于建筑装饰图纸，按不同设计阶段分为：概念设计图，方案设计图，初步设计图，施工设计图、变更设计图、竣工图等。一般的工程都会有方案设计和施工图设计两个阶段，技术要求高的工程项目可增加概念设计及初步设计阶段；而工程简单的装饰设计也可将方案设计和施工图设计合并，如家庭装饰装修设计。概念图（方案设计草图）设计阶段以“构思”为主要内容，方案设计图纸表达阶段以“表现”为主要内容，而施工图则以“施工做法”为主要内容。

设计文件应该保证其设计质量及深度，满足招投标、概预算、材料采购制作及施工安装等要求。国家建设主管部门在 2008 年更新了《建筑工程设计文件编制深度规定》，有助于保证各阶段设计文件的质量和完整性。对于建筑装饰装修设计图纸，江苏省建设厅在 2007 年出版过《江苏省建筑装饰装修工程设计文件编制深度规定》。在实际操作中由于多方面客观原因，施工图深度往往达不到要求或与现场差异较大，有些部件产品如木制品、石材制品、幕墙门窗等还需进行工艺设计，所以一般装饰施工图均需进行深化设计才能满足测量放线、材料下单及施工安装的需要。

10.2.2 方案设计图

方案设计阶段，应根据设计任务书的要求和使用功能特点、空间的形态特征、建筑的结构状况等，运用技术和艺术的处理手法，表达总体设计思想，做到布局科学、功能合理、造型美观、结构安全工艺正确，并能达到能据以进行施工图设计和满足工程估算的要求。

方案设计文件一般包括以下内容：设计说明书、设计图纸（包括设计招标、设计委托、设计合同中规定的平面、立面及分析图、透视图等）、主要装饰材料表（或附材料样板）、业主要求提供的工程投资估算（概算）书。

方案设计图纸是方案设计文件的主要内容。图纸应包括主要楼层和主要部位的平面图、吊顶（顶棚）平面图、主要立面图等。也可根据业主的要求调整图纸的内容和深度。

方案设计图纸深度的具体要求：

1. 平面图

（1）标明装饰装修设计调整后的所有室内外墙体、门窗、管井、各种电梯及楼梯、平台和阳台等位置；

（2）标明轴线编号，并应与原建筑图纸一致；

（3）标明主要使用房间的名称和主要空间的尺寸，标明楼梯的上下方向，标明门窗的开启方向；

（4）标明各种装饰造型、隔断、构件、家具、陈设、厨卫设施、非吊顶安装的照明灯具及其他饰品的名称和位置；

（5）标明装饰装修材料和部品部件的名称；

（6）标注室内外地面设计标高和各楼层、平台等处的地面设计标高；

（7）标注索引符号、编号、指北针（位于首层总平面图中）、图纸名称和制图比例等；

（8）根据需要，宜绘制本设计的区域位置、范围；宜标明对原建筑改造的内容；宜绘制能反映方案特性的功能、交通、消防等分析图。

2. 吊顶（顶棚）平面图

（1）吊顶平面图应以平面图为基础（如轴线、总尺寸及主要空间的定位尺寸），标明装饰装修设计调整后的所有室内外墙体、门窗、管井、天窗等的位置；

（2）标明吊顶装饰造型、吊顶安装的照明灯具、防火卷帘以及吊顶上其他主要设施、设备和饰品的位置；

（3）标明吊顶的主要装饰装修材料及饰品的名称；

（4）标注吊顶主要装饰造型位置的设计标高；

（5）标注图纸名称和制图比例以及必要的索引符号、编号。

3. 立面图

（1）应标注立面范围内的轴线和轴线编号，以及两端轴线间的尺寸；

（2）应绘制有代表性的立面、标明装饰完成面的地面线和装饰完成面的吊顶造型线。标注装饰完成面的净高以及楼层的层高；

（3）应绘制墙面和柱面的装饰造型、固定隔断、固定家具、门窗、栏杆、台阶等立面形状和位置，并标注主要部位的定位尺寸；

（4）应标注立面主要装饰装修材料和部品部件的名称；

（5）标注图纸名称和制图比例必要的索引符号、编号。

4. 剖面图

方案设计一般情况下可不绘制剖面图，对于在空间关系比较复杂、高度和层数不同的部位，应绘制剖面图。

10.2.3 施工图设计

建筑装饰设计施工图的表达一套完整的建筑装饰施工图的设计以图纸为主，其编排顺序为：封面；图纸目录；设计说明（或首页）；图纸（平、立、剖面图及大样图、详图）；工程预算书以及工程施工阶段的材料样板。对于装饰工程施工员，应熟悉施工图的主要内容及相关要求。施工图设计，整体及各部位的设计比方案设计或初步设计更为具体、明确、深入，尤其是增加了标准施工做法、细部节点构造等图纸。

施工图设计图纸深度的具体要求：

1. 平面图（Plan）

平面图所表现的内容主要有以下三大类：一是建筑结构及尺寸；二是装饰布局及结构及尺寸关系，三是设施与家具安放位置及尺寸关系。

（1）索引平面图：指在平面图上标注了立面索引符号图例的图纸，图面以表现建筑构造、设备设施及室内墙体、门窗、墙体固定装饰造型（木制品家具可不表示）为主。较简单的平面可把索引平面图与墙体定位图合并，同时需标注墙体的做法及尺寸。索引图还应标注建筑房间或部位的名称、门窗编号，如图 10-10 所示。

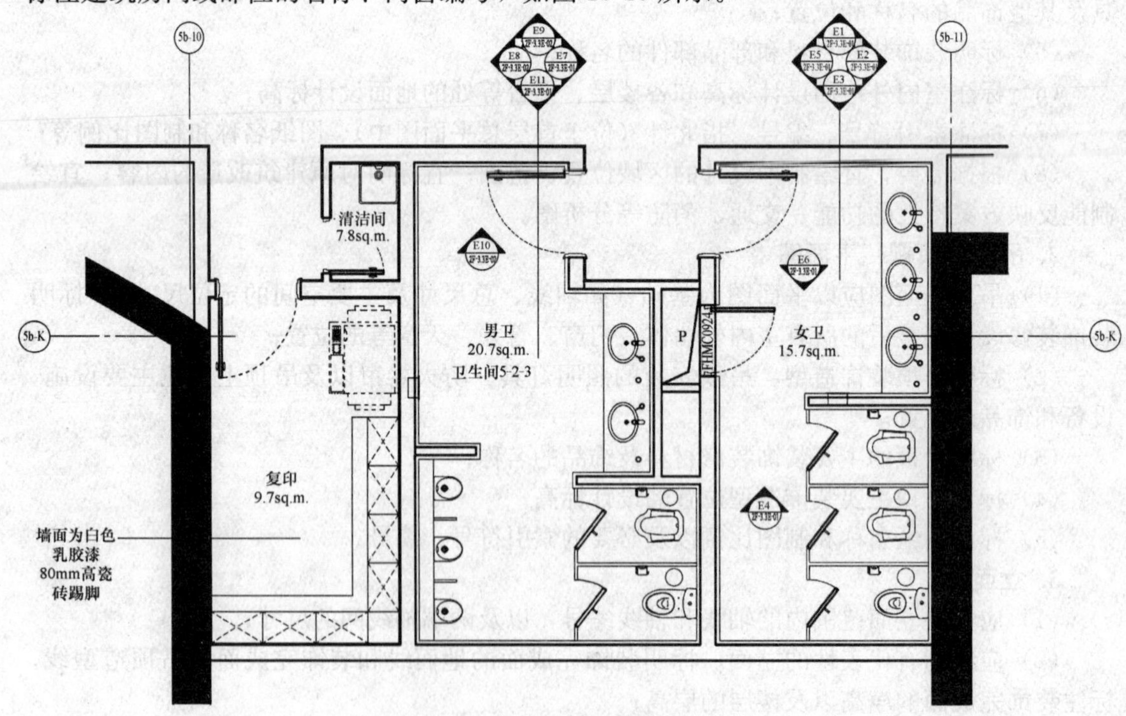

图 10-10 索引平面图

（2）平面布置图（家具陈设布置图）：除了索引平面图的图样，还需表示所有的固定家具、活动家具、陈设品、地面家具上的相关设备设施。并标注建筑空间名称及主要设备设施的名称。索引平面图和平面布置图可以合并，如图 10-11 所示。

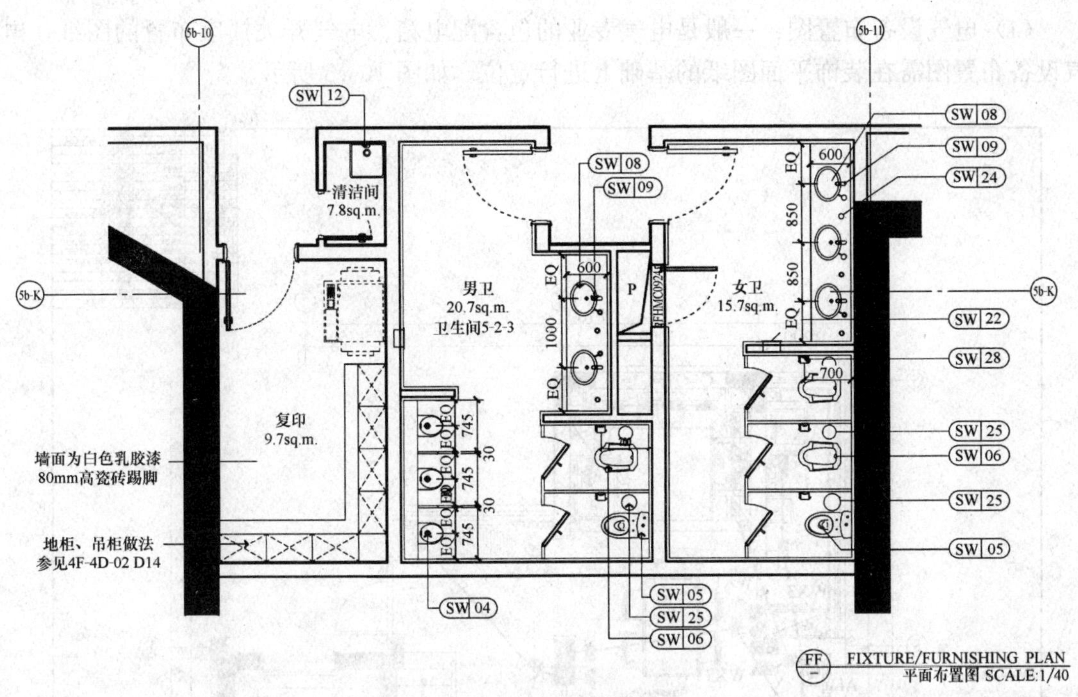

图 10-11　平面布置图

（3）地面装饰平面图（地坪图、地面铺装图）：除了索引平面图的图样，还需表示不同部位（包括平台、阳台、台阶）地面材料的名称及图样、分格线，并标注标高、不同地面材料的范围界线及定位尺寸、分格尺寸。注意活动家具或其他设备设施用虚线表示或不表示。如图 10-12 所示。

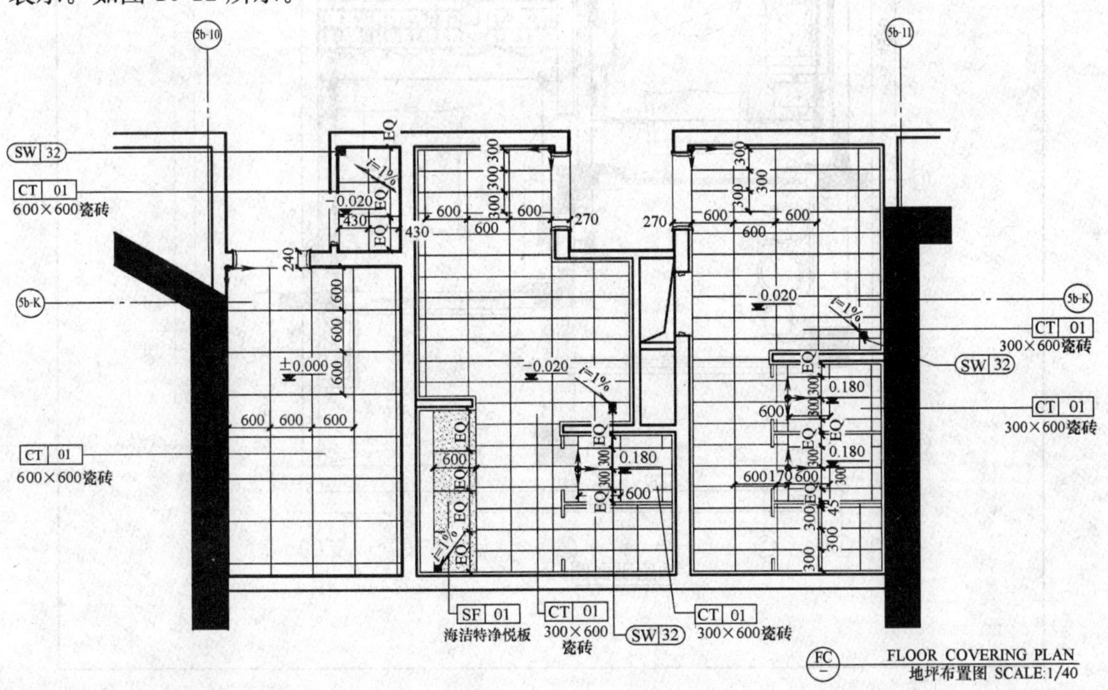

图 10-12　地面装饰平面图

（4）电气设备布置图：一般是电气专业的包含配电箱、电气开关插座布置的图纸。电气设备布置图需在装饰平面图纸的基础上进行定位。如图 10-13 所示。

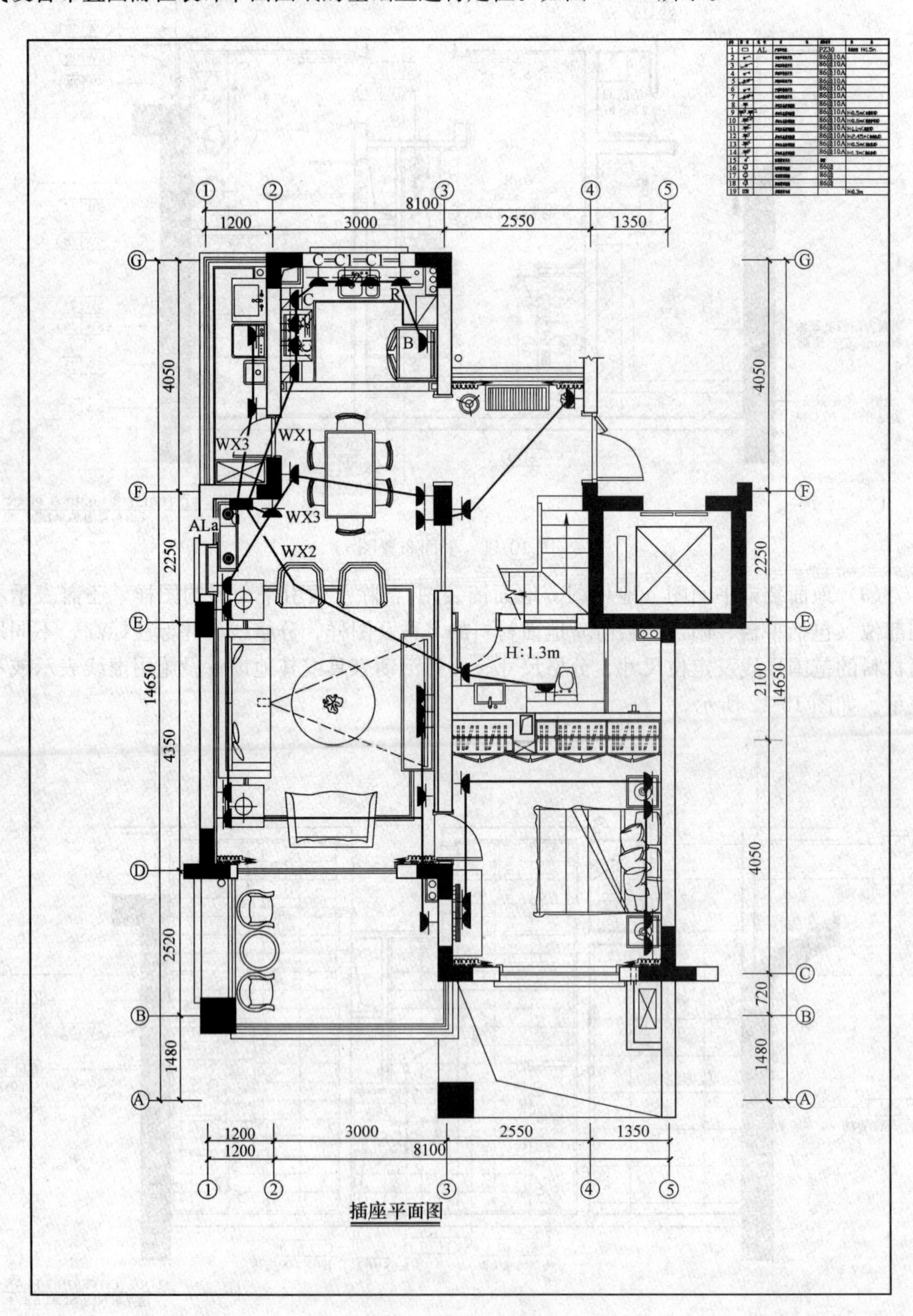

图 10-13　电气平面图

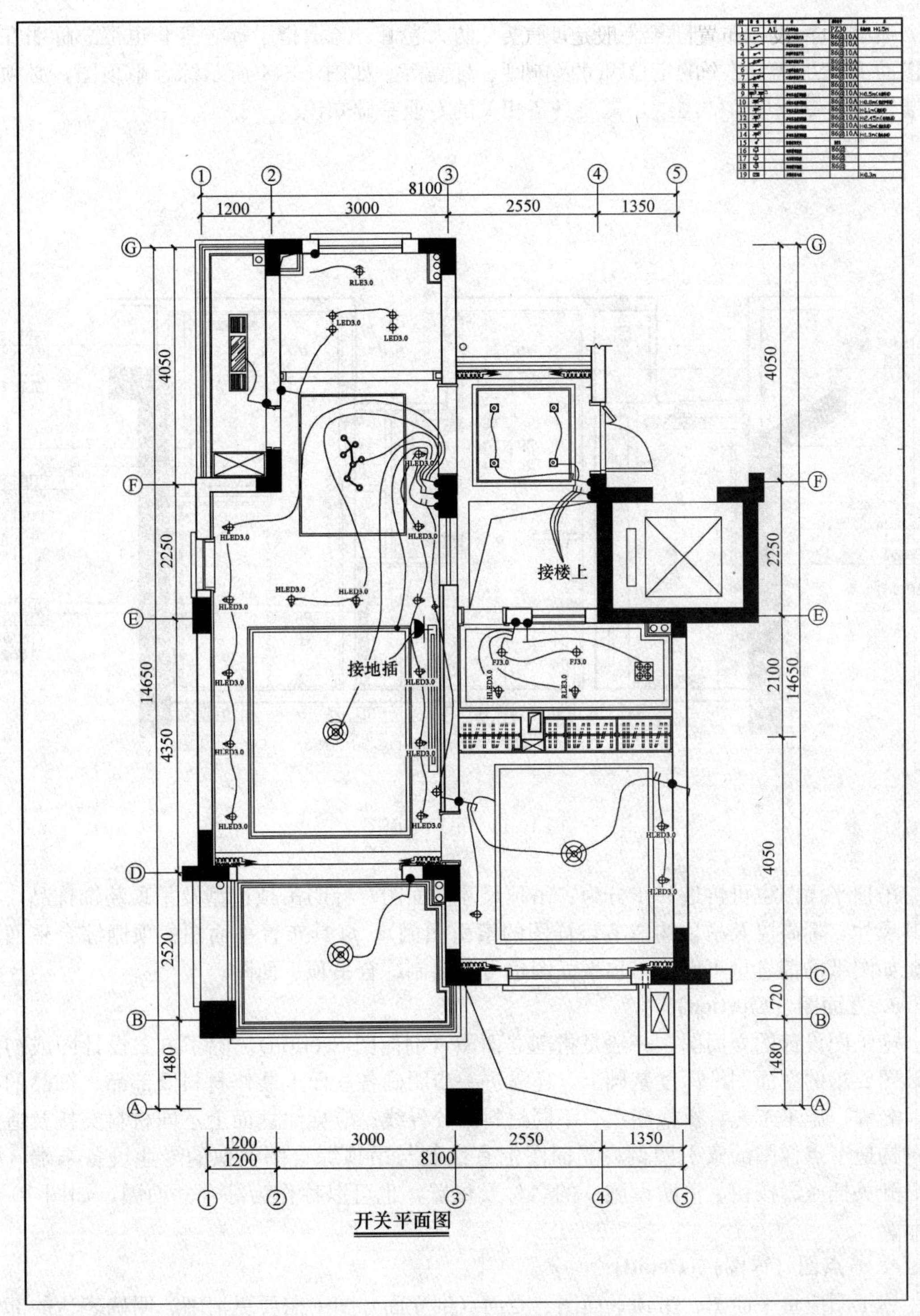

图 10-13　电气平面图（续）

2. 吊顶（顶棚）平面图（Ceiling Plan）

吊顶平面图，通常绘制为综合吊顶平面图，即除了吊顶装饰材料及不同的装饰造型、饰品需标明，在吊顶上的各种专业设施、设备（包括吊顶安装的灯具、空调风口、检修口、喷淋、烟感温感、扬声器、挡烟垂壁、防火卷帘、疏散指示标志等）也汇总标明在同一图面上，并标注必要的定位尺寸及间距、标高等。如图 10-14 所示综合吊顶图，必须综合装饰及各专业单位的图纸，需要具备相关的专业基础知识。

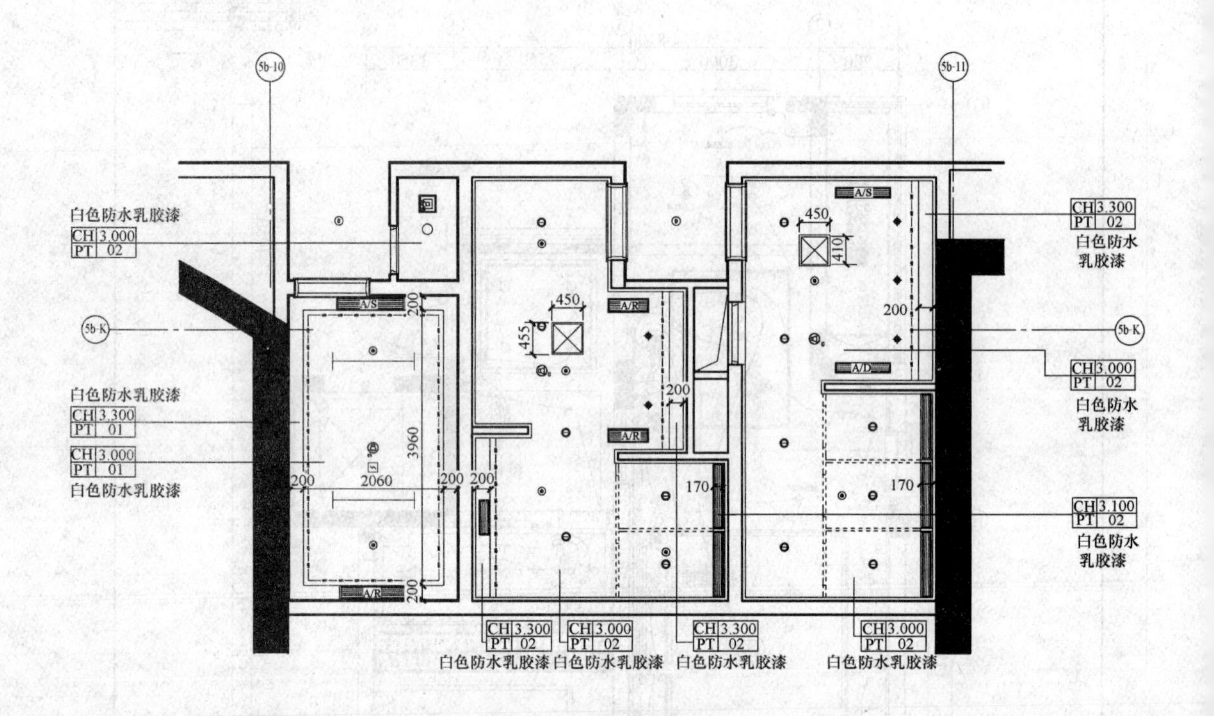

图 10-14　吊顶平面图

吊顶平面图也可再进一步分为：吊顶尺寸平面图（标明吊顶造型及吊顶装饰饰品，标注其尺寸、标高以及吊顶构造节点详图的索引图例）；灯具布置平面图；顶棚综合平面图等。如图纸的信息量不大，吊顶平面图也可只绘制综合吊顶平面图。

3. 立面图（Elevtion）

施工图设计的立面图，一般是指剖立面图（剖面图 Section）。除了方案设计图或初步设计图要求的立面图纸深度基础上，还需进一步明确各立面上装修材料及部品、饰品的种类、名称、施工工艺、拼接图案、不同材料的分界线；应标注立面上不同材料交接及造型处的构造节点详图的索引图例；立面图上宜绘制与吊顶综合图类似的专业设备末端（壁灯、开关插座、按钮、消防设施）的名称及位置，也可以称作为综合立面图，如图 10-15 所示。

4. 节点图（详图）（Detail）

施工图应将平面图、吊顶平面图、立面（剖立面）图中需要更清晰、明确表达的部位（往往是其他图纸无法交代或难以表达清楚的）索引出来，绘制节点图（详图），如图 10-16 所示。

节点图（详图）的基本要求是：应标明物体、构件或细部构造处的形状、构造、支撑或连接关系，并标注材料名称、具体技术要求、施工做法以及细部尺寸。

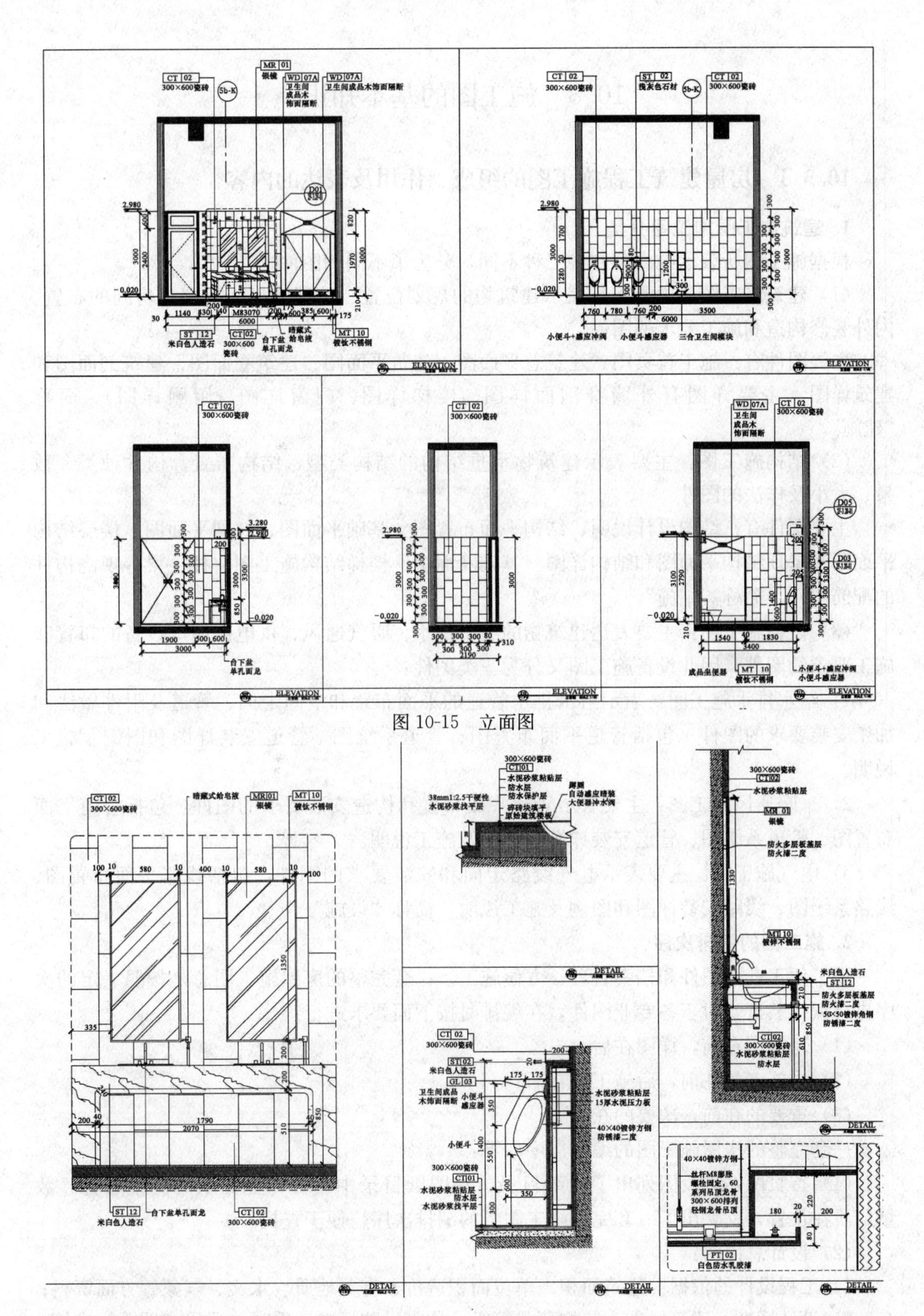

图 10-15　立面图

图 10-16　节点图

10.3　施工图的基本知识

10.3.1　房屋建筑工程施工图的组成、作用及表达的内容

1. 建筑施工图施工图分类

根据施工图所表示的内容和各工种不同，分为了不同的图件。

(1) 建筑施工图：主要用来表示建筑物的规划位置、外部造型、内部各房间的布置、内外装修构造和施工要求的图件。

主要图件有：施工首页图、建筑总平面图、建筑平面图、建筑立面图、建筑剖面图和建筑详图（主要详图有外墙身剖面详图、楼梯详图、门窗详图、厨厕详图）。简称"建施"。

(2) 结构施工图：主要表示建筑物承重结构的结构类型、结构布置，构件种类、数量、大小及作法的图件。

主要图件有：结构设计说明、结构平面布置图［基础平面图、柱网平面图、楼层结构平面图及屋顶结构平面图和结构详图（基础断面图、楼梯结构施工图、柱、梁等现浇构件的配筋图)］。简称"结施"。

(3) 设备施工图：主要表达建筑物的给水排水、暖气通风、供电照明等设备的布置和施工要求的图件。因此设备施工图又分为三类图件：

1) 给水排水施工图：表示给水排水管道的平面布置和空间走向、管道及附件做法和加工安装要求的图件。包括管道平面布置图、管道系统图、管道安装详图和图例及施工说明。

2) 采暖通风施工图：主要表示管道平面布置和构造安装要求的图件。包括管道平面布置图、管道系统图、管道安装详图和图例及施工说明。

3) 电气施工图：主要表示电气线路走向和安装要求的图件，包括线路平面布置图、线路系统图、线路安装详图和图例及施工说明，简称"设施"。

2. 施工图的编排次序

为了便于查阅图件和档案管理，方便施工，一套完整的房屋施工图总是按照一定的次序进行编排装订，对于各专业图件，在编排时按下面要求进行：

(1) 基本图在前，详图在后；

(2) 先施工的在前，后施工的在后；

(3) 重要的在前，次要的在后。

一套完整的房屋施工图的编排次序如下：

(1) 首页图：首页图列出了图纸目录，在图纸目录中有各专业图纸的图件名称、数量、所在位置，反映出了一套完整施工图纸的编排次序，便于查找。

(2) 设计总说明：

1) 工程设计的依据：建筑面积、单位面积造价、有关地质、水文、气象等方面资料；

2) 设计标准：建筑标准、结构荷载等级、抗震设防标准、采暖、通风、照明标准等；

3）施工要求：施工技术要求；建筑材料要求，如水泥强度等级、混凝土强度等级、砖的标号，钢筋的强度等级，水泥砂浆的强度等级等。

（3）建筑施工图：总平面图—建筑平面图（底层平面图、标准层平面图、顶层平面图、屋顶平面图）—建筑立面图（正立面图、背立面图、侧立面图）—建筑剖面图—建筑详图（厨厕详图、屋顶详图、外墙身详图、楼梯详图、门窗详图、安装节点详图等）。

（4）结构施工图：结构设计说明—基础平面图—基础详图—结构平面图（楼层结构平面图～屋顶结构平面图）—构件详图（楼梯结构施工图、现浇构件配筋图）。

（5）给水排水施工图：管道平面图—管道系统图—管道加工安装详图—图例及施工说明。

（6）采暖通风施工图：管道平面图—管道系统图—管道加工安装详图—图例及施工说明。

（7）电气施工图：线路平面图—线路系统图—线路安装详图—图例及施工说明。

10.3.2 建筑装饰工程施工图的组成、作用、表达的内容及图示特点

建筑装饰装修工程施工图习惯上简称装饰施工图，是按照装饰设计方案确定的空间尺度、构造做法、材料选用、施工工艺等，并遵照《房屋制图统一标准》GB/T 50001、《房屋建筑室内装饰装修制图标准》JGJ/T 244 等相关制图标准绘制的工程图样。它主要表达室内设施的平面布置，地面、墙面、顶棚的造型、细部构造、装饰材料与做法等内容。装饰施工图示装饰装修设计阶段的最终成果，同时又是装饰装修工程施工、监理和计算工程造价的主要依据。

1. 装饰施工图的组成及作用

因装饰装修工程的规模、复杂程度以及设计者的表达习惯不同，装饰施工图的组成不尽一致，但一般包括装饰装修施工工艺说明、装饰平面布置图、地面铺装图、顶棚平面图、装饰立面图、装饰详图等。装饰装修施工工艺说明、装饰平面布置图、地面铺装图、顶棚平面图、装饰立面图称为基本图。当然，一套完整的装饰施工图通常还有图纸目录、效果图、主材表等。

装饰装修施工工艺说明用以表达图样中未能详细标明或图样不宜标明的内容。

装饰平面布置图的作用主要是用来标明建筑室内外各种装饰布置的平面形状、位置、大小和所用材料；表明这些布置与建筑主体结构之间，以及各种布置之间的相互关系等。

地面铺装图的作用主要是用来表明建筑室内外各种地面的造型、色彩、位置、大小、高度、图案和地面所用材料；表明房间内固定布置与建筑主体结构之间，以及各种布置与地面之间、不同的地面间的相互关系等。

装修立面图用于反映室内空间垂直方向的装饰设计形式、尺寸与做法、材料与色彩的选用的内容，是装饰工程施工图中的主要图样之一，是确定墙面做法的主要依据。

顶棚平面图的作用主要是用来表明顶棚装饰的平面形式、尺寸和材料，以及灯具和其他各种室内顶部设施的位置和大小等。

装饰详图也称大样图，包括装饰构配件详图和装饰节点详图，其作用是把在平面布置

图、地面铺装图、顶棚布置图、装饰立面图等图样中无法表示清楚的部分放大比例表示出来。

2. 装饰施工图的编排顺序

装饰施工编排顺序的原则是：表现性图样在前，技术性图样在后；装饰施工图在前，配套设备施工图在后；基本图在前，详图在后；先施工的在前，后施工的在后。

3. 装饰施工图的特点

（1）装饰施工图与建筑施工图一样，都是按国家有关现行制图标准，采用相应的材料图例，按照正投影原理绘制而成的，必要时绘制透视图、轴测图等辅助表达，以便识读。

（2）装饰施工图与建筑施工图在绘图原理和图示标识形式上有许多方面基本一致，建筑装饰施工图可以说是建筑施工图的一种，只是表达的内容重点不同，要求不同。但是，建筑装饰装修设计通常是在建筑设计的基础上进行的，在制图和识图上装饰施工图有其自身的规律，如图样的组成、施工工艺及细部做法的表达等都与建筑施工图有所不同。

（3）装饰施工图受业主的影响大。装饰装修设计直接面对的是最终用户或房间的直接使用者，他们的要求、理想都明白地表示给设计者。装饰装修设计一般分为方案设计和施工图设计两个阶段，规模较大的装饰装修工程分为方案设计、扩大初步设计和施工图设计三个阶段。方案设计阶段是根据业主要求、现场情况以及有关规范、设计标准等，以透视效果图、平面布置图、室内立面图、一楼地面平面图、尺寸、文字说明等形式，将设计方案表达出来，经修改补充，取得合理方案后，报业主或有关主管部门审批，才能进入施工图设计阶段。

（4）装饰施工图具有易识别性。装饰施工图交流的对象不仅仅是专业人员，还包括各种客户群，为了让他们一目了然，增加沟通能力，装饰施工图中采用的图例大都是具有具象性。比如，在家具装饰图中，人们很容易分辨出床、沙发、茶几、电视、空调、桌椅，人们大都能从直观感觉中分辨出地面材质，如木地面、地毯、地砖、大理石等。

（5）装饰施工图设计的范围广。装饰施工图不尽设计建筑，还包括家具、机械、电器设备；不仅包括材料，还包括成品和半成品，这就容易造成在表达方式上有时不统一。

（6）装饰施工图详图多，必要时应提供材料样板。装饰装修设计往往具有鲜明的个性，装饰施工图具有个案性，很多做法很难找现场的节点图进行引用，因而详图很多。装饰装修施工涉及的做法多、选材广，例如，大理石各个产地不同，色泽不同，名称很难把握，再加上其表面根据装饰需要进行凿毛、烧毛、亚光、镜面等加工，无样板很难对比。

10.4 施工图的图示方法及内容

10.4.1 平面布置图的图示方法及内容

1. 图示方法

装饰平面布置图是假想用一个水平的剖切平面，在略高于窗台的位置，将经过内外装修后的房屋整个剖开，移去上面部分向下所作的水平投影图。

装饰平面布置图中所表达的建筑平面图的有关内容，包括建筑平面图上由剖切引起的墙体断面和门窗洞口、定位轴线及其编号、建筑平面结构的各部尺寸、室外台阶、雨篷、花台、阳台及室内楼梯和其他细部布置等，表示方法与建筑平面图相同，即剖切到的构件用粗线，看到的用细线。为了使图面不过于繁杂，一般与装饰平面图示关系不大或完全没有关系的内容均应予以省略，如指北针、建筑详图的索引标志、建筑剖面图的剖切符号，以及某些大型建筑物的外包尺寸等。

装饰平面布置图中门窗的平面形式主要用图例表示，其装饰应按比例和投影关系绘制，标明门窗是里装、外装还是中装等，并注明设计编号；垂直构件的装饰形式，可用中实线画出它们的水平断面外轮廓，如门窗套、包柱、隔断等；墙柱的一般饰面则用细实线表示。

各种室内陈设品（如家具、厨具、洁具、家电、灯饰、隔断等）；墙柱的一般饰面则用细实线表示。这些图例一般都是简化的轮廓投影，并且按比例用中实线画出，对于特征不明显的图例用文字注明它们的名称。

为了美化图面效果，还可在无陈设品遮挡的空余部位画出。

2. 图示内容

（1）建筑主体结构，如墙、柱、门窗、台阶等。

（2）各功能空间（如客厅、餐厅、卧室等）的家具的平面开关和位置，如沙发、茶几、餐桌、餐椅、酒柜、地柜、床、衣柜、梳妆柜、床头柜、书柜、书桌等。

（3）厨房的橱柜、操作台、洗涤池等的形状和位置。

（4）卫生间的浴缸、大便器、洗手台等的开关和位置。

（5）家电的形状和位置，如空调机、电冰箱、洗衣机、电视机、电风扇、落地灯等。

（6）隔断、绿化、装饰构件、装饰小品等的布置。

（7）标注建筑主体结构的开间和进深等尺寸、主要的装修尺寸。

装饰平面布置图的尺寸标注分外部尺寸和内部尺寸。外部尺寸一般是套用建筑平面图的轴间尺寸和门窗洞、洞间墙尺寸，而装饰结构和配套布置的尺寸主要在图样内部标注。内部尺寸直接标注在所示内容附近，并尽可能连续标注。

为了区别装饰平面布置图上不同平面的上下关系，必要时应该注出标高。标注标高时，取各层室内主要地面的装饰装修完成面为基准点。

（8）装修要求等文字说明。

（9）装饰视图符号。

为了表示室内立面图在装饰平面布置图中的位置，应在平面布置图上用内视符号注明视点位置、方向及立面编号。立面编号宜用拉丁字母或阿拉伯数字。

为了表示装饰平面布置图与室内其他图的对应关系，装饰平面布置图还应标注各种视图符号，如剖切符号、索引符号、投影符号等。这些符号的标示方法均与建筑平面图相同。

图 10-17 为某住宅装饰平面布置图。

10.4.2 楼地面布置图的图示方法及内容

1. 图示方法

地面铺装图是在装饰平面布置图的基础上，把地面（包括楼面、台阶面、楼梯平台面

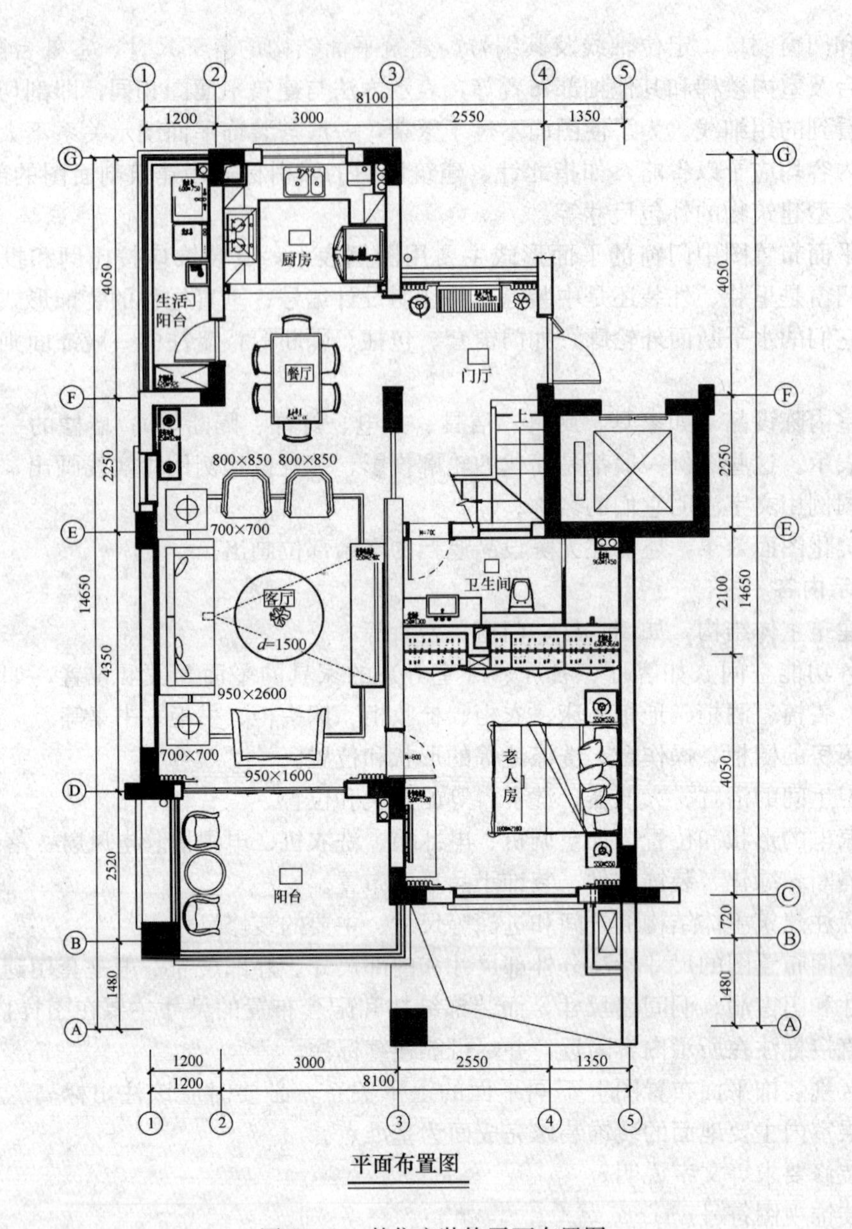

图 10-17　某住宅装饰平面布置图

等）装饰单独独立出来而绘制的图样。它是在室内不布置可移动的装饰要素（如家具、设备、盆栽等）的状况下，假想用一个水平的剖切平面，在略高于窗台的位置，将经过内外装修的房屋整个剖开，移去以上部分向下所作的水平投影图。

2. 图示内容

（1）建筑平面基本结构和尺寸。装饰地面布置图需表达建筑平面图的有关内容。

（2）装饰结构的平面形式和位置。

（3）室内外地面的平面形状和位置。地面装饰的平面形式要求绘制准确、具体，按比例用细实线画出该形式的材料规格、铺式和构造分格线等，并标明其产品品种和工艺要求，必要时应填充适当的图案和材质实景表示。标明地面的具体标高和收口索引。

（4）装饰结构与地面布置的尺寸标注。地面铺装图的尺寸标注分外部尺寸和内部尺寸，外部尺寸一般是套用装饰平面布置图的轴线尺寸和总尺寸，而装饰结构和地面布置的尺寸主要在图样内部标注。内部尺寸标注时尽可能标注在统一的方向，并尽可能连续标注。为了区别地面铺装图上不同地面的上下关系，应该标出标高。标注标高时，取各层室内主要地面装饰装修完成面为基准点。地面铺装图上还应标注各种视图符号，如剖切符号、索引符号等。这些符号标识方法均与装饰平面布置图相同。

（5）必要的文字说明。为了使图面的表达更为详尽周到，必要的文字说明是不可缺少的，如房间的名称，饰面材料的规格品种和颜色、工艺做法与要求、某些装饰构件与配套布置的名称等。

图 10-18 为某住宅地面铺装图。

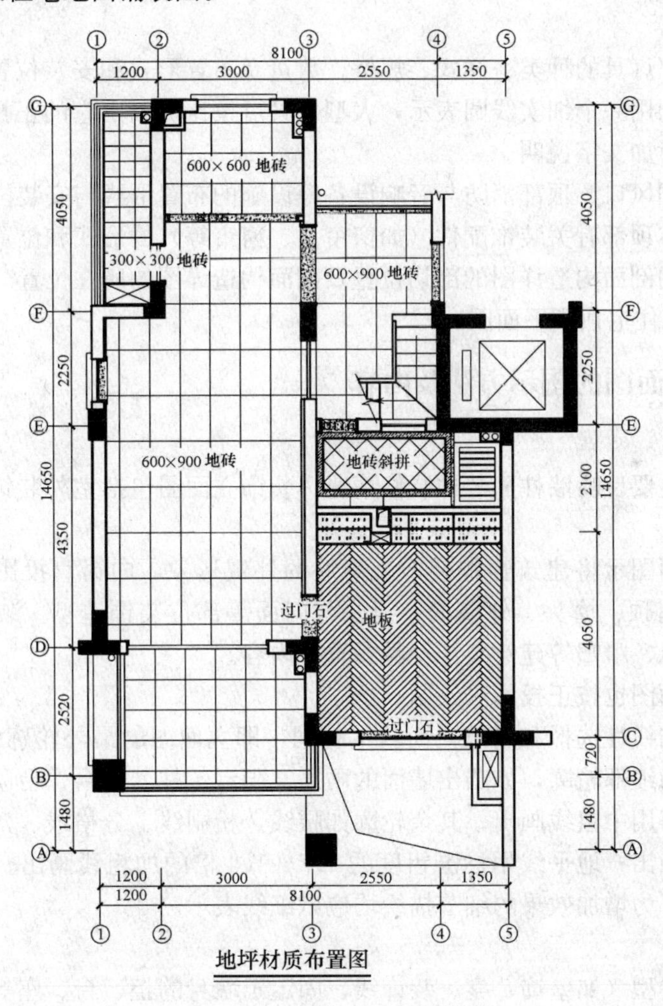

图 10-18　某住宅地面铺装图

10.4.3　顶面布置图的图示方法及内容

1. 图示方法

顶棚平面图也称天花平面图，是采用镜像投影法，将地面视为镜面，对镜中顶棚的形象作正投影而成。

2. 图示内容

(1) 表明墙柱和门窗洞口位置。用镜像投影法绘制的顶棚图，其图形上的前后、左右位置与装饰平面布置图完全相同，纵横轴线的排列也与之相同。但是，在图示了墙柱断面和门窗洞口以后，仍要标注轴线尺寸、总尺寸。洞口尺寸和洞间墙尺寸可不必标出，这些尺寸可对照装饰平面布置图阅读。定位轴线和编号也不必全部标出，只在平面图形的四角部分标出，能确定它与装饰平面布置图的对应位置即可。顶棚平面图一般不图示门扇及其开启方向线，只图示门窗过梁底面。为区别门洞与窗洞，窗扇用一条细虚线表示。

(2) 表明顶棚装饰造型的平面形式和尺寸，并通过附加文字说明其所用材料、色彩及工艺要求。顶棚的跌级变化应结合造型平面分区用标高来表示，所注标高时顶棚各构件底面的高度。

(3) 表明顶部灯具的种类、样式、规格、数量及布置形式和安装位置。顶棚平面图上的小型灯具按比例用一个细实线圆表示，大型灯具可按比例画出它的正投影外形轮廓，力求简明概括，并附加文字说明。

(4) 表明空调风口、顶部消防与音响设备等设施的布置形式与安装位置。

(5) 表明墙体顶部有关装饰配件（如窗帘盒、窗帘等）的形式和位置。

(6) 表明顶棚剖面构造详图的剖切位置及剖面构造详图的所在位置。

图 10-19 为某住宅顶棚平面图。

10.4.4 立面图的图示方法及内容

1. 图示方法

装饰立面图主要反映墙柱面装饰装修情况。装饰立面图包括室外装饰立面图和室内装饰立面图。

室外装饰立面图示将建筑物经装饰装修后的外观形象，向铅直投影面所作的正投影图。它主要表明屋顶、檐头、外墙面、门头与门面等部位装饰造型。装饰尺寸和饰面处理，一级室外水池、雕塑等建筑装饰小品布置等内容。

室内装饰立面图也按正投影法绘制。

装饰立面图的线性选择和建筑立面基本相同，即立面图的最外轮廓线用粗实线表示；外形轮廓线以内的细部轮廓，如凸出墙面的雨篷、阳台、柱、窗台、台阶、屋檐的下檐线以及窗洞、门洞等用中粗线画出；其余轮廓如腰线、粉刷线、分格线、落水管以及引出线等均采用细实线画出；地平线用标准粗度的 1.2～1.4 倍的加粗线画出。但细部描绘应注意力求概括，所有为增加效果的细节描绘均应以细线表示。

2. 图示内容

(1) 墙柱面造型（如壁饰、龛、装饰线、固定于墙身的柜、台、座等）的轮廓线、壁灯、装饰件等。

(2) 吊顶顶棚及吊顶以上的主体结构（如梁、楼板等）。

(3) 墙柱面的饰面材料和涂料的名称、规格、颜色、工艺说明等。

(4) 尺寸标注：壁饰、龛、装饰线等造型的定型尺寸，定位尺寸；楼地面标高、吊顶顶棚标高等。

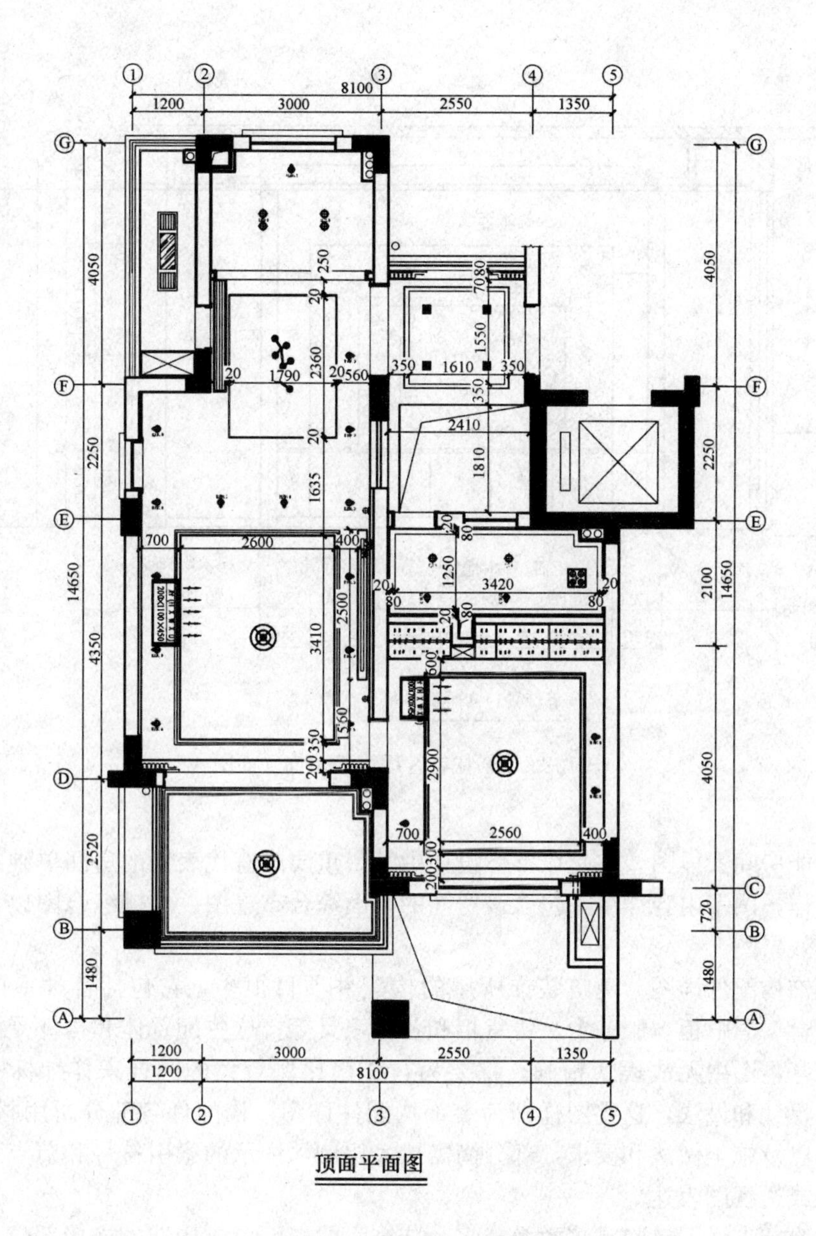

图 10-19 某住宅顶棚平面图

标高标注时以室内地面为基准点，并以此为基准来标明装饰立面图上有关部位的标高。

（5）详图索引、剖面、断面等符号标注。

（6）立面图两端墙柱体的定位轴线、编号。

图 10-20 为某住宅客厅墙面装饰立面图。

10.4.5 详图、节点图、剖面图的图示方法及内容

装饰详图可有不同分类方法，不同分类方法有不同的详图。

1. 按照隶属关系分类的装饰详图

按隶属管理不同，装饰详图可分为功能房间大样图、装饰构配件详图、装饰节点详图

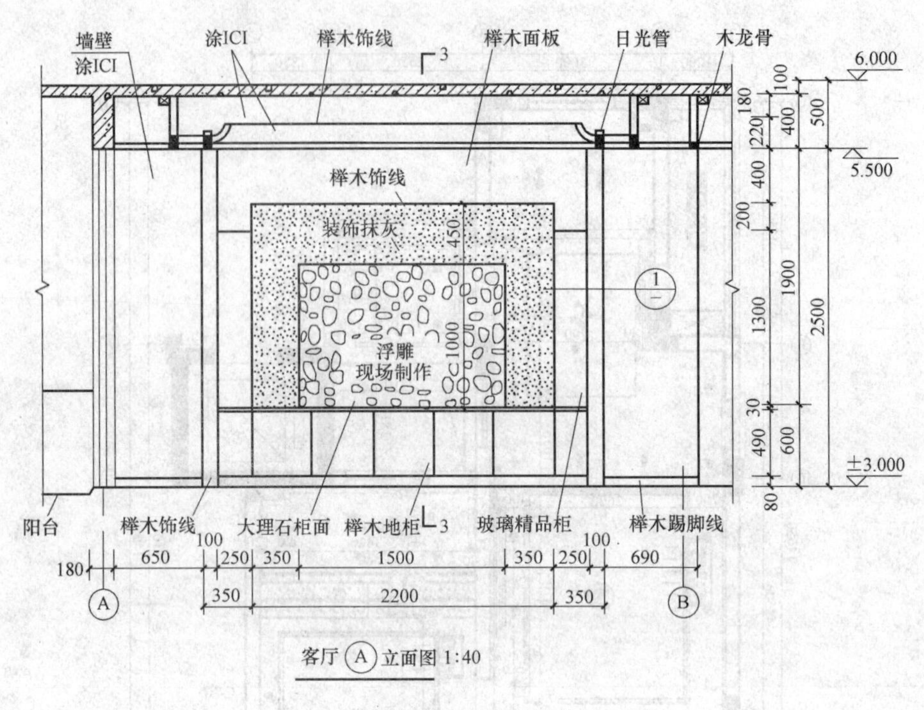

图 10-20 某住宅客厅墙面装饰立面图

等多个层次。

(1) 功能房间大样图。它是以整体设计中某一重要或有代表性的房间单独提取出来放大做设计图样，图示内容详尽，包含该房间的平面综合布置图、顶棚综合图以及该房间的各立面图、效果图。

(2) 装饰构配件详图。建筑装饰所属的构配件项目很多，它包括各种室内配套设置体，如酒吧台、酒吧柜、服务台、售货柜和各种家具等；这些配置体和构件受图幅和比例的限制，在基本图中无法表达精确，都要另行作出比例较大的图样来详细标明它们的式样、用料、尺寸和做法，这些图样即为装饰构配件详图，构配件各部分所用材料的品名、规格、色彩以及施工做法和要求，部分尚需放大比例，详示的索引符号和节点详图，也可附带轴测图或透视图表达。

(3) 装饰节点详图。它是将两个或多个装饰面的交汇点或构造的连接部位，按垂直和水平方向剖开，并以较大比例绘出的详图。它是装饰工程中最基本和最具体的施工图。节点详图的比例常采用 1∶1、1∶2、1∶5、1∶10，其中比例为 1∶1 的详图又称为足尺图。

2. 按照详图的部位分类的装饰详图

(1) 地面构造装饰详图。不同地面（坪）图示方法不尽详图。一般若地面（坪）做有花饰或图案时应绘出地面（坪）花饰平面图。对地面（坪）的构造则应用断面图标明，地面具体做法多用分层注释方法标明。

(2) 墙面构造装饰详图。一般进行软包装或硬包装的墙面绘制装饰详图，构造装饰详图通常包括墙体装饰立面图和墙体断面图。

(3) 隔断装饰详图。隔断的形式、风格及材料与做法种类繁多。隔断通常可以用隔断整体效果的立面图、结构材料与做法的剖面图和节点立体图来表示。

(4) 吊顶装饰详图。室内吊顶也是装饰设计主要的内容，其形式很多。一般吊顶装饰详图应包括吊顶平面格栅布置图和吊顶固定方式节点图等。

(5) 门、窗装饰构造详图。在装饰设计中门、窗一般要进行重新装修会改建。因此门、窗构造详图是必不可少的图示内容。其表现方法包括：表示门、窗整体的立面图和表示具体材料、结构的节点断面图。

(6) 其他详图。在装饰工程设计中有许多建筑配件需要装饰处理，例如门、窗及扶手、栏板、栏杆等，而这些在平、立面上是很难表达清楚的，因此将需要进一步表达的部位另画大样图，这就是建筑配件装饰大样图。在高级装修中，除了对建筑配件进行装饰外，还有一些装饰部件，如墙面、顶棚的装饰浮雕，通风口的通风箅子，栏杆的图案构件及彩画装饰等，设计人员常用 1：1 的比例画出它的实际尺寸图样，并在图中画出局部断面形式，以利于施工。

图 10-21 为某住宅客厅精品柜节点线图，图 10-22 为某住宅客厅吊顶顶棚剖面详图。

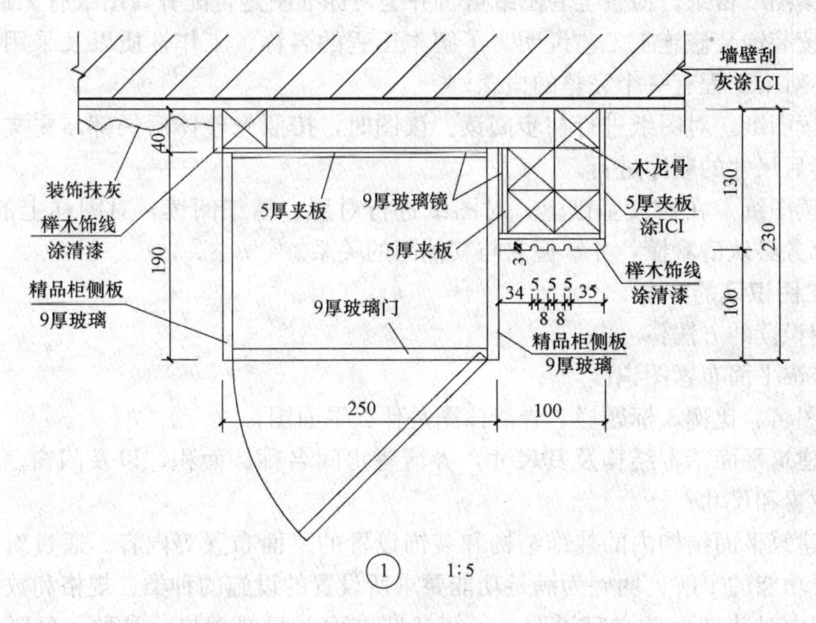

图 10-21　某住宅客厅精品柜节点线图

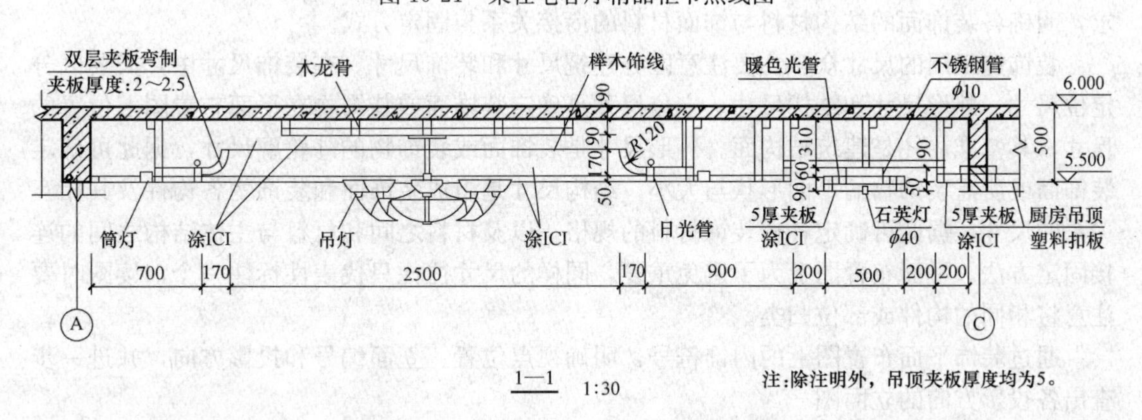

图 10-22　某住宅客厅吊顶顶棚剖面详图

10.4.6 施工图的识读

1. 施工图识读的步骤

装饰施工图识读的一般步骤：

（1）总览全局。先阅读装饰施工基本图样，建立建筑物及装饰的轮廓概念，然后再针对性地阅读样图。

（2）循序渐进。根据投影关系、构造特点和图纸顺序，从前往后、从上往下、从左往右、由外向内、由大到小、由粗到细反复阅读。

（3）相互对照。识读装饰施工图时，应当图样与说明对照看，基本图和详图对照看。必要时还需查阅建筑施工图、结构施工图、设备施工图，弄清相互对应关系与配合要求。

（4）重点细读。有重点地细读施工图，掌握施工必需的信息。

识读装饰施工图的一般顺序如下：

1）阅读图纸目录。检查全套图纸量否齐全，标准图是否配齐，图纸有无缺损。

2）阅读装饰装修施工工艺说明。了解本工程的名称、工作性质以及采用的材料和特殊要求等。对本工程有一个完整的概念。

3）通读图纸。对图纸进行初步阅读。读图时，按照先整体后局部，先文字说明后图样，先图形后尺寸的顺序进行。

4）精读图纸。在初读基础上，对图纸进行对照、精细阅读，对图样上的每个线面、每个尺寸都务必认清看懂，并掌握它与其他图的关系。

2. 施工图识读的方法

施工图识读的方法：

（1）装饰平面布置图识读

1）看图名、比例。标题栏，弄清该图是什么平面图；

2）看建筑平面基本结构及其尺寸，弄清各房间名称、面积，以及门窗、走廊、楼梯等的主要位置和尺寸；

3）看建筑平面结构内的装饰结构和装饰设置的平面布置等内容。通过对各房间和其他空间主要功能的了解，明确为满足功能要求所设置的设施的种类、规格和数量。

通过图中对装饰面的文字说明，了解各装饰面对材料规格、品种、色彩和工艺的要求，明确各装饰面的结构材料与饰面材料的衔接关系与固定方式。

装饰施工图的尺寸众多，要注意区分建筑尺寸和装饰尺寸。在装饰尺寸中，又要区分定位尺寸、外形尺寸和结构尺寸。定位尺寸是确定装饰面或装饰物在平面布置图上位置的尺寸，其基准往往是建筑结构面。外形尺寸是装饰面或装饰物的外轮廓尺寸，据此可确定装饰面或所需装饰物的平面形状与大小。结构尺寸是组成装饰面和装饰物各构件及其相互关系的尺寸，据此可确定各种装饰材料的规格，以及材料之间和材料与主体结构之间的连接固定方法。平面布置图上为了避免重复，同样的尺寸往往只代表性标注一个，读图时要注意将相同的构件或部位归类。

通过装饰平面布置图上的内饰符号，明确视点位置、立面编号和投影方向，并进一步查出各投影方向的立面图。

通过装饰平面布置图上的剖切符号，明确剖切位置及其剖视方向，进一步查阅相应的剖面图。

通过装饰平面布置图上的索引符号，明确被索引部位及详图所在位置。

（2）地面铺装图识读

1）看图名、比例，了解是哪个房间的地面布置，核实尺度是否具有量度性，以便尺寸不清楚时，可以量度核准；

2）逐个看房间内部地面装修：一是看大面材料，二是看工艺做法，三是看质地、图案、花纹、色彩、标高，四是看造型及起始位置，确定定位放线的可能性，实际操作的可能性。

通过地面铺装图上的剖切符号，明确剖切位置及其剖视方向，进一步查阅相应的剖面图。

通过地面铺装图上的索引符号，明确被索引部位及详图所在位置。

（3）顶棚平面图识读

弄清楚顶棚平面图与平面布置图各布置图各部分的对应关系，核对顶棚平面图与平面布置图在基本结构和尺寸上是否相符。对于某些有跌级变化的顶棚，要分清它的标高和尺寸，并结合造型平面分区，在平面上建立起三维空间的尺度概念。

通过顶棚平面图，了解顶部灯具和设备设施的规格、品种与数量。

通过顶棚平面图上的文字标注，了解顶棚所用材料的规格、品种及其施工要求。

通过顶棚平面图上的索引符号，找出相应详图对照阅读，弄清楚顶棚的详细构造。当顶棚过于复杂时，常常分成顶棚布置图，顶棚造型及尺寸定位图、顶棚照明及电气设备定位图等多种图样进行绘制，识图时应相互对照。

（4）装饰立面图识读

1）根据图中不同线型的含义以及各部分尺寸和标高，弄清楚立面上各个装饰造型的凹凸起伏变化和转折关系，弄清楚每个立面上有几种不同的装饰面，以及不同装饰面所选用的材料与施工工艺要求。再依次逐个地看房间内部墙面装修情况，包括大面材料、工艺做法、质地、图案、花纹、色彩、标高、造型及起始位置。

2）立面上各装饰面之间的衔接收口较多，这些内容在立面图上表达比较概括，多在节点详图中详细表明。要注意找出这些详图，明确它们的收口方式、工艺和所用材料。明确装饰结构之间以及装饰结构与建筑结构之间的连接固定方式。要注意设施的安装位置、电源开关、插座的安装位置和安装方式，以便在施工中留位。

3）阅读室内装饰立面图时，要结合装饰平面布置图、顶棚平面图和该室内其他立面图对照阅读，明确该室内的整体做法与要求。

4）阅读室内装饰立面图时，要结合装饰平面布置图和该部位的装饰剖断面图综合阅读，全面弄清楚它的构造关系。

（5）装饰详图的识读

1）看图名和比例；

2）看详图的出处，装饰详图是从基本图索引出来的，因此，看详图时应先看它由哪个部位索引而来，具体表达哪个部位的某种关系；

3）看详图的系统组成，弄清该详图是一个房间的详图、一个家具的详图，还是一个剖断面详图，或者仅仅是一个节点详图，分清它们间的从属关系；

4）看构造做法、构造层次、构造尺度。读图时先看层次，再看说明、尺寸及做法。

10.4.7 现场深化设计

1. 室内装饰工程深化设计的必要性

中国建筑装饰行业是在改革开放的过程中从建筑业中分离出来的一个新兴行业，三十多年来，作为装饰工程重要部分的建筑装饰设计尚处在不断完善的阶段。建筑装饰设计标准还不够统一，地域差异较大，不同的工程装饰设计文件的深度参差不齐，总体上还未能达到施工及安装实际需要的深度。

建筑装饰工程的特点：装饰材料多、施工工艺多，同一种装饰材料的表现方式迥异，装饰面层与基层连接方式更是多样化，各工艺的质量问题也不尽相同。装饰设计的表现手法多样，不同的材料、工艺、技术手段相结合产生不同的功能与装饰效果，较难统一做法与施工标准。

现场深化设计在建筑装饰工程中开始逐渐体现其重要性，不管某个工程项目是否设置现场深化设计这个职位，但相关的深化设计工作还是要有人做。深化设计的概念、理念也逐渐为建筑行业所接受及认可：

（1）建筑装饰工程与建筑工程不同。现场建筑实际尺寸扣除设备以外的尺度与图纸之间的吻合程度，对装饰施工质量影响很大。因此，掌握现场实际层高，墙面、地面、顶面实际尺寸，使得现场尺度与原设计内容尽量相吻合至关重要。但由于一些客观原因，装饰施工图设计师往往不能掌握现场实际情况；

（2）建筑装饰图纸的设计深度及工艺要求往往较难把握。优秀的装饰设计图纸，其工艺、结构、节点，必然是合理与科学的，其细部表现量非常大，也非常重要。从大量工程实际情况看，设计单位提供的施工图纸很难达到实际施工所需要的设计深度；

（3）建筑装饰专业需要与其他相关专业有机协调。建筑装饰工程往往还涉及给水排水、暖通、电气、智能化、消防、电梯等各专业的基本知识，建筑装饰工程不应影响各安装设备的正常运转、同时还需兼顾其日常维护，另外对于设备末端点位在装饰面层上规范设置以及如何与装饰饰面的有机结合，也是深化设计的重要工作之一。

因此，装饰深化设计已经成为装饰设计中不可或缺的一个环节，是确保装饰工程施工质量及进度的一项重要的工作。

2. 室内装饰工程深化设计的基础条件

深化设计师开展工作，必须要具备一些基本条件：

（1）对于深化设计师个人专业能力的要求。必须具备基本的室内设计基础知识；掌握通用的绘图软件（如 AutoCAD、ArchiCAD、3dsMax、Photoshop、SketchUp 等）及制图规范；同时熟悉常用的设计标准、技术规范；对于常规的装饰材料的特性、规格及施工工序、施工工艺要有一定的了解。

（2）认真熟读设计文件。了解原装饰设计图纸（方案、初步设计、施工图）的设计思路，熟悉项目的概况、特点及质量要求，熟悉施工范围，熟读图纸，找出图纸存在的问题。

（3）全面掌握装饰施工现场的实际情况。对于深化设计工作开展必须掌握施工现场很多基本数据，包括建筑各层层高；建筑空间尺寸，墙面、地面、顶面实际造型和尺寸；水电、风管等机电安装构件的实际高度等。为合理有效的安排深化设计工作，还需要实时了解施工现场各方面的进度。

（4）了解相关专业的图纸状态，熟悉与建筑装饰紧密相关的工作内容。了解建筑、结构、幕墙、给水排水、电气、空调暖通、智能、消防等专业的图纸现状，索取深化设计及综合布点工作所需的各专业图纸；熟悉相关专业在装饰饰面上的所有设备末端、构配件。

（5）深化设计师还要有一定的沟通能力。如与原设计单位的充分沟通，需了解与相关专业的设计或施工单位的沟通途径等。

3. 室内装饰工程深化设计的主要内容

建筑装饰工程的深化设计工作并没有形成统一的标准，根据不同的工程项目其具体工作内容往往也有较大的区别或侧重，总体来说一般包括以下几个方面：

（1）对不符合设计规范及施工技术规范的深化设计

装饰施工设计图，必须符合各种国家标准、行业标准的强制性条文，还必须符合相关建筑、给水排水、电气、防火设计等规范及相应专业规范的要求，对不符合相应标准或规范的设计图纸需进行调整及优化设计。

（2）对于装饰施工图覆盖广度不够的深化设计

对图纸中缺少的吊顶平面图、地面平面图、隔墙平面图、家具平面布置图、立面图、门窗设计详图等等进行增补。对于图纸中需要表达清楚不同的部位及饰面材料的种类及饰面、分割及尺寸进行补充完善，以便于现场施工或工厂定制。

（3）补充装饰施工图连接构造节点覆盖面和深度不够的深化设计

增补一些缺少的墙、顶、地面层及基层连接构造节点图、固定家具内部连接构造节点图、设备末端等连接构造节点图、卫生间关键部位节点构造设计详图、门窗连接构造节点图等。

（4）综合点位布置图的深化设计

包括综合暖通、强弱电、给水排水、消防等专业的末端点位在吊顶图、立面图、地面平面图上的定位与面层材料模数分割的匹配。重点在表示装饰饰面上各种材料、分隔、尺寸及协调各种专业设备末端的定位及尺寸关系，使之符合相关专业规范要求和美观的需要。除了专业规范外，点位排布一般有一些常见规律可循，比如“直线排布”、“居中原则”、“对称布置”、“点线呼应原则”等。

（5）符合装饰工业化生产、装配式施工的深化设计

包括各种材料或部品部件的工艺深化及加工装配图纸，如木制品、石材制品、金属饰面制品、玻璃制品、石膏线条等。

由于建筑装饰工程中这些不同类别的材料往往是有机地组合在一起，不同材料的组合加工或不同材料的单独加工现场再组合，对工艺装配及加工图纸及不同的材料组合，尺寸要求更精确，装配方式描述要求更详尽，所以建筑装饰工程中需要对这些材料进行综合深化、联合下单。这类图纸给到材料加工或部品部件制作单位可以比较容易地转化为生产加工图纸。图纸的精度要求上必须与现场尺寸一致，图纸的深度要求上对材料组合要求科学合理，图纸的装配方式上应该严格按照工序流程，流水作业。这样才能有效控制施工质量及加快施工进度。

（6）设计服务及施工服务

1）设计服务：参与图纸会审、图纸答疑、进行施工图纸交底及相关设计方案变更等工作。

2）施工过程服务：根据项目部的进度及工作安排，深化设计师可参与项目策划图纸深化部分、施工质量控制相关的过程图纸（如隐蔽图纸、测量放线—输入电脑—排版—检查纠偏—调整图纸）或制作竣工图，还可参与施工质量过程控制及施工质量验收等工作。

第 11 章　建筑装饰施工质量控制点的确定

11.1　室内防水子分部工程

以室内卫浴间防水分项为例：

控制点：

（1）厕浴间的基层（找平层）可采用 1∶3 水泥砂浆找平，厚度 20mm 抹平压光、坚实平整，不起砂，要求基本干燥；泛水坡度应在 2% 以上，不得倒坡积水；在地漏边缘向外 50mm 内排水坡度为 5%。

（2）浴室墙面的防水层不得低于 1800mm。

（3）玻纤布的接槎应顺流水方向搭接，搭接宽度应不小于 100mm，两层以上玻纤布的防水施工，上、下搭接应错开幅宽的二分之一。

（4）在墙面和地面相交的阴角处，出地面管道根部和地漏周围，应先做防水附加层。

11.2　门窗分项工程

1. 控制点

（1）门窗洞口预留尺寸；

（2）合页、螺钉、合页槽；

（3）上下层门窗顺直度，左右门窗安装标高。

2. 预防措施

（1）砌筑时上下左右拉线找规矩，一般门窗框上皮应低于门窗过梁 10～15mm，窗框下皮应比窗台上皮高 5mm。

（2）合页位置应距门窗上下端宜取立梃高度的 1/10；安装合页时，必须按画好的合页位置线开凿合页槽，槽深应比合页厚度大 1～2mm；根据合页规格选用合适的木螺钉，木螺钉可用锤打入 1/3 深后，再行拧入。

（3）安装人员必须按照工艺要点施工，安装前先弹线找规矩，做好准备工作后，先安样板，合格后再全面安装。

11.3　吊顶分项工程

以轻钢龙骨石膏板吊顶分项为例：

1. 控制点

（1）基层清理；

（2）吊筋安装与机电管道等相接触；

（3）龙骨起拱；

（4）施工顺序；

（5）板缝处理。

2. 预防措施

（1）吊顶内基层应将模板、松散混凝土等杂物清理干净；

（2）吊顶内的吊筋不能与机电、通风管道和固定件相接触或连接；

（3）当短向跨度 2～4m 时，主龙骨按短向跨度 1/1000～3/1000 起拱；

（4）完成主龙骨安装后，机电等设备工程安装测试完毕；

（5）石膏板板缝之间应留楔口，表面粘玻璃纤维布。

11.4 饰面板（砖）工程

1. 控制点

（1）石材挑选，色差，返碱，水渍。

（2）骨架安装或骨架防锈处理。

（3）石材安装高低差、平整度。

（4）石材运输、安装过程中磕碰。

2. 预防措施

（1）石材选样后进行封样，按照选样石材，对进场的石材检验挑选，对于色差较大的应进行更换。湿作业施工前应对石材侧面和背面进行返碱背涂处理。

（2）严格按照设计要求的骨架固定方式，固定牢固，后置埋件应做现场拉拔试验，必须按要求刷防锈漆处理。

（3）安装石材应吊垂直线和技水平线控制，避免出现高低差。

（4）石材在运输、二次加工、安装过程中注意不要磕碰。

11.5 楼、地面分项工程

1. 以地面石材铺贴分项工程为例

（1）控制点

1）基层处理；

2）石材色差，加工尺寸偏差，板厚差；

3）石材铺装空鼓，裂缝，板块之间高低差；

4）石材铺装平整度、缺棱掉角，板块之间缝隙不直或出现大小头。

（2）预防措施

1）基层在施工前一定要将落地灰等杂物清理干净。

2）石材进场时必须进行检验与样板对照，并对石材每一块进行挑选检查，符合要求的留下，不符合要求的放在一边。铺装前对石材与水泥砂浆交接面涂刷抗碱防护剂。

3）石材铺装时应预铺，符合要求后正式铺装，保证干硬性砂浆的配合比和结合层砂浆的配合及涂刷时间，保证石材铺装下的砂浆饱满。

4）石材铺装好后加强保护，严禁随意踩踏，铺装时，应用水平尺检查。对缺棱掉角的石材应挑选出来，铺装时应拉线找直，控制板块的安装边平直。

2. 以地面砖铺贴分项工程为例

（1）控制点

1）地面砖有色差及棱边缺损，面砖规格偏差翘曲；

2）地面砖空鼓、断裂；

3）地面砖排版、砖缝不直、宽窄不均匀、勾缝不实；

4）地面出现高低差，平整度；

5）有防水要求的房间地面找坡、管道处套割；

6）地面砖出现小窄边、破活。

（2）预防措施

1）施工前地面砖需要挑选，将颜色、花纹、规格尺寸相同的砖挑选出来备用；

2）地面基层一定要清理干净，地砖在施工前必须提前浇水湿润，保证含水率，地面铺装在砂浆时应先将板块试铺后，检查干硬性砂浆的密实度，安装时用橡皮锤敲实，保证不出现空鼓、断裂；

3）地面铺装时一定要做出灰饼标高，拉线找直，水平尺随时检查平整度；擦缝要仔细；

4）有防水要求的房间，按照设计要求找出房间的流水方向找坡，套割仔细。

11.6　轻质隔墙分项工程

以轻钢龙骨石膏板隔墙分项工程为例：

1. 控制点

（1）基层弹线；

（2）龙骨的规格、间距；

（3）自攻螺钉的间距；

（4）石膏板间留缝。

2. 预防措施

（1）按照设计图纸进行定位并做预检记录；

（2）检查隔墙龙骨的安装间距是否与交底相符合；

（3）自攻螺钉的间距控制在 150mm 左右，要求均匀布置；

（4）板块之间应预留缝隙保证在 5mm 左右。

11.7　涂饰分项工程

以墙、顶面乳胶漆涂料分项工程为例：

1. 控制点

（1）基层清理；

(2) 墙面修补不好，阴阳角偏差；

(3) 墙面腻子平整度，阴阳角方正度；

(4) 涂料的遍数、漏底、均匀度、刷纹等情况。

2. 预防措施

(1) 基层一定要清理干净，有油污的应用 10%的火碱水液清洗，松散的墙面和抹灰应清除，修补牢固；

(2) 墙面的空鼓、裂缝等应提前修补；

(3) 涂料的遍数一定要保证，保证涂刷均匀；控制基层含水率；

(4) 对涂料的稠度必须控制，不能随意加水等。

11.8 裱糊及软装分项工程

以墙、顶面壁纸分项工程为例：

1. 控制点

(1) 基层起砂、空鼓、裂缝等问题；

(2) 壁纸裁纸准确度；

(3) 壁纸裱糊气泡、皱褶、翘边、脱落、死塌等缺陷；

(4) 表面质量。

2. 预防措施

(1) 贴壁纸前应对墙面基层用腻子找平，保证墙面的平整度，并且不起灰，基层牢固。

(2) 壁纸裁纸时应搭设专用的裁纸平台，采用铝尺等专用工具。

(3) 裱糊过程中应按照施工规程进行操作，必须润纸的应提前进行，保证质量；刷胶要均匀厚薄一致，滚压均匀。

(4) 施工时应注意表面平整，因此先要检查基层的平整度；施工时应戴白手套；接缝要直，阴角处壁纸宜断开。

11.9 细部分项工程

以木护墙、木筒子根细部分项工程为例：

1. 控制点

(1) 木龙骨、衬板防腐防火处理；

(2) 龙骨、衬板、面板的含水率要求；

(3) 面板花纹、颜色，纹理；

(4) 面板安装钉子间距，饰面板背面刷乳胶；

(5) 饰面板变形、污染。

2. 预防措施

(1) 木龙骨、衬板必须提前做防腐、防火处理；

(2) 龙骨、衬板、面板含水率控制在 12%左右；

（3）面板进场时应加强检验，在施工前必须进行挑选，按设计要求的花纹达到一致，在同一墙面、房间要颜色一致；

（4）施工时应按照要求进行施工，注意检查；

（5）饰面板进场后，应刷底漆封一遍。

11.10 幕墙子分部工程

幕墙专业性较强，可属子分部工程，不同的形式和种类的幕墙质量控制点都有区别，以玻璃幕墙子分部工程为例：

关键部位或工序的控制点：

（1）预埋件安装；

（2）连接件的安装；

（3）梁柱连接点的检查；

（4）龙骨安装；

（5）玻璃板块安装；

（6）玻璃板块与其他材料品质构件板块（如石材板块或金属板块或金属构件）连接安装；

（7）幕墙防火检验；

（8）幕墙防雷检验。

11.11 水电安装子分部工程

1. 施工质量控制点

（1）给水排水工程

1）管道试压；

2）焊接管坡口；

3）防腐；

4）施工间隙甩口封堵；

5）支架、吊架；

6）排水管坡度；

7）检查口、清扫口；

8）穿楼面墙面套管；

9）室外管网垫层、管基回填；

10）持证上岗。

（2）电气工程

1）线管、线盒；

2）防雷跨接；

3）等电位；

4）室外电力管；

5）配电箱；

6）线缆敷设标识。

2. 预防措施

（1）给水排水工程

1）管道试压：室内给水管道的水压试验必须符合设计及《建筑给水排水及采暖工程施工质量验收规范》GB 50242—2002 规定要求，当设计未说明时，各种材质的给水管道定位的试验压力均为工作压力的 1.5 倍，但不小于 0.6MPa 。

2）焊接管坡口：据管壁厚度超过 4mm 时就需坡口，其坡口要求为 3m。不论用哪种方法，坡口后管口 20～40mm 内的坡口表面必须清除脏、油渍和锈斑，直至露出金属本色。

3）防腐：入场钢管需及时除锈刷防锈漆，埋地管道安装严格按照设计要求及《给水排水管道工程施工及验收规范》GB 50268—2008 规定要求进行，焊接处可待试压合格后，并进行防腐处理。

4）施工间隙甩口封堵无论在任何施工现场埋地或预留管子的甩口必须用 1.5mm 或 3mm 铁板用电焊进行封堵，并用明显的标识，为下一道管道连接打好基础。严禁随意用胶纸和其他易损材料封堵甩口。

5）支架、吊架：金属与支架焊接、造型、防腐、加工制作应符合《室内管道支架及吊架》03S402 安装图集要求，安装应符合《建筑给水排水及采暖工程施工质量验收规范》GB 50242 规定。

6）给水排水管道坡度应满足表 11-1、表 11-2 要求。

生活污水铸铁管道的坡度 **表 11-1**

管径(mm)	标准坡度(‰)	最小坡度(‰)
50	35	25
75	25	15
100	20	12
125	15	10
150	10	7
200	8	5

生活污水塑料管道管道的坡度 **表 11-2**

管径(mm)	标准坡度(‰)	最小坡度(‰)
50	25	12
75	15	8
110	12	6
125	10	5
160	7	4

7）检查口、清扫口的设置：设计有规定时按设计要求设置，设计无规定时，应满足《建筑给水排水及采暖工程施工质量验收规范》GB 50242 规定。直线管段上应按设计要求

设置清扫口。

8）穿楼面墙面套管：穿过楼面、墙面的套管要求标高、坐标符合设计要求，用点焊固定牢固，套管与管道同心。

9）室外管网垫层及管基回填：埋深应根据设计和规范条文规定执行，管基必须牢固，支墩稳固，垫层符合设计要求。管基回填后严禁用大型、重型机械回填、碾压管网。

10）持证上岗：安装电工、焊工（特种人员）必须持证上岗，若资格证未坚持年审，过期失效，视为无证上岗。

（2）电气工程

1）线管、线盒：绑扎符合设计要求及《建筑电气工程施工质量验收规范》GB 50303 规定。

2）防雷跨接：桩笼、地梁筋跨接点位、搭接长度单边$>12d$，双边焊$>6d$，要采用双面焊接，保证焊接质量。引下线连接、短路环、电气预留接地等必须符合有关防雷规范规定。

3）等电位：与防雷引下线相连不少于 2 处，材质、规格符合设计要求，各种设备的防雷设施引下线不得串联，应盒内各自与接地体装置连接（并联）。

4）室外电力管排列：待沟槽垫层形成后，电力管沿水平井走向将安放下去，从下至上排列整齐，管口伸出与井壁平，并做到预留口，口子封闭完全，连接插入深度不低于15mm，保证稳固，严禁随意搁放、重型机械碾压。

5）配电箱：入户强、弱电箱安装平正，强、弱电箱间隔符合设计要求。

6）线缆敷设标识：动力电缆、生活用电电缆、线等必须在投放前将规格型号、编组号、用途等设计回路标识清楚，标识应在井道、转弯处、直线距离 30m 处及设备连接端等部分设置。

11.12 住宅地面、屋面工程的质量控制点

住宅地面、屋面工程的质量控制点见表 11-3。

住宅地面、屋面工程质量控制点 **表 11-3**

分部工程	子分部(分项)工程	质量控制点
建筑装饰装修工程	地面工程	1. 水泥、砂等材料品种、性能及配合比 2. 地面回填土分层厚度、压实度 3. 基层清理、抹灰分层及防裂措施 4. 面层厚度、平整度、防水要求、养护 5. 厨房、卫生间等有防水要求的楼地面、翻高及蓄水试验
	建筑屋面	1. 保温材料的堆积密度或表观密度、导热系数及板材的强度、吸水率、保温层的含水率、铺设厚度找平层的材料质量及配合比、排水坡度、突出部位的交接处理和转角处的处置 2. 卷材防水层的卷材及其配套材料的质量，粘结或热熔、在细部的防水构造，渗漏或积水检验 3. 涂膜防水层的防水涂料和胎体增强材料质量，涂膜平均厚度，与基层粘结、在细部的防水构造、渗漏或积水检验 4. 刚性防水屋面的细石混凝土材料及配合比、厚度、钢筋位置、分隔缝、平整度和在细部的防水构造、渗漏或积水检验

11.13　一般装饰装修工程的质量控制点

一般装饰装修工程的质量控制点见表 11-4。

一般装饰装修工程质量控制点　　表 11-4

分部工程	子分部(分项)工程	质量控制点
建筑装饰装修	楼、地面、抹灰、门窗	1. 水泥、砂等材料品种、性能及配合比 2. 地面回填土分层厚度、压实度 3. 基层清理、抹灰分层及防裂措施 4. 面层厚度,平整度、防水要求、养护 5. 厨房、卫生间等有防水要术的楼地面,翻高及蓄水试验
	吊顶	1. 材料材质,品种,规格,截面形状及尺寸,厚度 2. 标高、尺寸、起拱、造型 3. 吊筋间距、安装 4. 饰面材料安装
	饰面板(砖)	1. 饰面板(砖)的品种,规格、颜色、性能及花型、图案 2. 饰面板孔、槽的数量,位置和尺寸 3. 找平层、结合层、粘结层、嵌缝、勾缝、密封等所用材料的品种和技术性能 4. 饰面板安装工程的预埋件(或后置埋件)连接件的数量、规格、位置、连接方法和防腐处理 5. 龙骨的规格、尺寸,形状,锚固、连接扣安装 6. 后置埋件现场拉拔检测 7. 饰面板安装的排线、安装固定、局部饰面处理和嵌缝 8. 饰面砖粘贴的排列方式、分格、图案,伸缩缝设置、变形缝部位排砖,接缝和墙面凹凸部位的防水、排水
	幕墙	1. 幕墙材料、构件、组件、配件等的质量 2. 幕墙的造型、立面分格和颜色、图案 3. 预埋件、连接件、紧固件、后置埋件的数量、规格、位置、安装牢固和后置埋件的拉拔力 4. 金属框架立柱与主体结构预埋件的连接、立柱与横梁的连接、连接件与金属框架的连接 5. 隐框或半隐框、明框、点支承玻璃幕墙的安装、各连接接点的安装要求、结构胶与密封胶的打注、开启窗的安装、位置与开启 6. 金属幕墙的面板安装、防火、保温、防潮材料设置、各种变形缝及墙角的连接接点,板缝注胶 7. 石材幕墙的石材孔、槽的数量、深度、位置及尺寸,连接件与石材面板连接、防火、保温、防潮材料设置、各种变形缝及墙角的连接点、石材表面及板缝处理、板缝注胶 8. 幕墙易渗部位淋水检查 9. 幕墙防雷装置与主体结构防雷装置的可靠连接

第 12 章　编写质量控制措施等质量控制文件、实施质量交底

12.1　质量控制文件编写要点

质量控制文件编写过程中，应围绕质量控制的要点、重点展开，阐述质量控制的各项措施，例如：质量保证体系的建立；施工质量控制点的确定；轴线控制措施；标高控制措施；装修材料和成品保护措施；季节（冬季、夏季、雨季）施工技术措施；防水工程技术措施；防止质量通病的措施；关键技术环节、关键工序、关键节点质量控制措施；装修工程质量保证措施；高大或异型脚手架搭设技术措施；水电设备安装质量控制措施；各专业配合过程中应注意的问题；拟创优工程的创优措施等。

质量保证体系一词来自全面质量管理和 ISO 质量管理体系标准，近年来引入施工组织设计。目前对质量保证体系在施工组织设计中的含义可理解为：质量相关人员的组织情况；质量保证运行机制方面的规定；与质量有关的人员安排；质量管理制度的建立等。

质量措施是针对工序、节点作法等提出的具体要求。

质量保证体系和质量措施都是施工组织设计中的重点部分，内容除应详备外，应尽量做到具体、有针对性、可操作，并应符合工程特点。

在编写时应尽量避免内容重复。例如，已列举了冬、雨期施工措施，又在质量技术措施中重复叙述；水暖、电气、设备安装施工方案，高大或异型脚手架搭设方案等单独列举，但在其他分项工程质量保证措施中也会涉及这部分的内容时，可以相互引用。

12.2　防火工程施工质量控制点

1. 一般要求

（1）对已审批的图纸进行会审，按已批准的图纸进行合理的施工安排，对施工过程中出现的涉及防火的设计变更，应报请原设计单位或具有相应资质的设计单位按有关规定进行；

（2）施工前按合同、设计文件、国家现行相关规范、现场勘察的实际情况等编写施工方案，并在施工过程中严格按施工方案开展施工；

（3）施工现场管理应具备相应的施工技术标准、健全的施工质量管理体系和工程质量检验制度；

（4）施工前，对各部位防火等级，装修材料的燃烧性能、防火处理要求、施工注意事项等进行技术交底；

（5）对进入现场的材料进行检查。检查内容包括材料是否完好，燃烧性能、防火性能

型式检验报告、合格证书等是否符合防火设计要求；

（6）符合见证取样和送检相关规定的材料还应在监理单位或建设单位监督下，由施工单位的现场试验人员进行现场取样，并送至经过省级以上建设行政主管部门对其资质认可和质量技术监督部门对其计量认证的质量检测单位进行检测；

（7）装修施工过程中，应分阶段对所选用的防火装修材料按相关规定进行抽样检验。对隐蔽工程的施工，应在施工过程中及完工后进行抽样检验。现场进行阻燃处理、喷涂、安装作业的施工，应在相应的施工作业完成后进行抽样检验；

（8）施工在遵守过程控制和质量检验程序，并应有完整施工记录和检查记录。

2. 纺织织物子分部装修工程

（1）现场阻燃处理后的纺织织物，每种取 $2m^2$ 检验燃烧性能。施工过程中受湿浸、燃烧性能可能受到影响的纺织织物，每种取 $2m^2$ 检验燃烧性能；

（2）现场进行阻燃处理的多层纺织织物，应逐层进行阻燃处理；

（3）纺织织物进行阻燃处理过程中，应保持施工区段的洁净。现场处理的纺织织物不应受污染；

（4）阻燃处理后的纺织织物外观、颜色、手感等无明显异常。

3. 木质材料防火施工质量控制点

（1）现场阻燃处理后的木质材料，每种取 $4m^2$ 检验燃烧性能。表面进行加工后的 B_1 级木质材料，每种取 $4m^2$ 检验燃烧性能；

（2）木质材料进行阻燃处理前，表面不得涂刷油漆，木质材料含水率不应大于 12%；

（3）木质材料涂刷或浸渍阻燃剂时，应对木质材料所有表面都进行涂刷或浸渍，涂刷或浸渍后的木材阻燃剂的干含量应符合检验报告或说明书的要求；

（4）木质材料表面粘贴装饰表面或阻燃饰面时，应先对木质材料进行阻燃处理；

（5）木质材料表面进行防火涂料处理时，应对木质材料所有表面进行均匀涂刷，且不应少于 2 次，第二次涂刷应在第一次涂层表面干后进行，涂刷防火材料用量不应少于 $500g/m^2$；

（6）现场进行阻燃处理时，应保持施工区段的洁净，现场处理的木质材料不应受污染；

（7）木质材料在涂刷防火涂料前应清理表面，且表面不应有水、灰尘或油污；

（8）阻燃处理后的木质材料表面应无明显返潮及颜色异常变化；

4. 高分子合成材料防火施工质量控制点

（1）现场阻燃处理后的泡沫塑料应进行抽样检验，每种取 $0.1m^3$ 检验燃烧性能；

（2）对具有贯穿孔的泡沫塑料进行阻燃处理时，应检查阻燃剂的用量、适用范围、操作方法。阻燃施工过程中，应使用计量合格的称量器具，并按使用说明书的要求进行施工。必须使泡沫塑料被阻燃剂浸透，阻燃剂干含量应符合检验报告或说明书的要求；

（3）顶棚内采用泡沫塑料时，应涂刷防火涂料。防火涂料宜选用耐火极限大于 30min 的超薄型钢结构防火涂料或一级饰面型防火涂料，湿涂覆比值大于 $500g/m^2$。涂刷应均匀，且涂刷不应少于 2 次；

（4）B_2 级塑料电工套管不得明敷。B_1 级塑料电工套管明敷时，应明敷在 A 级材料表面。塑料电工套管穿过 B_1 级以下（含 B_1 级）的装作材料时，应采用 A 级材料或防火封堵密封件严密封堵；

（5）对具有贯穿孔的泡沫塑料进行阻燃处理时，应保持施工区段的洁净，避免其他工种施工；

（6）泡沫塑料经阻燃处理后，不应降低其使用功能，表面不应出现明显的盐析、返潮和变硬等现象；

（7）泡沫塑料进行阻燃处理过程中，应保持施工区段的洁净。现场处理的泡沫塑料不应受污染。

5. 复合材料防火施工质量控制点

（1）现场阻燃处理后的复合材料应进行抽样检验，每种取 $4m^2$ 检验燃烧性能；

（2）复合材料应按设计要求进行施工，饰面层内的芯材不得暴露；

（3）采用复合保温材料制作的通风管道，复合保温材料的芯材不得暴露。当复合保温材料芯材的燃烧性能不能达到 B_1 级时，应在复合材料表面包覆玻璃纤维布等不燃性材料，并应在其表面涂刷饰面型防火涂料。防火涂料湿涂覆比值应大于 $500g/m^2$，且至少涂刷 2 次。

6. 其他材料防火施工质量控制点

（1）防火门的表面加装贴面材料或其他装修时，不得减少门框和门的规格尺寸，不得降低防火门的耐火性能，所用贴面材料的燃烧性能等级不应低于 B_1 级；

（2）建筑隔墙或隔板、楼板的孔洞需要封堵时，应采用防火堵料严密封堵。采用防火堵料封堵孔洞、缝隙及管道井和电缆竖井时，应根据孔洞、缝隙及管道井和电缆竖井所在位置的墙板或楼板的耐火极限要求选用防火堵料；

（3）采用阻火圈的部位，不得对阻火圈进行包裹，阻火圈应安装牢固；

（4）当有配电箱及电控设备的房间内使用了低于 B_1 级的材料进行装修时，配电箱必须采用不燃材料制作；

（5）配电箱的壳体和底板应采用 A 级材料制作。配电箱不应直接安装在低于 B_1 级的装修材料上；

（6）动力、照明、电热器等电气设备的高温部位靠近 B_1 级以下（含 B_1 级）材料或导线穿越 B_1 级以下（含 B_1 级）装修材料时，应采用瓷管或防火封堵密封件分隔，并用岩棉、玻璃棉等 A 级材料隔热；

（7）安装在 B_1 级以下（含 B_1 级）装修材料内的配件，如插座、开关等，必须采用防火封堵密封件或具有良好隔热性能的 A 级材料隔绝；

（8）灯具直接安装在 B_1 级以下（含 B_1 级）的材料上时，应采取隔热、散热等措施；

（9）灯具的发热表面不得靠近 B_1 级以下（含 B_1 级）的材料。

12.3 防水工程施工质量控制点

1. 一般规定

（1）对已审批的图纸进行会审，按已批准的图纸进行合理的施工安排，对施工过程中出现的涉及防火的设计变更，应报请原设计单位或具有相应资质的设计单位按有关规定进行；

（2）施工前按合同、设计文件、国家现行相关规范、现场勘察的实际情况等编写施工方案，并在施工过程中严格按施工方案开展施工；

（3）施工现场管理应具备相应的施工技术标准、健全的施工质量管理体系和工程质量检验制度；

（4）对进入现场的装修材料进行检查。检查内容包括材料是否完好，防水材料的产品名称、生产日期、使用说明、产品合格证、性能检测报告等是否符合要求；

（5）符合见证取样和送检相关规定的材料还应在监理单位或建设单位监督下，由施工单位的现场试验人员进行现场取样，并送至经过省级以上建设行政主管部门对其资质认可和质量技术监督部门对其计量认证的质量检测单位进行检测；

（6）施工在遵守过程控制和质量检验程序，并应有完整施工记录和检查记录。

2. 构造要求

（1）穿越楼板、防水墙面的管道和预埋件等应在防水施工前完成安装；

（2）混凝土找坡层最薄处的厚度不应小于 30mm。砂浆找坡层最薄处的厚度不应小于 20mm。找平层兼找坡层时，应采用强度等级为 C20 的细石混凝土。需设填充层铺设管道时，宜与找平层合并，填充材料宜选用轻骨料混凝土；

（3）装饰层宜采用不透水材料和构造，主要排水坡度应为 0.5%～1.0%，粗糙面层排水坡度不应小于 1.0%；

（4）对于有排水的楼、地面，应低于相邻房间楼、地面 20mm 或做挡水门槛。当需进行无障碍设计时，应低于相邻房间面层 15mm，并应以斜坡过渡；

（5）当防水层需要采取保护措施时，可采用 20mm 厚 1∶3 水泥砂浆做保护层；

（6）钢筋混凝土结构独立水容器应采用强度等级为 C30、抗渗等级为 P6 的防水钢筋混凝土结构，且受力壁体厚度不宜小于 200mm。水容器内侧应设置柔性防水层。设备与水容器壁体连接处应做防水密封处理；

（7）穿越楼板的管道应设置防水套管，高度应高出装饰层完成面 20mm 以上；

（8）水平管道在下降楼板上采用同层排水措施时，楼板、楼面应做双层防水设防。对降板后可能出现的管道渗水，应有密闭措施，且宜在贴临下降楼板上表面处设泄水管，并宜采取增设独立的泄水立管的措施；

（9）基层符合设计要求并通过验收，基层表面坚实平整，无浮浆、起砂、裂缝等现象；

（10）与基层相连接的各类管道、地漏、预埋件、设备支座等应安装牢固；

（11）管根、地漏与基层的交接部位应预留宽 10mm，深 10mm 的环形凹槽，槽内应嵌填密封材料；

（12）基层的阴、阳角部位宜做成圆弧形；

（13）基层表面不得有积水，基层含水率应满足施工要求。

3. 防水材料及施工要求

（1）卫生间、浴室的楼、地面应设置防水层，墙面、顶棚应设置防潮层，门口应有阻止积水外溢的措施。厨房的楼、地面应设置防水层，墙面宜设置防潮层，厨房布置在无用水点房间的下层时，顶棚应设置防潮层；

（2）对于地漏、大便器、排水立管等穿越楼板的管道根部，宜使用丙烯酸酯建筑密封胶或聚氨酯建筑密封胶嵌填；

（3）对于热水管管根部、套管与穿墙管间隙及长期浸水的部位，宜使用硅酮建筑密封胶（F类）嵌填；

（4）卫生间、浴室和设有配水点的封闭阳台等墙面应设置防水层。防水层高度宜距楼、地面面层1.2m；

（5）当卫生间有非封闭式洗浴设施时，花洒所在及其邻近墙面防水层高度不应小于1.8m；

（6）楼、地面的防水层在门口处应水平延展，且向外延展的长度不应小于500mm，向两侧延展的宽度不应小于200mm；

（7）当墙面设置防潮层时，楼、地面防水层应沿墙面上翻，且至少应高出饰面层200mm。当卫生间、厨房采用轻质隔墙时，应做全防水墙面，其四周根部除门洞外，应做C20细石混凝土坎台，并应至少高出相连房间的楼、地面饰面层200mm；

（8）基层处理剂的涂刷应均匀、不流淌、不堆积。防水涂料施工时，基层处理剂应与防水材料配套。防水卷材施工时，如基层潮湿，应涂刷湿固化胶粘剂或潮湿界面隔离剂。基层处理剂不得在施工现场配制或添加溶剂稀释。基层处理剂干燥后应立即进行下道工序的施工；

（9）双组分涂料应按配比要求在现场配制，并应使用机械搅拌均匀，不得有颗粒悬浮物；

（10）防水涂料的施工应薄涂、多遍，前后两遍的涂刷方向应相互垂直，涂层厚度应均匀，不得有漏刷或堆积现象；

（11）防水涂料施工时，前一遍涂层实干后，才能进行下一遍涂料的施工；

（12）防水涂料施工时先涂刷立面，后涂刷平面；

（13）防水涂料施工时应遵循“先细部、后大面”的原则。防水涂料在大面积施工前，应先在阴阳角、管根、地漏、排水口、设备基础等部位做附加层，并应夹铺胎体增强材料，附加层的宽度和厚度应符合设计要求；

（14）防水涂料施工夹铺胎体增强材料时，应使防水涂料充分浸透胎体层，不得有褶皱、翘边现象；

（15）防水卷材与基层应满粘施工，防水卷材搭接缝应采用与基材相容的密封材料封严；

（16）防水层完成后在进行下一道工序前采取保护措施；

（17）防水涂膜最后一遍施工时，可在涂层表面撒砂。

12.4 吊顶工程施工质量控制点

1. 一般规定

（1）对已审批的图纸进行会审，按已批准的图纸进行合理的施工安排，对施工过程中出现的涉及吊顶的设计变更，应报请原设计单位或具有相应资质的设计单位按有关规定进行。吊顶工程施工中，不得擅自改动建筑承重结构或主要使用功能。不得未经设计确认和有关部门批准擅自拆改水、暖、电、燃气、通信等配套设施；

（2）施工前按合同、设计文件、国家现行相关规范、现场勘察的实际情况等编写施工方案，并在施工过程中严格按施工方案开展施工。吊顶工程施工应依据吊顶设计施工图的要求，结合现场实际情况确定吊杆吊点、龙骨位置、间距及安装顺序，并应绘制面板排板图、各连接处施工构造详图和龙骨体系图；

（3）施工现场管理应具备相应的施工技术标准、健全的施工质量管理体系和工程质量检验制度；

（4）施工前，对各部位施工注意事项等进行技术交底；

（5）施工在遵守过程控制和质量检验程序，并应有完整施工记录和检查记录。面板施工前，吊顶内的各种管道、设施等隐蔽项目应检验合格。

2. 吊顶材料

（1）吊杆、龙骨、配件、面板及吊顶内填充的吸声、保温、防火等材料的品种、规格及安装方式应符合设计和国家相关规定的要求。

（2）材料进场时，应对其品种、规格、外观和尺寸进行验收。材料包装应完好，并有产品合格证书、说明书及相关性能的检测报告。所用的材料在运输、搬运、存放、安装时应采取防止挤压冲击、受潮、变形及损坏板材的表面和边角的措施。需要复试的材料，应进行见证取样复试，合格后方能使用；

（3）符合见证取样和送检相关规定的材料还应在监理单位或建设单位监督下，由施工单位的现场试验人员进行现场取样，并送至经过省级以上建设行政主管部门对其资质认可和质量技术监督部门对其计量认证的质量检测单位进行检测；

（4）吊顶内钢筋、型钢吊杆及钢结构转换层应进行防腐处理；

（5）有防火要求的石膏板厚度应大于12mm，并应使用耐火石膏板；

（6）在潮湿地区或高湿度区域，宜使用硅酸钙板、纤维增强水泥板、装饰石膏板等面板。当采用纸面石膏板时，可选用单层厚度不小12mm或双层9.5mm的耐水石膏板；

3. 吊顶施工

（1）施工现场环境温度不宜低于5℃；

（2）吊杆的锚固件、吊杆与吊件的连接，以及龙骨与吊杆、龙骨与饰面材料的连接应安全可靠，满足设计要求；

（3）后置式锚栓应固定在混凝土结构层上且不应在结构梁底，抹灰层厚度不应计入锚固深度。锚栓的材质、顶板基材、拉拔力的设计指标、锚固构造措施、锚固安装等应符合国家相关规范的规定；

（4）吊顶内填充材料应有防止散落、性能改变或造成环境污染的措施。吊顶内的岩棉、玻璃棉等应码放整齐，与板贴实，不应架空，材料之间的接口应严密。吸声材料应保证干燥；

（5）吊杆、反支撑及钢结构转换层与主体钢结构的连接方式必须经主体钢结构设计单位审核批准后方可实施；

（6）重型设备、灯具和有振动荷载的设备严禁安装在吊顶工程的龙骨上；

（7）不上人吊顶的吊杆应用不小于直径4mm镀锌钢丝、6mm钢筋、M6全牙吊杆或直径不小于2mm的镀锌低碳退火钢丝，吊顶系统应直接连接到房间顶部结构受力部位上。吊杆的间距不应大于1200mm，主龙骨的间距不应大于1200mm。上人吊顶的吊杆应采用不小于直径 8mm 钢筋或 M8 全牙吊杆。主龙骨应选用 U 型或 C 型高度在 50mm 及以上型号的上人龙骨，吊杆的间距不应大于 1200mm，主龙骨的间距不应大于 1200mm，主龙骨壁厚应大于 1.2mm；

(8) 当吊杆长度大于 1500mm 时，应设置反支撑。反支撑间距不宜大于 3600mm，距墙不应大于 1800mm。反支撑应相邻对向设置。当吊杆长度大于 2500mm 时，应设置钢结构转换层；

(9) 当吊杆与管道等设备相遇、吊顶造型复杂或内部空间较高时，应当调整、增设吊杆或增加钢结构转换层。吊杆不得直接吊挂在设备或设备的支架上；

(10) 当需要设置永久性马道时，马道应单独吊挂在建筑承重结构上；

(11) 龙骨的排布宜与空调通风系统的风口、灯具、喷淋头、检修孔、监测、升降投影仪等设备设施的排布位置错开，不宜切断主龙骨；

(12) 大面积或狭长形的整体面层吊顶、密拼缝处理的板块面层吊顶同标高面积大于 100m² 时，或单向长度方向大于 15m 时应设置伸缩缝。当吊顶遇建筑伸缩缝时，应设计与建筑变形量相适应的吊顶变形构造做法。吊顶伸缩缝的两侧应设置通长次龙骨。伸缩缝的上部应采用超细玻璃棉等不燃材料将龙骨间的间隙填满；

(13) 当采用整体面层及金属板类吊顶时，重量不大于 1kg 的筒灯、石英射灯、烟感器、扬声器等设施可以直接安装在面板上。重量不大于 3kg 的灯具等设施可安装在 U 型或 C 型龙骨上，并应有可靠的固定措施。重量大于 3kg 的悬吊灯，应固定在吊钩上，吊钩的圆钢直径不应小于灯具挂销直径，且不应小于 6mm；

(14) 重量大于 10kg 的灯具，其固定装置应按 5 倍灯具重量恒定均布载荷全数作强度试验，历时 15min，固定装饰的产件应无明显变形；

(15) 矿物棉板类吊顶，灯具、风口等设备不应直接安装在矿棉板或玻璃纤板上；

(16) 安装有大功率、高热量照明灯具的吊顶系统应设有散热、排热风口；

(17) 公共浴室、游泳馆等的吊顶内应有凝结水的排放措施。当吊顶内的管线可能产生冰冻或结露时，应采取防冻或防结露措施；

(18) 吊顶内安装有震颤设备时，设备下皮距主龙骨上皮不应小于 50mm；

(19) 透光玻璃纤维板吊顶中光源与玻璃纤维板之间的间距不宜小于 200mm；

(20) 吊顶高度定位时应以室内标高基准线为准。根据施工图纸在房间四周围护结构上标出吊顶标高线，确定吊顶高度位置。龙骨基准线高低误差应为 0～2mm。弹线应清晰，位置准确；

(21) 边龙骨应安装在房间四周围护结构上，下边缘应与标准线平齐，选用膨胀螺栓等固定，间距不宜大于 500mm，端头不宜大于 50mm；

(22) 主龙骨端头吊点距主龙骨边端不应大于 300mm，端排吊点距侧墙间距不应大于 200mm。吊点横纵应在直线上，当不能避开灯具、设备及管道时，应调整吊点位置或增加吊点或采用钢结构转换层。当为板块类面层时，如选用 U 型或 C 型龙骨作为主龙骨，端吊点距主龙骨顶端不应大于 300mm，端排吊点距侧墙间距不应大于 150mm（格栅类吊顶为 200mm）。当选用 T 型龙骨作为主龙骨时，端吊点距主龙骨顶端不应大于 150mm，端排吊点距侧墙间距不应大于一块面板的宽度；

(23) 吊顶工程应根据主龙骨规格型号选择配套吊件。吊件与吊杆应安装牢固，并按吊顶高度调整位置，吊件应相邻对向安装。当为板块面层及格栅吊顶时，如选用钢丝吊杆，钢丝下端与T型主龙骨的连接应采用直接缠绕方式。钢丝穿过T型主龙骨的吊孔后75mm的高度内应绕其自身紧密缠绕三整圈以上。钢丝吊杆遇障碍物而无法垂直安装时，可在1：6的斜度范围内调整，或采用对称斜拉法；

（24）主龙骨与吊件应连接紧固。主龙骨加长时，应采用接长件接长。主龙骨安装完毕后，应调节吊件高度，调平主龙骨。当为板块面层及格栅吊顶时，如选用U型或C型主龙骨时，次龙骨应紧贴主龙骨，垂直方向安装，采用挂件连接并应错位安装。T型横撑龙骨垂直于T型次龙骨方向安装。当选用T型主龙骨时，次龙骨与主龙骨标高相同，垂直方向安装，次龙骨之间应平行，相交龙骨应呈直角；

（25）主龙骨中间部分应适当起拱。当设计无要求时，且房间面积不大于50m^{2}时，起拱高度应为房间短向跨度的1‰～3‰；房间面积大于50m^{2}时，起拱高度应为房间短向跨度的3‰～5‰；

（26）次龙骨应紧贴主龙骨，垂直方向安装。当采用专用挂件安装时，每个连接点的挂件应双向互扣成对或相邻的挂件采用相向安装。次龙骨加长时，应采用连接件接长。次龙骨垂直相接应用挂插件连接。次龙骨的安装方向应与石膏板长向相垂直；

（27）次龙骨间距应准确、均衡，按石膏板模数确定，应保证石膏板两端固定于次龙骨上。石膏板长边接缝处应增加横撑龙骨，横撑龙骨应用挂插件与通长次龙骨固定。双层石膏板的面层与基层板的板缝应错开，且石膏板的长短边应各错开不小于一根龙骨的间距。两层石膏板间宜满刷白乳胶粘贴；

（28）次龙骨、横撑龙骨安装完毕后应保证底面与次龙骨下皮标准线齐平；

（29）石膏板上开洞口的四边，应有次龙骨或横撑龙骨作为附加龙骨；

（30）面板安装时，正面朝外，面板长边与次龙骨垂直方向铺设。穿孔石膏板背面应有背覆材料，需要施工现场贴覆时，应在穿孔板背面施胶，不得在背覆材料上施胶；

（31）面板的安装固定应先从板的中间开始，然后向板的两端和周边延伸，不应多点同时施工。相邻的板材应错缝安装。穿孔板的孔洞应对齐（无规则孔洞除外）；

（32）面板应在自由状态下固定；

（33）纸面石膏板四周自攻螺钉间距不应大于200mm。板中沿次龙骨或横撑龙骨方向自攻螺钉间距不应大于300mm。螺钉距板面纸包封的板边宜为10～15mm；螺钉距板面切割的板边应为15～20mm；

（34）自攻螺钉应一次性钉入轻钢龙骨并应与板面垂直，螺钉帽宜沉入板面0.5～1.0mm，但不应使纸面石膏板的板面破损。弯曲、变形的螺钉应剔除，并在相隔50mm的部位另行安装自攻螺钉。固定穿孔石膏板的自攻螺钉不得打在穿孔的孔洞上；

（35）面板的安装不应采用先钻孔后安装螺钉的施工方法。当选用穿孔纸面石膏板作为面板，可先打孔作为定位，但打孔直径不应大于安装螺钉直径的一半；

（36）自攻螺钉沉入板面后应进行防锈处理并用石膏腻子刮平；

（37）拌制石膏腻子，应用清洁水和清洁容器；

（38）吊顶跌级阳角处，应先做金属护角或采用其他加固措施后进行饰面装饰；

（39）纸面石膏板的嵌缝应选用配套的与石膏板相互粘贴的嵌缝材料。相邻两块纸面石膏板的端头接缝坡口应自然靠紧。在接缝两边涂抹嵌缝膏作基层，将嵌缝膏抹平。纸面石膏板的嵌缝应刮平粘贴接缝带，再用嵌缝膏覆盖，并应与石膏板面齐平。第一层嵌缝膏涂抹宽度宜为100mm。第一层嵌缝膏凝固并彻底干燥后，应在表面涂抹第二层嵌缝膏。第二层嵌缝膏宜比第一层两边各宽50mm，宽度不宜小于200mm。第二层嵌缝膏凝固并彻底干燥后，应在表面涂抹第三层嵌缝膏。第三层嵌缝膏宜比第二层嵌缝膏各宽50mm，宽度不宜小于300mm。待彻底干燥后磨平。

12.5 轻质隔墙工程施工质量控制点

（1）对已审批的图纸进行会审，按已批准的图纸进行合理的施工安排，对施工过程中出现的设计变更，应报请原设计单位或具有相应资质的设计单位按有关规定进行；

（2）施工前按合同、设计文件、国家现行相关规范、现场勘察的实际情况等编写施工方案，并在施工过程中严格按施工方案开展施工；

（3）施工现场管理应具备相应的施工技术标准、健全的施工质量管理体系和工程质量检验制度；

（4）对进入现场的材料进行检查。检查内容包括材料是否完好，产品合格证书、性能检测报告是否符合要求；

（5）符合见证取样和送检相关规定的材料还应在监理单位或建设单位监督下，由施工单位的现场试验人员进行现场取样，并送至经过省级以上建设行政主管部门对其资质认可和质量技术监督部门对其计量认证的质量检测单位进行检测；

（6）轻质隔墙工程应对人造木板的甲醛含量进行复验；

（7）轻质隔墙工程应对下列隐蔽工程项目进行验收：骨架隔墙中设备管线的安装及水管试压，木龙骨防火、防腐处理，预埋件或拉结筋，龙骨安装，填充材料的设置；

（8）轻质隔墙与顶棚和其他墙体的交接处应采取防开裂措施；

（9）骨架隔墙所用龙骨、配件、墙面板、填充材料及嵌缝材料的品种、规格、性能和木材含水率应符合设计要求。有隔声、隔热、阻燃、防潮等特殊要求的工程，材料应有相应性能等级的检测报告；

（10）骨架隔墙工程边框龙骨必须与基体结构连接牢固，并应平整、垂直、位置正确；

（11）骨架隔墙中龙骨间距和构造连接方法应符合设计要求。骨架内设备管线的安装、门窗洞口等部位加强龙骨应安装牢固、位置正确，填充材料的设置应符合设计要求；

（12）木龙骨及木墙面板的防火和防腐处理必须符合设计要求；

（13）骨架隔墙的墙面板应安装牢固，无脱层、翘曲、折裂及缺损；

（14）墙面板所用的接缝材料的接缝方法应符合设计要求。

12.6 抹灰工程施工质量控制点

（1）对已审批的图纸进行会审，按已批准的图纸进行合理的施工安排，对施工过程中出现的设计变更，应报请原设计单位或具有相应资质的设计单位按有关规定进行；

（2）施工前按合同、设计文件、国家现行相关规范、现场勘察的实际情况等编写施工方案，并在施工过程中严格按施工方案开展施工；

(3) 施工现场管理应具备相应的施工技术标准、健全的施工质量管理体系和工程质量检验制度；

(4) 对进入现场的材料进行检查。检查内容包括材料是否完好，产品合格证书、性能检测报告是否符合要求；

(5) 符合见证取样和送检相关规定的材料还应在监理单位或建设单位监督下，由施工单位的现场试验人员进行现场取样，并送至经过省级以上建设行政主管部门对其资质认可和质量技术监督部门对其计量认证的质量检测单位进行检测；

(6) 抹灰工程应对水泥的凝结时间和安定性进行复验；

(7) 抹灰层应分层进行。当抹灰总厚度大于或等于 35mm 时，应采取加强措施。不同材料基体交接处表面的抹灰，应采取防止开裂的加强措施，当采用加强网时，加强网与各基体的搭接宽度不应小于 100mm。抹灰总厚度大于或等于 35mm 时的加强措施、不同材料基体交接处的加强措施等隐蔽工程项目应进行验收；

(8) 施工在遵守过程控制和质量检验程序，并应有完整施工记录和检查记录；

(9) 抹灰用的石灰膏的熟化期不应少于 15d。罩面用的磨细石灰粉的熟化期不应少于 3d；

(10) 室内墙面、柱面和门洞口的阳角做法应符合设计要求。设计无要求时，应采用 1：2 水泥砂浆做暗护角，其高度不应低于 2m，每侧宽度不应小于 50mm；

(11) 当要求抹灰层具有防水、防潮功能时，应采用防水砂浆；

(12) 各种砂浆抹灰层，在凝结前应防止快干、水冲、撞击、振动和受冻，在凝结后应采取措施防止玷污和损坏。水泥砂浆抹灰层应在湿润条件下养护；

(13) 外墙和顶棚的抹灰层与基层之间及各抹灰层之间必须粘结牢固；

(14) 砂浆的配合比应符合设计要求；

(15) 抹灰层应无脱层、空鼓，面层应无爆灰和裂缝；

(16) 水泥砂浆不得抹在石灰砂浆层上。罩面石膏灰不得抹在水泥砂浆层上；

(17) 抹灰分格缝的设置应符合设计要求，宽度和深度应均匀，表面应光滑，棱角应整齐；

(18) 有排水要求的部位应做滴水线（槽）。滴水线（槽）应整齐顺直，滴水线应内高外低，滴水槽的宽度和深度均不应小于 10mm。

12.7 墙体保温工程施工质量控制点

(1) 对已审批的图纸进行会审，按已批准的图纸进行合理的施工安排，对施工过程中出现的设计变更，应报请原设计单位或具有相应资质的设计单位按有关规定进行；

(2) 施工前按合同、设计文件、国家现行相关规范、现场勘察的实际情况等编写施工方案，并在施工过程中严格按施工方案开展施工；

(3) 施工现场管理应具备相应的施工技术标准、健全的施工质量管理体系和工程质量检验制度；

(4) 对进入现场的材料进行检查。检查内容包括材料是否完好，产品合格证书、性能检测报告是否符合要求；

(5) 符合见证取样和送检相关规定的材料还应在监理单位或建设单位监督下，由施工单位的现场试验人员进行现场取样，并送至经过省级以上建设行政主管部门对其资质认可和质量技术监督部门对其计量认证的质量检测单位进行检测；

(6) 内保温工程施工前，外门窗应安装完毕。水暖及装饰工程需要的管卡、挂件等预埋件，应留出位置或预埋完毕。电气工程的暗管线、接线盒等应埋设完毕，并应完成暗管线的穿带线工作；

(7) 内保温工程施工现场应采取可靠的防火安全措施；

(8) 内保温工程施工期间以及完工后24h内，基层墙体及环境空气温度不应低于0℃，平均气温不应低于5℃。外保温工程施工期间以及完工后24h内，基层及环境空气温度不应低于5℃。夏季应避免阳光暴晒。在5级以上大风天气和雨天不得施工；

(9) 保温工程施工，应在基层墙体施工质量验收合格后进行。基层应坚实、平整、干燥、洁净。施工前，应按设计和施工方案的要求对基层墙体进行检查和处理，当需要找平时，应符合下列规定：应采用水泥砂浆找平，找平层厚度不宜小于0.3MPa，找平层垂直度和平整度应符合现行国家标准《建筑装饰装修工程质量验收规范》GB 50210的规定。基层墙体与找平层之间，应涂刷界面砂浆。当基层墙体为混凝土墙及砖砌体时，应涂刷Ⅰ型界面砂浆界面层；基层墙体为加气混凝土时，应采用Ⅱ型界面砂浆界面层；

(10) 楼板与外墙、外墙与内墙交接的阴阳角处应粘贴一层300mm宽玻璃纤维网布，且阴阳角的两侧应各为150mm；门窗洞口等处的玻璃纤维网布应翻折满包内口；在门窗洞口、电器盒四周对角线方向，应斜向加铺不小于400mm×200mm的玻璃纤维网布；

(11) 外保温复合墙体的热工和节能设计应符合下列规定：保温层内表面温度应高于0℃；外保温系统应包覆门窗框外侧洞口、女儿墙以及封闭阳台等热桥部位；对于机械固定EPS钢丝网架板外墙外保温系统，应考虑固定件、承托件的热桥影响；

(12) 对于具有薄抹面层的系统，保护层厚度应不小于3mm并且不宜大于6mm。对于具有厚抹面层的系统，厚抹面层厚度应为25～30mm；

(13) 应做好外保温工程的密封和防水构造设计，确保水不会渗入保温层及基层。水平或倾斜的出挑部位以及延伸至地面以下的部位应做防水处理。在外墙外保温系统上安装的设备或管道应固定于基层上，并应做密封和防水设计；

(14) 除采用现浇混凝土外墙外保温系统外，外保温工程施工前，外门窗洞口应通过验收，洞口尺寸、位置应符合设计要求和质量要求，门窗框或辅框应安装完毕。伸出墙面的消防梯、水落管、各种进户管线和空调器等的预埋件、连接件应安装完毕，并按外保温系统厚度留出间隙；

(15) EPS板表面不得长期裸露，EPS板安装上墙后应及时做抹面层；

(16) 薄抹面层施工时，玻璃纤维网布不得直接铺在保温层表面，不得干搭接，不得外露；

(17) 保温工程完工后，应做好成品保护。

12.8 饰面板（砖）工程施工质量控制点

(1) 对已审批的图纸进行会审，按已批准的图纸进行合理的施工安排，对施工过程中出现的设计变更，应报请原设计单位或具有相应资质的设计单位按有关规定进行；

（2）施工前按合同、设计文件、国家现行相关规范、现场勘察的实际情况等编写施工方案，并在施工过程中严格按施工方案开展施工；

（3）施工现场管理应具备相应的施工技术标准、健全的施工质量管理体系和工程质量检验制度；

（4）对进入现场的材料进行检查。检查内容包括材料是否完好，产品合格证书、性能检测报告是否符合要求；

（5）符合见证取样和送检相关规定的材料还应在监理单位或建设单位监督下，由施工单位的现场试验人员进行现场取样，并送至经过省级以上建设行政主管部门对其资质认可和质量技术监督部门对其计量认证的质量检测单位进行检测；

（6）饰面板（砖）工程应对室内用花岗石的放射性；粘贴用水泥的凝结时间、安定性和抗压强度；外墙陶瓷面砖的吸水率；寒冷地区外墙陶瓷面砖的抗冻性等材料及其性能指标进行复验；

（7）饰面板（砖）工程应对预埋件（或后置埋件）、连接节点、防水层等隐蔽工程项目进行验收；

（8）饰面板（砖）工程的防震缝、伸缩缝、沉降缝等部位的处理应保证缝的使用功能和饰面的完整性；

（9）饰面板（砖）的品种、规格、颜色和性能应符合设计要求，木龙骨、木饰面板和塑料饰面板的燃烧性能等级应符合设计要求；

（10）饰面板（砖）孔、槽的数量、位置和尺寸应符合设计要求；

（11）饰面板（砖）安装工程的预埋件（或后置埋件）、连接件的数量、规格、位置、连接方法和防腐处理必须符合设计要求。后置埋件的现场拉拔强度必须符合设计要求。饰面板（砖）安装必须牢固；

（12）饰面板（砖）表面应平整、洁净、色泽一致，无裂痕和缺损。石材表面应无泛碱等污染；

（13）饰面板（砖）嵌缝应密实、平直，宽度和深度应符合设计要求，嵌填材料色泽应一致；

（14）采用湿作业法施工的饰面板工程，石材应进行防碱背涂处理。饰面板与基体之间的灌注材料应饱满、密实。满粘法施工的饰面砖工程应无空鼓、裂缝；

（15）饰面砖粘贴工程的找平、防水、粘结和勾缝材料及施工方法应符合设计要求及国家现行产品标准和工程技术标准的规定；

（16）阴阳角处搭接方式、非整砖使用部位应符合设计要求。

12.9 涂饰工程施工质量控制点

（1）对已审批的图纸进行会审，按已批准的图纸进行合理的施工安排，对施工过程中出现的设计变更，应报请原设计单位或具有相应资质的设计单位按有关规定进行；

（2）施工前按合同、设计文件、国家现行相关规范、现场勘察的实际情况等编写施工方案，并在施工过程中严格按施工方案开展施工；

（3）施工现场管理应具备相应的施工技术标准、健全的施工质量管理体系和工程质量检验制度；

（4）对进入现场的材料进行检查。检查内容包括材料是否完好，产品合格证书、性能检测报告是否符合要求；

（5）符合见证取样和送检相关规定的材料还应在监理单位或建设单位监督下，由施工单位的现场试验人员进行现场取样，并送至经过省级以上建设行政主管部门对其资质认可和质量技术监督部门对其计量认证的质量检测单位进行检测；

（6）涂饰工程的基层处理应符合下列要求：新建筑物的混凝土或抹灰基层在涂饰涂料前应涂刷抗碱封闭底漆；旧墙面在涂饰涂料前应清除疏松的旧装修层，并涂刷界面剂；混凝土或抹灰基层涂刷溶剂型涂料时，含水率不得大于8%；涂刷乳液型涂料时，含水率不得大于10%；木材基层的含水率不得大于12%；基层腻子应平整、坚实、牢固，无粉化、起皮和裂缝；内墙腻子的粘结强度应符合国家现行相关标准的规定；厨房、卫生间必须使用耐水腻子；

（7）水性涂料涂饰工程施工的环境温度应在5～35℃之间；

（8）涂料涂饰工程所用涂料的品种、型号和性能应符合设计要求。涂料涂饰工程的颜色、图案应符合设计要求。涂饰应均匀、粘结牢固，不得漏涂、透底、起皮和掉粉。

12.10 裱糊与软包工程施工质量控制点

（1）对已审批的图纸进行会审，按已批准的图纸进行合理的施工安排，对施工过程中出现的设计变更，应报请原设计单位或具有相应资质的设计单位按有关规定进行；

（2）施工前按合同、设计文件、国家现行相关规范、现场勘察的实际情况等编写施工方案，并在施工过程中严格按施工方案开展施工；

（3）施工现场管理应具备相应的施工技术标准、健全的施工质量管理体系和工程质量检验制度；

（4）对进入现场的材料进行检查。检查内容包括材料是否完好，产品合格证书、性能检测报告是否符合要求；

（5）符合见证取样和送检相关规定的材料还应在监理单位或建设单位监督下，由施工单位的现场试验人员进行现场取样，并送至经过省级以上建设行政主管部门对其资质认可和质量技术监督部门对其计量认证的质量检测单位进行检测；

（6）裱糊前，基层处理质量应达到下列要求：新建筑物的混凝土或抹灰基层墙面在刮腻子前应涂刷抗碱封闭底漆；旧墙面在裱糊前应清除疏松的旧装修层，并涂刷界面剂；混凝土或抹灰基层含水率不得大于8%；木材基层的含水率不得大于12%；基层腻子应平整、坚实、牢固，无粉化、起皮和裂缝；内墙腻子的粘结强度应符合国家现行相关标准的规定；基层表面平整度、立面垂直度及阴阳角方正应达到高级抹灰的要求；基层表面颜色应一致；裱糊前应用封闭底胶涂刷基层；

（7）裱糊后各幅拼接应横平竖直，拼接处花纹、图案应吻合，不离缝，不搭接，不显拼缝（拼缝检查时距离墙面1.5m处正视）；

（8）壁纸、墙布应粘贴牢固，不得有漏贴、补贴、脱层、空鼓和翘边；

(9) 裱糊后的壁纸、墙布表面应平整，色泽应一致，不得有波纹起伏、气泡、裂缝、皱折及斑污，斜视时应无胶痕；

(10) 复合压花壁纸的压痕及发泡壁纸的发泡层应无损坏；

(11) 壁纸、墙布与各种装饰线、设备线盒应交接严密；

(12) 壁纸、墙布边缘应平直整齐，不得有纸毛、飞刺；

(13) 壁纸、墙布阴角处搭接应顺光，阳角处应无接缝；

(14) 软包面料、内衬材料及边框的材质、颜色、图案、燃烧性能等级和木材的含水率应符合设计要求及国家现行标准的有关规定；

(15) 软包工程的安装位置及构造做法应符合设计要求；

(16) 软包工程的龙骨、衬板、边框应安装牢固，无翘曲，拼缝应平直；

(17) 单块软包面料不应有接缝，四周应绷压严密；

(18) 软包工程表面应平整、洁净，无凹凸不平及皱折。图案应清晰、无色差，整体应协调美观；

(19) 软包边框应平整、顺直、接缝吻合。其表面涂饰质量应符合国家现行标准的有关规定；

(20) 清漆涂饰木制边框的颜色、木纹应协调一致。

12.11 楼、地面工程施工质量控制点

1. 一般规定

(1) 从事建筑地面工程施工的建筑施工企业应有质量管理体系和相应的施工工艺技术标准。施工现场管理同样应具备相应的施工技术标准、健全的施工质量管理体系和工程质量检验制度；

(2) 建筑地面工程采用的材料或产品应符合设计要求和国家现行有关标准的规定。无国家现行标准的，应具有省级住房和城乡建筑行政主管部门的技术认可文件。材料或产品进场时还应具有质量合格证明文件；

(3) 建筑地面工程采用的大理石、花岗石、料石等天然石材以及砖、预制板块、地毯、人造板材、胶粘剂、涂料、水泥、砂、石、外加剂等材料或产品应符合国家现行有关室内环境污染控制和放射性、有害物质限量的规定。材料进场时应具有检测报告；

(4) 材料进场时应对其型号、规格、外观等进行验收。符合见证取样和送检相关规定的材料还应在监理单位或建设单位监督下，由施工单位的现场试验人员进行现场取样，并送至经过省级以上建设行政主管部门对其资质认可和质量技术监督部门对其计量认证的质量检测单位进行检测；

(5) 建筑地面的沉降缝、伸缩缝、防震缝应与结构相应缝的位置一致，且应贯通建筑地面的各构造层。宽度应符合要求，缝内清理干净，以柔性密封材料填嵌后用板封盖，并应与面层齐平；

(6) 厕浴间和有防滑要求的建筑地面应符合设计防滑要求；

(7) 地面辐射供暖系统施工验收合格后，方可进行面层以铺设。面层分格缝的构造做法应符合设计要求；

（8）建筑地面下的沟槽、暗管、保温、隔热、隔声等工程完工后，应经检验合格并做隐蔽记录，方可进行建筑地面工程的施工。各类面层的铺设宜在室内装饰工程基本完工后进行。木、竹面层、塑料板面层、活动地板面层、地毯面层的铺设应待抹灰工程、管道试压等完工后进行；

（9）建筑地面工程施工时，各层环境温度的控制应符合材料或产品的技术要求；

（10）厕浴间、厨房和有排水（或其他液体）要求的建筑地面面层与相连各类面层的标高差应符合设计要求；

（11）检验同一施工批次、同一配合比水泥混凝土和水泥砂浆强度的试块，应按每一层（或检验批）建筑地面工程不少于1组。当每一层（或检验批）建筑地面工程面积大于1000m^2时，每增加1000m^2应增做1组试块；小于1000m^2按1000m^2计算，取样1组；检验同一施工批次、同一配合比的明沟、踏步、台阶的水泥混凝土、水泥砂浆强度的试块，应按每150延长米不少于1组；

（12）建筑地面工程完工后，应对面层采取保护措施；

（13）室内地面的水泥混凝土垫层和陶粒混凝土垫层，应设置纵向缩缝和横向缩缝。纵向缩缝、横向缩缝的间距均不得大于6m；

（14）水泥混凝土垫层和陶粒混凝土垫层采用的粗骨料，其最大粒径不应大于垫层厚度的2/3，含泥量不应大于3%；砂为中粗砂，其含泥量不应大于3%。陶粒中粒径小于5mm的颗粒含量应小于10%；粉煤灰陶粒中大于15mm的颗粒含量不应大于5%；陶粒中不得混夹杂物或黏土块；

（15）找平层宜采用水泥砂浆或水泥混凝土铺设。当找平层厚度小于30mm时，宜用水泥砂浆做找平层。当找平层厚度不小于30mm时，宜用细石混凝土做找平层；

（16）有防水要求的建筑地面工程，铺设前必须对立管、套管和地漏与楼板节点之间进行密封处理，并应进行隐蔽验收；排水坡度应符合设计要求；

（17）找平层采用碎石或卵石的粒径不应大于其厚度的2/3，含泥量不应大于2%。砂为中粗砂，其含泥量不应大于3%；

（18）水泥砂浆体积比、水泥混凝土强度等级应符合设计要求，且水泥砂浆体积比不应小于1∶3（或相应强度等级）。水泥混凝土强度等级不应小于C15；

（19）找平层与其下一层结合应牢固，不应有空鼓；

（20）找平层表面应密实，不应有起砂、蜂窝和裂缝等缺陷；

（21）隔离层材料的防水、防油渗性能应符合设计要求。当采用掺有防渗外加剂的水泥类隔离层时，其配合比、强度等级、外加剂的复合掺量等应符合设计要求；

（22）在水泥类找平层上铺设卷材类、涂料类防水、防油渗隔离层时，其表面应坚固、洁净、干燥。铺设前，应涂刷基层处理剂；

（23）防水隔离层铺设后，应按规定进行蓄水试验，并做记录；

（24）厕浴间和有防水要求的建筑地面必须设置防水隔离层。楼层结构必须采用现浇混凝土或整块预制混凝土板，混凝土强度等级不应小于C20。房间的楼板四周除门洞外，应做混凝土翻边，高度不应小于200mm，宽同墙厚，混凝土强度等级不应小于C20；

（25）防水隔离层严禁渗漏，排水的坡向应正确、排水通畅。

2. 整体面层施工质量控制点

(1) 水泥宜采用硅酸盐水泥、普通硅酸盐水泥，不同品种、不同强度等级的水泥不应混用。砂应为中粗砂，当采用石屑时，其粒径应为1～5mm，且含泥量不应大于3%。防水水泥砂浆采用的砂或石屑，其含泥量不应大于1%；

(2) 混凝土采用的粗骨料，最大粒径不应大于面层厚度的2/3，细石混凝土面层采用的石子粒径不应大于16mm；

(3) 铺设整体面层时，水泥类基层的抗压强度不得小于1.2MPa。表面应粗糙、洁净、湿润并不得有积水。铺设前宜凿毛或涂刷界面剂；

(4) 室内地面的水泥混凝土垫层和陶粒混凝土垫层，应设置纵向缩缝和横向缩缝。纵向缩缝、横向缩缝的间距均不得大于6m。大面积水泥类面层应设置分格缝；

(5) 整体面层施工后，养护时间不应少于7d。抗压强度应达到5MPa后方准上人行走。抗压强度应达到设计要求后，方可正常使用；

(6) 当采用掺有水泥拌合料做踢脚线时，不得用石灰混合砂浆打底；

(7) 水泥类整体面层的抹平工作应在水泥初凝前完成，压光工作应在水泥终凝前完成；

(8) 混凝土面层铺设不得留施工缝。当施工间隙超过允许时间规定时，应对接槎处进行处理；

(9) 混凝土面层的强度等级应符合设计要求，且强度等级不应小于C20；

(10) 面层与下一层应结合牢固，且应无空鼓和开裂。当出现空鼓时，空鼓面积不应大于$400cm^2$，且每自然间或标准间不应多于2处；

(11) 踢脚线与柱、墙面应紧密结合，踢脚线高度和出柱、墙厚度应符合设计要求且均匀一致。当出现空鼓时，局部空鼓长度不应大于300mm，且每自然间或标准间不应多于2处；

(12) 楼梯、台阶踏步的宽度、高度应符合设计要求。楼层楼段相邻踏步高度差不应大于10mm。每踏步两端宽度差不应大于10mm，旋转楼梯梯段的每踏步两端宽度的允许偏差不应大于5mm。踏步面层应做防滑处理；

(13) 水泥砂浆面层施工时，水泥砂浆的体积比（强度等级）应符合设计要求，且体积比应为1∶2，强度等级不应小于M15。

3. 板块面层施工质量控制点

(1) 铺设板块面层时，其水泥类基层的抗压强度不得小于1.2MPa；

(2) 铺设板块面层的结合层和板块间的填缝采用水泥砂浆时，水泥应采用硅酸盐水泥、普通硅酸盐水泥或矿渣硅酸盐水泥；

(3) 铺设陶瓷锦砖、陶瓷地砖、缸砖、大理石、花岗石等面层的结合层和填缝材料采用水泥砂浆时，在面层铺设后，表面应覆盖、湿润，养护时间不应少于7d；

(4) 大面积板块面层的伸缩缝及分格缝应符合设计要求；

(5) 板块类踢脚线施工时，不得采用混合砂浆打底；

(6) 面层与下层的结合（粘结）应牢固，无空鼓（单块砖边角允许有局部空鼓，但每自然间或标准间的空鼓砖不应超过总数的5%）；

(7) 楼梯、台阶踏步的宽度、高度应符合设计要求。楼层楼段相邻踏步高度差不应大于 10mm。每踏步两端宽度差不应大于 10mm，旋转楼梯梯段的每踏步两端宽度的允许偏差不应大于 5mm。踏步面层应做防滑处理。

4. 木地板面层施工质量控制点

（1）木、竹地板面层下的木搁栅、垫木、垫层地板等采用木材的树种、选材标准和铺设时木材含水率以及防腐、防蛀处理等，均应符合现行国家有关规范的规定。所选用的材料应符合设计要求，进场时应对其断面尺寸、含水率等主要技术指标进行抽检，抽检数量应符合国家现行有关标准的规定；

（2）用于固定和加固用的金属零部件应采用不锈蚀或经过防锈处理的金属件；

（3）与厕浴间、厨房等潮湿场所相邻的木、竹面层的连接处应做防水（防潮）处理；

（4）木、竹面层铺设在水泥类基层上，其基层表面应坚硬、平整、洁净、不起砂，表面含水率不应大于 8%；

（5）铺设实木地板、实木集成地板、竹地板面层时，其木搁栅的截面尺寸、间距和稳固方法等均应符合设计要求。木搁栅固定时，不得损坏基层和预埋管线。木搁栅应垫实钉牢，与柱、墙之间留出 20mm 的缝隙，表面应平直，其间距不宜大于 300mm；

（6）当面层下铺设垫层地板时，垫层地板的髓心应向上，板间缝隙不应大于 3mm，与柱、墙之间应留 8～12mm 的空隙，表面应刨平；

（7）实木地板、实木集成地板、竹地板面层铺设时，相邻板材接头位置应错开不小于 300mm 的距离；与柱、墙之间应留出 8～12mm 的空隙；

（8）采用实木制作的踢脚线，背面应抽槽并做防腐处理；

（9）木搁栅、垫木和垫层地板等应做防腐、防蛀处理；

（10）木搁栅安装应牢固、平直；

（11）地板面层铺设应牢固。粘结应无空鼓、松动；

（12）地板面层无明显刨痕和毛刺等现象；图案应清晰、颜色均匀一致；板面应无翘曲，面层接缝应严密；接头位置错开，表面应平整、洁净；面层采用粘、钉工艺时，接缝应对齐，粘、钉应严密；缝隙宽度应均匀一致；表面应洁净，无溢胶现象；踢脚线应表面光滑，接缝严密，高度一致；

（13）实木复合地板面层铺设时，相邻板材接头位置应错开不小于 300mm 的距离。与柱、墙之间应留不小于 10mm 的空隙。当面层采用无龙骨的空铺法铺设时，应在面层与柱、墙之间的空隙内加设金属弹簧卡或木楔子，其间距宜为 200～300mm；

（14）大面积铺设实木复合地板面层时，应分层铺设，分段缝的处理应符合设计要求；

（15）浸渍纸层压木质地板面层铺设时，相邻板材接头位置应错开不小于 300mm 的距离。衬垫层、垫层地板及面层与柱、墙之间均应留出不小于 10mm 的空隙；

（16）浸渍纸层压木质地板面层采用无龙骨的空铺法铺设时，宜在面层与基层之间设置衬垫层，衬垫层的材料和厚度应符合设计要求。并应在面层与柱、墙之间的空隙内加设金属弹簧卡或木楔子，其间距宜为 200～300mm；

（17）软木类面层的垫层地板在铺设时，与柱、墙之间应留不大于 20mm 的空隙，表面应刨平；

（18）软木类面层地板铺设时，相邻板材接头位置应错开不小于 1/3 板长且不小于 200mm 的距离。面层与柱、墙之间应留出 8～12mm 的空隙。软木复合地板面层铺设时，应在面层与柱、墙之间的空隙内加设金属弹簧卡或木楔子，其间距宜为200～300mm。

12.12 质量交底

开工前必须进行质量交底。交底的内容包括：

(1) 质量控制文件或施工组织设计中关于质量控制部分的交底；

(2) 专项施工方案或分项工程施工方案的质量交底；

(3) 新材料、新产品、新技术、新工艺的质量交底；

(4) 设计变更、工程洽商的质量交底等。

质量交底应有文字记录，并应经交底双方签认。

第 13 章　装饰装修工程质量检查、验收与评定

13.1　常见的装饰装修工程质量检查的仪器设备

常见的装饰装修工程质量检查的仪器设备有：小锤、塞尺、钢卷尺、垂直检测尺、游标卡尺、内外直角检测尺等。

1. 空鼓锤（图 13-1）

空鼓锤的使用方法：用空鼓锤逐一轻轻敲击，可听见与其他部位声音不同的空响，此处即为“空鼓”。

2. 塞尺（图 13-2）

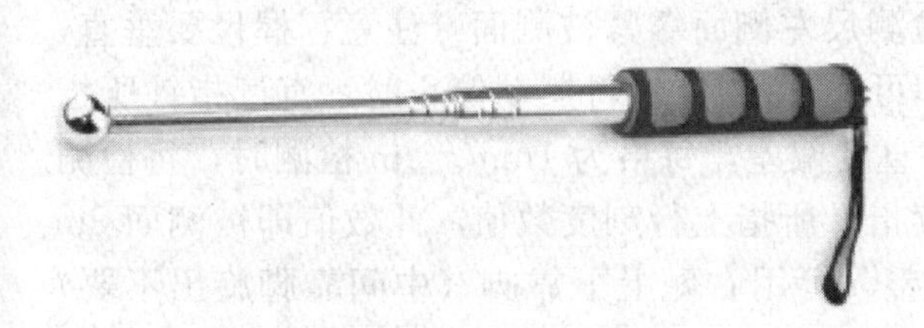

图 13-1　空鼓锤

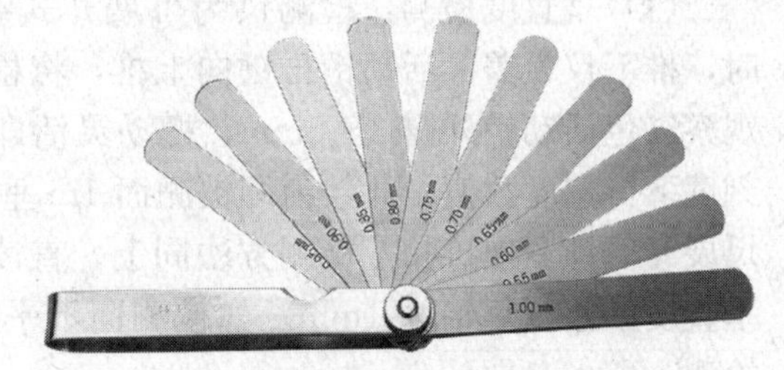

图 13-2　塞尺

塞尺的使用方法：测量时，应先用较薄的一片塞尺插入被测间隙内，若仍有空隙，则挑选较厚的依次插入，直至恰好塞进而不松不紧，该片塞尺的厚度即为被测间隙大小。若没有所需厚度的塞尺，可取若干片塞尺叠加使用，被测间隙即为各片塞尺尺寸之和，但误差较大。使用中根据结合面的间隙情况选用塞尺片数，但片数愈少愈好。使用塞尺还要注意：使用前必须先清除塞尺和工件上的污垢与灰尘；由于塞尺很薄，容易折断，测量时不能用力太大，以免塞尺遭受弯曲和折断；使用后应在表面涂以防锈油，并收回到保护板内；塞尺的测量面不应有锈迹、划痕、折痕等明显的外观缺陷；不能测量温度较高的工件。

3. 钢卷尺（图 13-3）

钢卷尺通常用来量距离及物体尺寸。钢卷尺通常使用的规格有：3m、5m、7.5m、15m 等，卷尺由挂件、壳体、刻度尺、紧固件、把爪组成。钢卷尺的刻线间距为 1mm，而刻线本身的宽度就有 0.1～0.2mm，所以测量时读数误差比较大，只能读出毫米数，即它的最小读数值为 1mm，比 1mm 小的数值，只能估计而得。

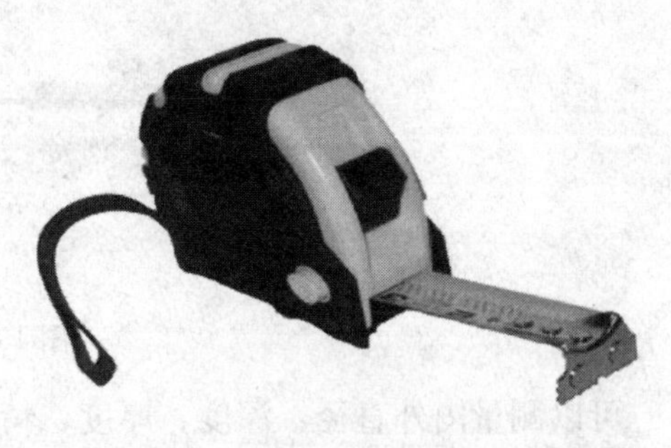

图 13-3　钢卷尺

钢卷尺使用要点：卷尺使用时，应绷紧卷

尺，注意起止刻度的位置和正确进行读数，刻度尺带平行于物体（横向测量）或者垂直于地面（竖向测量），不得歪斜与松散。

钢卷尺的保养：

（1）保持清洁，测量时不要使其与被测表面摩擦，以防划伤。拉出尺带不得用力过猛，而应徐徐拉出，用毕让它徐徐退回。

（2）刻度尺带只能卷，不能折。不允许将卷尺放在潮湿和有酸类气体的地方，以防锈蚀。

（3）不使用时应尽量放在防护盒中，避免碰撞和擦刮。

4. 垂直检测尺（图 13-4）

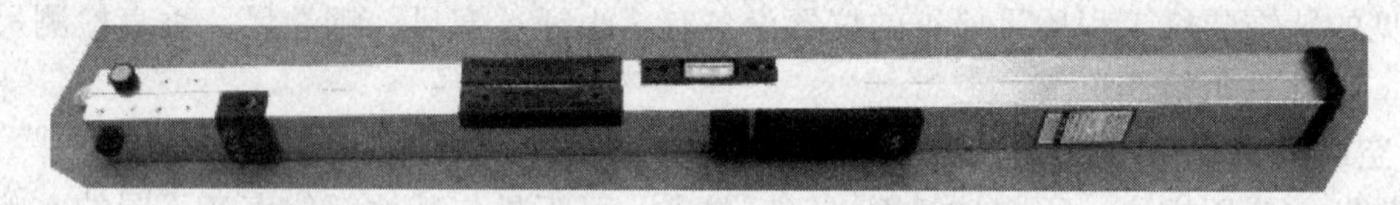

图 13-4　垂直检测尺

垂直检测尺可以检查垂直度、平整度、水平度，其使用方法如下：

（1）垂直度检测：检测尺为可展开式结构，合拢长 1m，展开长 2m。用于 1m 检测时，推下仪表盖。活动销推键向上推，将检测尺左侧面靠紧被测面（注意：握尺要垂直，观察红色活动销外露 3～5mm，摆动灵活即可）。待指针自行摆动停止时，直读指针所指刻度下行刻度数值，此数值即被测面 1m 垂直度偏差，每格为 1mm。2m 检测时，将检测尺展开后锁紧连接扣，检测方法同上，直读指针所指上行刻度数值，此数值即被测面 2m 垂直度偏差，每格为 1mm。如被测面不平整，可用右侧上下靠脚（中间靠脚旋出不要）检测。

（2）平整度检测：检测尺侧面靠紧被测面，其缝隙大小用楔形塞尺检测，其数值即平整度偏差。

（3）水平度检测：检测尺侧面装有水准管，可检测水平度，用法同普通水平仪。

（4）垂直检测尺的校正方法：垂直检测时，如发现仪表指针数值偏差，应将检测尺放在标准器上进行校对调正，标准器可自制、将一根长约 2.1m 水平直方木或铝型材，树直安装在墙面上，由线坠调正垂直，将检测尺放在标准水平物体上，用十字螺丝刀调节水准管“S”螺丝，使气泡居中。

5. 游标卡尺（图 13-5）

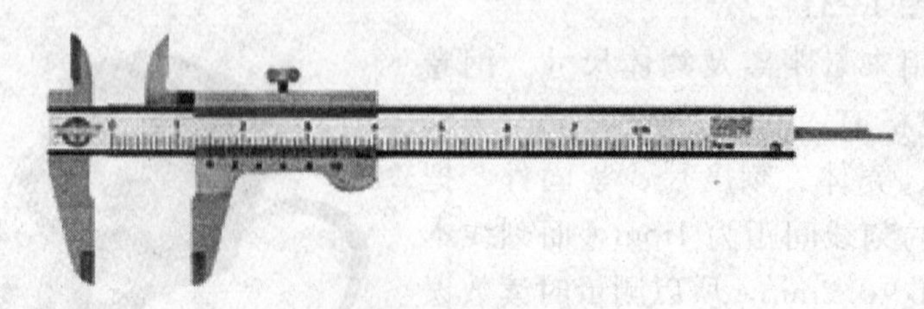

图 13-5　游标卡尺

可以测量内外直径、深度、厚度，精度较高（0.05mm）。

测量外径时，如图 13-6 线框内部分，钳住物品，固定标尺，得出测量数据。

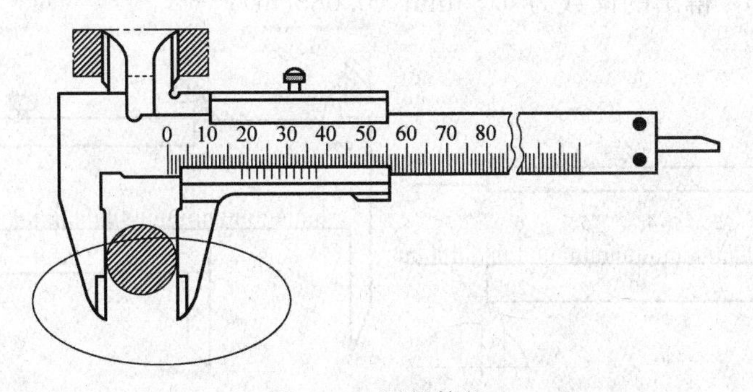

图 13-6　测量外径

测量内径时，如图 13-7 线框内部分，在物品内径部分，两端张开，撑住物品，固定标尺，得出测量数据。

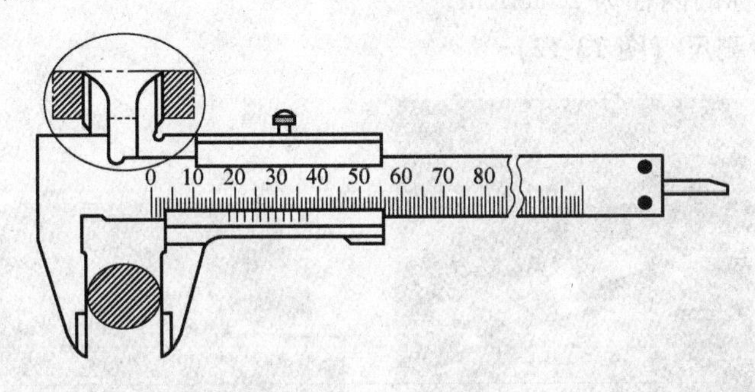

图 13-7　测量内径

测量深度时、如图 13-8 线框内部分，探入物品内，固定标尺，得出测量数据。

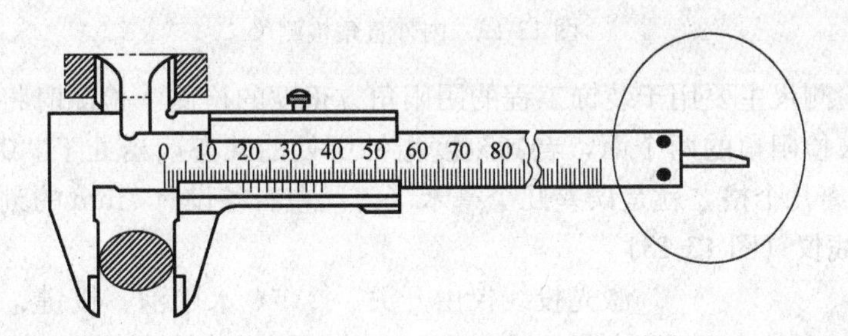

图 13-8　测量深度

游标卡尺的读数方法以图 13-9 测量内径的图示为例。

首先，看副尺“0”的位置，它决定了头两个数位。图中 0 在 2.3cm 的后面。即测量物体的内径为 2.3cm。

然后看副尺和主尺完全重合的数位（因每格分为 20 分度，即精确度为 1/20mm＝0.05mm），看线框内重合部分与 20 差 3 格，即重合处为 17，

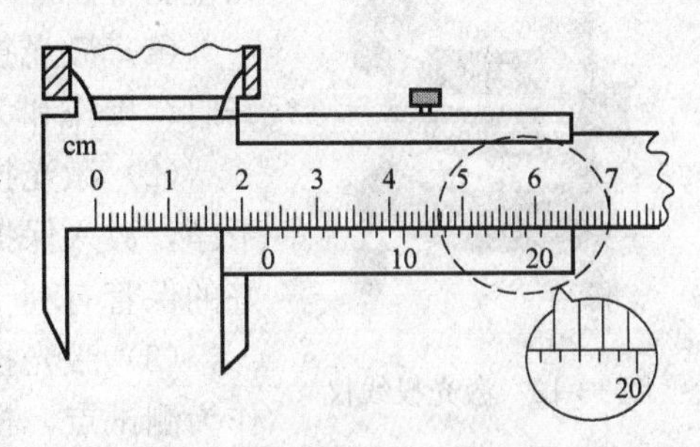

图 13-9　游标卡尺的读数方法（1）

每单位为 0.05mm，得出的读数为 0.85mm（0.085cm）。

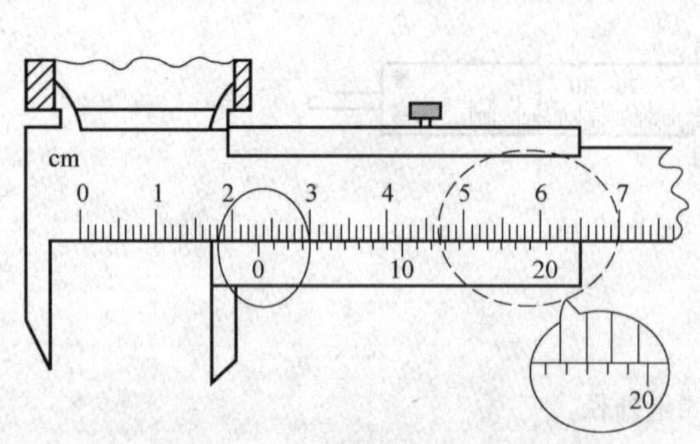

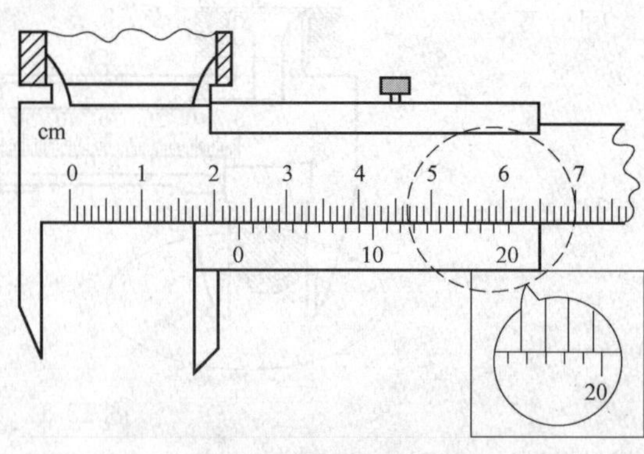

图 13-10　游标卡尺的读数方法（2）　　图 13-11　游标卡尺的读数方法（3）

最后测量出目标的内径为 2.385cm。

6. 内外直角检测尺（图 13-12）

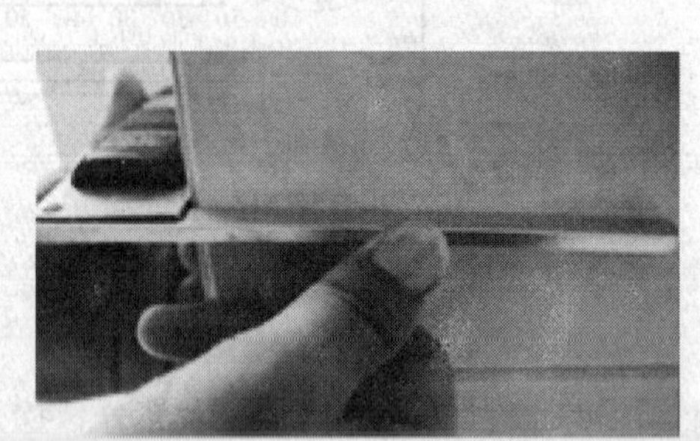

图 13-12　内外直角检测尺

内外直角检测尺主要用于装饰工程的阴阳角方正度的检测。检测时将方尺打开，用两手持方尺紧贴被检阳角的两个面，看其刻度指针所处的状态，当处于“0”时，说明方正度为 90 度，偏离几个格，就是误差几个毫米（该尺左右各设有 7mm 的刻度）。

7. 激光投线仪（图 13-13）

图 13-13　激光投线仪

激光投线仪由开关、拎带、水平泡、按键、垂线、水平线和可调支腿组成，常用于施工现场放线，对平整度和垂直度的控制和检测等。

（1）激光投线仪的使用步骤包括：安装电池、放置、调平、开启、操作和关闭。

（2）激光投线仪属于高精度仪器，使用完应卸掉电池，擦拭干净，放入保护箱内，置于通风处，三脚架应放入保护套内，完好的保管有利于仪器长久的使用。

（3）激光投线仪准确性的检查方法：首先随机选取墙面一点作为测试点，根据这一点放出红外线，在其余墙面或柱体上标出 3～4 个测量点。接下来将激光投线仪从原先位置挪到其他任意位置（与第一个测试点相对的方向），选取一个已被标好的点为基准，观测其他标注点是否与其处在同一水平面上。若在同一平面上，便可确定该激光投线仪精确可信，即其可以在具体施工过程中被使用。在放线实施前，都需要依照上述三步检验激光投线仪的准确性。

13.2 实施对检验批和分项工程的检查验收评定

装饰装修工程的质量检查、验收与评定由四个层次组成：分项工程检验批、分项工程、分部工程、单位工程，四个层次的验收组织人、参加人、验收方法、验收程序均有不同，在《建筑工程施工质量验收统一标准》GB 50300—2013 和专业规范中都有规定。

1. 检验批的检查验收与评定

检验批由专业监理工程师组织施工单位项目专业质检员、专业工长等进行验收。验收记录表由质检员填写，并应做好下列工作：

（1）核对各工序中所用的原材料、半成品、成品、设备质量证明文件；

（2）检查各工序中所用的原材料、半成品、成品、设备是否按专业规范和试验方案进行现场抽样检测，检测结果是否符合要求，检测结果不符合要求的不得用于工程；

（3）检查主控项目是否符合要求；

（4）检查一般项目是否符合要求，允许偏差项目实测实量；

（5）填写检验批表格并评定。检验批的合格判定应符合下列规定：

1）抽查样本均应符合规范《建筑装饰装修工程质量验收规范》GB 50210—2001 主控项目的规定。

2）抽查样本的 80%以上应符合规范《建筑装饰装修工程质量验收规范》GB 50210—2001 一般项目的规定。其余样本不得有影响使用功能或明显影响装饰效果的缺陷，其中有允许偏差的检验项目，其最大偏差不得超过规范《建筑装饰装修工程质量验收规范》GB 50210—2001 规定允许偏差的 1.5 倍。

如不合格的应按不合格工程的处理程序进行处理后重新评定。当符合验收要求时，项目专业质量检查员签字提交给监理工程师。

（6）监理工程师收到检验批验收记录表格后，应核查每一项内容，如真实、有效，应在“监理单位验收记录”栏中签署验收意见。在“监理单位验收结论”签署结论性意见，专业监理工程师签字。

2. 分项工程质量检查验收与评定

分项工程由监理工程师组织施工单位项目专业技术负责人等进行验收。验收记录表由专业技术负责人填写签字，质检员协助，并应做好下列工作：

（1）核对分项工程中各检验批验收记录，验收程序是否正确、验收内容是否齐全、验收记录是否完整、验收部位是否正确、验收时间是否准确、验收签字是否合法；

（2）填写分项工程验收记录表，并根据分项工程质量验收标准评定分项工程的检查结果。项目专业技术负责人签字后提交给监理工程师。

（3）监理工程师收到分项工程质量验收记录表格后，经核查属实后在“监理单位验收结论”签署结论性意见，专业监理工程师签字。

13.3 填写检验批和分项工程质量验收记录表

检验批和分项工程质量验收记录表使用《建筑工程施工质量验收统一标准》GB 50300—2013 规定的表格。

1. 填写检验批质量验收记录表

随着国家对信息化的重视，建立工程电子档案是必然趋势，因此宜使用符合要求的工程资料软件，建立电子档案。

(1) 表头的填写。使用资料软件的表头中的相关内容应自动生成，未使用资料软件的表头应按实填写，要注意的是“施工执行标准名称及编号”一栏，该栏填写的是施工执行的标准如施工规范、操作规程、工法等操作标准，而不是验收规范，操作标准是约束操作行为，验收标准是约束验收行为，操作标准有的要求应高于验收标准，两者是有原则区别的，不能填写验收标准的名称及编号。

(2)“验收规范的规定”一栏可填写主要内容，不必把全部条款均录入，但应反映主要规定。

(3)“施工单位检查评定”一栏，填写的内容应能反映工程质量状况，如所用材料的主要规格型号、质量证明文件、现场抽样检测报告等基本情况，现场实测的有允许偏差要求的应填写实测的偏差。

(4)“施工单位检查评定结果”一栏中填写检查评定结果，结果应明确合格（或优质）及不合格。

2. 填写分项工程验收记录表

(1) 填写表头，使用资料软件应自动生成表头。

(2)“检验批部位、区段”每一个检验批占一行，按实填写。

(3)“施工单位评定结果”将检验批验收记录中的检查结果填入。

(4)“监理单位验收结论”将检验批验收记录中的验收结论填入。

(5)“施工单位检查结论”一栏，根据分项工程质量验收标准评定分项工程的检查结果，项目专业技术负责人签字后提交给监理工程师。

(6)“验收结论”栏由监理工程师签署结论并签字。

13.4 验收吊顶、轻质隔墙、饰面板（砖）等分部分项工程中的隐蔽工程

(1) 吊顶工程应对下列隐蔽工程项目进行验收：

1) 吊顶内管道、设备的安装及水管试压（安装饰面板前应完成吊顶内管道和设备的调试及验收）；

2) 木龙骨防火、防腐处理；

3) 预埋件或拉结筋（数量、规格、位置、连接方法、防腐处理和后置埋件的现场拉拔强度必须符合设计要求）；

4) 吊杆、龙骨安装（金属材料则应经过防腐处理，木质材料则应经过防腐防火处理，

间距、链接方式应符合设计要求，并安装牢固）；

5）填充材料的设置（填充材料的品种、厚度应符合设计要求，并有防散落措施）。

（2）轻质隔墙工程应对下列隐蔽工程项目进行验收：

1）骨架隔墙中设备管线的安装及水管试压（安装饰面板前应完成吊顶内管道和设备的调试及验收）；

2）木龙骨防火、防腐处理；

3）预埋件或拉结筋（数量、规格、位置、连接方法、防腐处理和后置埋件的现场拉拔强度必须符合设计要求）；

4）龙骨安装（金属材料则应经过防腐处理，木质材料则应经过防腐防火处理，间距、链接方式应符合设计要求，并安装牢固）；

5）填充材料的设置（填充材料的品种、厚度应符合设计要求，并有防散落措施）。

（3）饰面板（砖）工程应对下列隐蔽工程项目进行验收：

1）预埋件（或后置埋件）、连接节点的数量、规格、位置、连接方法、防腐处理和后置埋件的现场拉拔强度必须符合设计要求；

2）防水层（涂刷均匀、厚度达到设计要求，蓄水试验无渗漏）。

13.5 协助验收、评定分部工程和单位工程的质量

1. 分部工程质量检查验收与评定

分部工程应由总监理工程师组织施工单位项目负责人和项目技术、质量负责人等进行验收。验收记录表使用《建筑工程施工质量验收统一标准》GB 50300—2013 规定的表格，验收记录表应由项目负责人填写签字，质量员协助，并应做好下列工作：

（1）核对分部工程中各分项工程质量验收记录，验收划分是否正确、验收内容是否齐全、验收记录是否完整、验收时间是否准确、验收签字是否合法。

（2）核查质量控制资料。《建筑工程施工质量验收统一标准》GB 50300—2013 第 5.0.3 条中明确分部工程的质量控制资料应完整，但具体内容未做明确的规定，只是在单位工程质量验收时对质量控制资料提出了明确要求，凡涉及的内容都应该完整。

（3）核查有关安全及功能的检验和抽样检测结果。应具备表 13-1 所规定的有关安全和功能的检测项目的合格报告。分部工程验收时，应尽可能在分部工程验收前完成相关检测。

有关安全和功能的检测项目表 **表 13-1**

项次	子分部工程	检测项目
1	门窗工程	1. 建筑外墙金属窗的抗风压性能、空气渗透性能 和雨水渗漏性能 2. 建筑外墙塑料窗的抗风压性能、空气渗透性能 和雨水渗漏性能
2	饰面板（砖）工程	1. 饰面板后置埋件的现场拉拔强度 2. 饰面砖样板件的粘结强度
3	幕墙工程	1. 硅酮结构胶的相容性试验 2. 幕墙后置埋件的现场拉拔强度 3. 幕墙的抗风压性能、空气渗透性能、雨水渗漏性能及平面变形性能

(4) 核查观感质量。《建筑工程施工质量验收统一标准》GB 50300—2013 第 5.0.3 条中规定“观感质量应符合要求”，观感质量是通过观察和必要的测试所反映的工程外在质量和功能状态，所以应是能够观察到的地方。各分部工程的观感质量在相应的专业规范中有相应的要求，主要是一般项目中可观察到的项目的质量要求。

(5) 对分项工程进行汇总，在“分项工程名称”、“检验批数”、“施工、分包单位检查结果”、“验收结论”栏中填写汇总情况，按实填写。

(6)“综合验收结论”应明确下列事项：共几个分项工程、质量控制资料核查结果、安全和功能检验结果、观感质量验收意见。

(7) 形成一致意见后，参加验收的各单位项目负责人和监理单位总监现场签字。

(8) 当建筑工程只有装饰装修分部工程时，应作为单位工程验收。

(9) 建筑装饰装修工程的室内环境质量应符合国家现行标准《民用建筑工程室内环境污染控制规范》GB 50325 的规定。

2. 单位工程质量检查验收与评定

单位工程完工后，施工单位应组织有关人员进行自检。总监理工程师应组织各专业监理工程师对工程质量进行竣工预验收。存在施工质量问题时，应由施工单位及时整改。整改完毕后，由施工单位向建设单位提交工程竣工报告，申请工程竣工验收。建设单位收到工程竣工报告后，应由建设单位项目负责人组织监理、施工、设计、勘察等单位项目负责人进行单位工程验收。验收记录表使用《建筑工程施工质量验收统一标准》GB 50300—2013 规定的表格。验收记录由施工单位填写，验收结论由监理单位填写。综合验收结论经参加验收各方共同商定，由建设单位填写，应对工程质量是否符合设计文件和相关标准的规定及总体质量水平做出评价，质检员协助，并应做好下列工作：

(1) 表头的填写。开工日期和完工日期填写实际开工和完工日期，不是计划日期。

(2) 核对各分部工程质量验收记录，检查工程实体质量，验收划分是否正确、验收内容是否齐全、验收记录是否完整、验收时间是否准确、验收签字是否合法。

(3) 质量控制资料核查。《建筑工程施工质量验收统一标准》GB 50300—2013 第 5.0.4 条中明确质量控制资料应完整，并对质量控制资料核查的内容提出了明确要求，凡涉及的内容都应该完整。当部分资料缺失时，应委托有资质的检测机构按有关标准进行相应的实体检验或抽样试验。此项工作应在工程验收前完成，否则验收无法进行，在填写表格时，应如实填写资料缺失的份数，在验收结论中明确缺失的资料已经通过实体检验或抽样试验，其质量是否达到标准要求。

(4) 核查有关安全及功能的检验和抽样检测结果。《建筑工程施工质量验收统一标准》GB 50300—2013 第 5.0.4 条中明确“所含分部工程中有关安全、节能、环境保护和主要使用功能的检验资料应完整”，单位工程验收前应完成相关检测。表格中“共核查项，符合规定项，共抽查项，符合规定项，经返工处理符合规定项”核查的项目应按《建筑工程施工质量验收统一标准》GB 50300—2013 全数核查检测、试验报告和有关记录，填写总项目和符合规定的项目。抽查的项目是在核查的基础上，在现场进行抽查，便于抽查的项目比较少，抽查几项算几项，按实填写。经返工处理符合规定的项目从核查或抽查的结果中可得知，如果没有就填写“0”。

(5) 核查观感质量。《建筑工程施工质量验收统一标准》GB 50300—2013 第 5.0.4 条